高等学校计算机类国家级特色专业系列规划教材

Ubuntu Linux
基础教程

王宏勇 主编

马宏琳 阎磊 副主编

徐振强 刘继承 尹辉 程凤娟 参编

清华大学出版社

北京

内 容 简 介

本书全面介绍了 Linux 操作系统的管理方法,并以 Ubuntu Linux 的长期支持的 12.04 版为基础,给出了 Linux 操作系统的应用实例。主要内容包括 Linux 简介与系统安装、Linux 系统接口管理、首次系统配置、Linux 文件系统、Linux 常用命令、Linux 常用应用软件、进程管理与系统监控、管理和维护 Linux 系统、网络基本配置与应用、常用服务器的搭建、Shell 基础、Shell 编程,以及常用开发环境的搭建等相关知识。本书内容详尽、实例丰富、结构清晰、通俗易懂,使用了大量的图片进行讲解和说明,对重点操作给出了详细的步骤说明,便于读者学习和查阅,具有较强的实用性和参考性。

本书既可以作为学习、使用、管理与维护 Ubuntu Linux 系统的工具书,也可作为高等院校计算机相关专业 Linux 操作系统课程的教材和参考书。

图书在版编目(CIP)数据

Ubuntu Linux 基础教程/王宏勇主编. —北京:清华大学出版社,2015(2021.8重印)
高等学校计算机类国家级特色专业系列规划教材
ISBN 978-7-302-39147-0

Ⅰ. ①U… Ⅱ. ①王… Ⅲ. ①Linux 操作系统-高等学校-教材 Ⅳ. ①TP316.89

中国版本图书馆 CIP 数据核字(2015)第 017943 号

责任编辑:汪汉友
封面设计:傅瑞学
责任校对:梁 毅
责任印制:杨 艳

出版发行:清华大学出版社
　　　　网　　　址:http://www.tup.com.cn,http://www.wqbook.com
　　　　地　　　址:北京清华大学学研大厦 A 座　　　　　　邮　　编:100084
　　　　社 总 机:010-62770175　　　　　　　　　　　　　　邮　　购:010-83470235
　　　　投稿与读者服务:010-62776969,c-service@tup.tsinghua.edu.cn
　　　　质量反馈:010-62772015,zhiliang@tup.tsinghua.edu.cn
　　　　课件下载:http://www.tup.com.cn,010-83470236
印　刷　者:北京富博印刷有限公司
装 订 者:北京市密云县京文制本装订厂
经　　销:全国新华书店
开　　本:185mm×260mm　　印　张:22.25　　　　　字　　数:557 千字
版　　次:2015 年 11 月第 1 版　　　　　　　　　　　印　　次:2021 年 8 月第 10 次印刷
定　　价:69.00 元

产品编号:057449-03

前　言

操作系统是配置在计算机硬件上的第一层软件,是用户或应用程序与计算机硬件之间的接口。Linux 是一种自由、开放、免费的操作系统软件,也是一种多任务和多用户的网络操作系统。它具有良好的可移植性,广泛运行于 PC、服务器、工作站、大型机,以及包括嵌入式系统在内的各种硬件设备,适用平台广泛。它的源代码公开,遵循 GPL 精神、遵守 POSIX 标准,并且是与 UNIX 系统兼容的操作系统。目前,Linux 操作系统得到了越来越广泛的应用。

随着 Linux 图形化的日渐增强和版本的更新,Linux 系统也渐渐在普通用户中得到普及。Ubuntu 是目前十分流行的 Linux 发行套件,它是完全以 Linux 为内核的操作系统。图形化的安装过程使用户能够轻松快捷地进行 Linux 系统的安装配置和运行,改变了人们对 Linux 系统难以安装和使用的看法。Ubuntu 的名称来自非洲词汇,它的意思是"人性"、"群在故我在",是非洲传统的一种价值观,也是"仁爱"思想的体现。Ubuntu 的目标在于为一般用户提供一个由自由软件构建而成的稳定的操作系统。Ubuntu 具有庞大的社区力量,用户可以方便地从社区获得帮助。Ubuntu 每 6 个月会发布一个新版本,包括桌面版本和服务器版本,更新速度非常快。用户可以通过网络随时地进行桌面和服务器版本的免费安全升级,并可以获得 Ubuntu 下其他软件的在线升级和获取,系统的安全性很高。

Ubuntu 包含了日常所需的常用程序,集成了办公套件 LibreOffice、Mozila Firefox 浏览器和 Evolution 套件等。主要包括了文本处理工具、图片处理工具、电子表格、演示文稿、电子邮件、网络服务和日程管理等。在对系统的日常管理中,Ubuntu 提供了 Shell 编程环境,帮助用户完成对系统的深入维护功能。另外,作为服务器,在 Ubuntu 下还可以进行 DHCP 服务、FTP 服务、文件服务等服务器的搭建。对于 Linux 下的 Java、C 语言等常用开发环境的搭建和程序编写过程,也以图形化的方式来实现,更加直观,便于操作。

全书共 13 章,深入浅出地介绍了 Linux 操作系统的管理概要,并以 Ubuntu Linux 长期支持的 12.04 版为基础,介绍了 Linux 操作系统的应用和管理方式。主要内容包括 Linux 简介与系统安装、Linux 系统接口管理、Linux 系统安装后的配置、文件系统、常用命令、常用应用软件、进程管理与系统监控、系统的管理和维护、网络基本配置与应用、常用服务器的搭建、Shell 基础、Shell 编程,以及常用开发环境的搭建等相关知识。

本书结构清晰、内容详尽、实例丰富,抛开抽象的理论论述和复杂的原理论证,更加注重应用实践和具体使用方法的介绍。通过这种方式,帮助读者理解和掌握 Linux 的基本概念、原理,并提高动手能力、应用能力,以及对 Linux 系统的管理能力。本书语言通俗易懂、深入浅出、使用了大量的图片进行章节内容的讲解和说明,并对重点操作给出了详细的步骤。以图文并茂的方式,将读者引领入 Linux 的世界,非常便于读者学习和相关知识的查阅,具有较强的实用性和参考性。本书的每章最后都配有实验和练习题,读者通过这些习题的练习,不仅能加深对基本概念和定义的理解,而且通过上机实验,能够提高编程能力、程序调试能力和动手操作能力。

　　本书由河南工业大学王宏勇主编,马宏琳、阎磊副主编,其他参编人员还有徐振强、刘继承、尹辉、程凤娟等。

　　本书既可以作为学习、使用、管理与维护 Ubuntu Linux 系统的工具书,也可作为高等院校计算机相关专业 Linux 操作系统授课的教材和参考书。

　　由于编写时间仓促,加之作者水平有限,书中不足之处在所难免,敬请读者批评指正。

编　者

2015 年 7 月

目　　录

第 1 章　**Linux 简介与系统安装** ……………………………………………… 1

1.1　Linux 简介 …………………………………………………………… 1

　　1.1.1　什么是 Linux …………………………………………………… 2

　　1.1.2　Linux 发展历程 ………………………………………………… 4

　　1.1.3　Linux 特点 ……………………………………………………… 7

　　1.1.4　Linux 的版本 …………………………………………………… 9

　　1.1.5　Linux 的应用和发展 …………………………………………… 11

1.2　Ubuntu 简介 ………………………………………………………… 12

　　1.2.1　什么是 Ubuntu …………………………………………………… 12

　　1.2.2　Ubuntu 的特点 ………………………………………………… 13

　　1.2.3　Ubuntu 的版本 ………………………………………………… 13

　　1.2.4　Ubuntu 的获得方法 …………………………………………… 14

1.3　安装前的准备 ………………………………………………………… 15

　　1.3.1　安装预备 ………………………………………………………… 15

　　1.3.2　Linux 主机的硬件条件 ………………………………………… 17

　　1.3.3　虚拟机简介 ……………………………………………………… 19

　　1.3.4　Linux 的安装规划 ……………………………………………… 20

1.4　在虚拟机中安装 ……………………………………………………… 21

　　1.4.1　VMware 软件的安装 …………………………………………… 21

　　1.4.2　创建和配置虚拟机 ……………………………………………… 21

　　1.4.3　在虚拟机中安装 Ubuntu ……………………………………… 32

本章小结 ……………………………………………………………………… 40

实验 1 ………………………………………………………………………… 40

习题 1 ………………………………………………………………………… 41

第 2 章　**Linux 系统接口管理** ………………………………………………… 42

2.1　操作系统接口 ………………………………………………………… 42

　　2.1.1　命令行用户接口 ………………………………………………… 42

　　2.1.2　图形用户接口 …………………………………………………… 42

　　2.1.3　程序接口 ………………………………………………………… 42

　　2.1.4　Linux 系统的接口 ……………………………………………… 42

2.2　Shell 命令接口 ……………………………………………………… 43

　　2.2.1　Shell 命令接口的组成 ………………………………………… 43

　　　2.2.2　Shell 的版本 ··· 44

2.3　X Window 图形窗口接口 ·· 45

　　　2.3.1　X Window 简述 ·· 45

　　　2.3.2　X Window 系统组成 ··· 46

2.4　GNOME 桌面环境 ·· 47

　　　2.4.1　GNOME 的安装 ·· 47

　　　2.4.2　GNOME Classic 模式介绍 ·· 51

2.5　Unity 界面 ··· 58

　　　2.5.1　Unity 的常用操作 ··· 58

　　　2.5.2　工作区 ·· 64

　　　2.5.3　Unity 常用快捷键 ··· 64

2.6　系统调用接口 ··· 66

　　　2.6.1　系统调用 ··· 66

　　　2.6.2　系统调用接口 ··· 66

　　　2.6.3　Linux 中的系统调用 ·· 66

　　　2.6.4　API 和系统调用的关系 ·· 70

本章小结 ·· 70

实验 2 ·· 71

习题 2 ·· 71

第 3 章　首次系统配置 ·· 72

3.1　登录、注销和关机 ··· 72

　　　3.1.1　登录系统 ··· 72

　　　3.1.2　注销系统 ··· 73

　　　3.1.3　关机与重启系统 ·· 74

3.2　首次配置 Ubuntu ··· 74

　　　3.2.1　配置网络 ··· 74

　　　3.2.2　配置显示 ··· 78

　　　3.2.3　配置软件源 ·· 79

3.3　系统首次更新 ··· 82

　　　3.3.1　安装更新 ··· 82

　　　3.3.2　更新语言支持 ··· 83

　　　3.3.3　安装缺失插件 ··· 85

本章小结 ·· 86

实验 3 ·· 86

习题 3 ·· 86

第 4 章　Linux 文件系统 ··· 87

4.1　Ubuntu 的文件系统 ·· 87

4.1.1 文件系统简介 ·· 87

4.1.2 Linux 文件系统架构 ·· 88

4.1.3 ext2 文件系统 ·· 91

4.1.4 Ubuntu 的目录结构 ·· 95

4.2 挂载与卸载文件系统 ·· 98

4.2.1 创建文件系统 ·· 98

4.2.2 挂载文件系统 ·· 101

4.2.3 卸载文件系统 ·· 103

本章小结 ··· 104

实验 4 ··· 104

习题 4 ··· 104

第 5 章 Linux 常用命令 ·· 105

5.1 Linux 命令 ··· 105

5.1.1 Shell 程序的启动 ··· 105

5.1.2 命令的格式 ··· 105

5.2 目录操作基本命令 ·· 106

5.2.1 ls 命令 ··· 106

5.2.2 cd 命令 ·· 108

4.2.3 pwd 命令 ··· 109

5.2.4 mkdir 命令 ··· 109

5.2.5 rmdir 命令 ··· 110

5.3 文件操作的基本命令 ··· 110

5.3.1 touch 命令 ··· 110

5.3.2 cat 命令 ·· 111

5.3.3 cp 命令 ·· 113

5.3.4 rm 命令 ··· 115

5.3.5 mv 命令 ··· 117

5.3.6 chmod 命令 ·· 117

5.4 文件处理命令 ··· 119

5.4.1 grep 命令 ··· 119

5.4.2 head 命令 ··· 120

5.4.3 tail 命令 ·· 120

5.4.4 wc 命令 ··· 121

5.4.5 sort 命令 ··· 121

5.4.6 find 命令 ··· 122

5.4.7 which 命令 ··· 122

5.4.8 whereis 命令 ··· 124

5.4.9 locate 命令 ··· 125

5.5 压缩备份基本命令 ……………………………………………………… 125

    5.5.1 bzip2 命令和 bunzip2 命令 ……………………………………… 125

    5.5.2 gzip 命令 ………………………………………………………… 126

    5.5.3 unzip 命令 ……………………………………………………… 126

    5.5.4 zcat 命令和 bzcat 命令 ………………………………………… 127

    5.5.5 tar 命令 …………………………………………………………… 128

5.6 磁盘操作命令 ………………………………………………………… 129

    5.6.1 mount 命令 ……………………………………………………… 129

    5.6.2 umount 命令 …………………………………………………… 132

    5.6.3 df 命令 …………………………………………………………… 132

    5.6.4 du 命令 …………………………………………………………… 132

    5.6.5 fsck 命令 ………………………………………………………… 133

5.7 关机重启命令 ………………………………………………………… 134

    5.7.1 shutdown 命令 …………………………………………………… 134

    5.7.2 halt 命令 ………………………………………………………… 135

    5.7.3 poweroff 命令 …………………………………………………… 135

    5.7.4 reboot 命令 ……………………………………………………… 135

    5.7.5 init 命令 ………………………………………………………… 135

5.8 其他常用命令 ………………………………………………………… 136

    5.8.1 echo 命令 ………………………………………………………… 136

    5.8.2 more 命令和 less 命令 …………………………………………… 136

    5.8.3 help 命令和 man 命令 …………………………………………… 137

    5.8.4 cal 命令 …………………………………………………………… 137

    5.8.5 date 命令 ………………………………………………………… 138

本章小结 …………………………………………………………………… 139

实验 5 ……………………………………………………………………… 140

习题 5 ……………………………………………………………………… 140

第 6 章 Linux 常用应用软件 ………………………………………………… 141

6.1 LibreOffice …………………………………………………………… 141

    6.1.1 LibreOffice Writer ……………………………………………… 142

    6.1.2 LibreOffice Calc ………………………………………………… 149

    6.1.3 LibreOffice Impress …………………………………………… 153

6.2 vi 文本编辑 …………………………………………………………… 154

    6.2.1 文本编辑器简介 …………………………………………………… 154

    6.2.2 vi 编辑器的启动与退出 ………………………………………… 155

    6.2.3 vi 编辑器的工作模式 …………………………………………… 159

    6.2.4 vi 编辑器的基本应用 …………………………………………… 160

6.3 Gedit 文本编辑器 …………………………………………………… 175

6.4　PDF 阅读器 ··· 178

6.5　多媒体功能软件 ··· 182

　　6.5.1　MPlayer ·· 182

　　6.5.2　Totem ··· 186

6.6　图形图像软件 GIMP ·· 188

6.7　即时通信软件 QQ for Linux ·· 189

本章小结 ·· 191

实验 6 ·· 191

　　实验 6-1 ·· 191

　　实验 6-2 ·· 191

习题 6 ·· 192

第 7 章　进程管理与系统监控 ··· 193

7.1　进程管理 ·· 193

　　7.1.1　什么是进程 ··· 193

　　7.1.2　进程的启动 ··· 196

　　7.1.3　进程的调度 ··· 199

　　7.1.4　进程的监视 ··· 204

7.2　系统日志 ·· 206

　　7.2.1　日志文件简介 ··· 206

　　7.2.2　常用的日志文件 ·· 207

7.3　系统监视器 ·· 210

7.4　查看内存状况 ·· 213

7.5　文件系统监控 ·· 213

本章小结 ·· 214

实验 7 ·· 214

　　实验 7-1 ·· 214

　　实验 7-2 ·· 214

习题 7 ·· 215

第 8 章　管理和维护 Linux 系统 ··· 216

8.1　用户管理 ·· 216

　　8.1.1　用户与组简介 ··· 216

　　8.1.2　用户种类 ·· 216

　　8.1.3　用户的添加与删除 ·· 217

　　8.1.4　组的添加与删除 ·· 223

8.2　用户身份转换命令 ··· 225

　　8.2.1　激活与锁定 root 用户 ·· 225

　　8.2.2　sudo 命令 ·· 227

8.2.3 passwd 命令 ················· 227

8.2.4 su 命令 ····················· 227

8.2.5 useradd 命令 ················· 227

8.3 软件包管理 ······················· 229

8.3.1 软件包简介 ··················· 229

8.3.2 高级软件包管理工具 APT ······· 230

8.3.3 文本界面软件包管理工具 ······· 233

8.3.4 Ubuntu 软件中心 ·············· 236

8.3.5 新立得软件包管理器 ··········· 238

本章小结 ······························ 243

实验 8 ································· 243

习题 8 ································· 244

第 9 章 网络基本配置与应用 ·············· 245

9.1 网络基本配置 ····················· 245

9.1.1 网络基础知识 ················· 245

9.1.2 IP 地址配置 ·················· 246

9.1.3 DNS 配置 ···················· 251

9.1.4 hosts 文件 ··················· 252

9.2 Linux 常用网络命令 ··············· 253

9.2.1 ifconfig 命令 ················ 253

9.2.2 ping 命令 ···················· 254

9.2.3 netstat 命令 ················· 256

9.2.4 ftp 和 bye 命令 ··············· 257

9.2.5 telnet 和 logout 命令 ········· 258

9.2.6 rlogin 命令 ·················· 259

9.2.7 route 命令 ··················· 259

9.2.8 finger 命令 ·················· 260

9.2.9 mail 命令 ···················· 261

9.3 Firefox 浏览器 ··················· 261

9.3.1 Firefox 简介 ················· 261

9.3.2 Firefox 的使用 ··············· 262

9.3.3 Firefox 的配置 ··············· 263

9.4 邮件客户端软件 Evolution ········· 266

9.5 网络工具的使用 ··················· 269

本章小结 ······························ 271

实验 9 ································· 271

习题 9 ································· 272

第 10 章　常用服务器的搭建 ··· 273

　10.1　配置 FTP 服务器 ··· 273

　10.2　配置 Samba 服务器 ··· 275

　　　10.2.1　SMB 协议和 Samba 简介 ································ 275

　　　10.2.2　安装和配置 Samba 服务 ································ 276

　10.3　配置 DHCP 服务器 ··· 278

　　　10.3.1　DHCP 基础知识 ·· 278

　　　10.3.2　Ubuntu 中安装 DHCP 服务 ························· 280

　本章小结 ·· 283

　实验 10 ·· 283

　习题 10 ·· 283

第 11 章　Shell 基础 ·· 284

　11.1　Shell 基础知识 ··· 284

　　　11.1.1　什么是 Shell ··· 284

　　　11.1.2　Shell 的种类 ·· 285

　　　11.1.3　Shell 的便捷操作 ·· 286

　　　11.1.4　Shell 中的特殊字符 ····································· 286

　11.2　Shell 变量 ··· 290

　　　11.2.1　变量的种类 ·· 290

　　　11.2.2　变量的定义及使用 ······································ 292

　　　11.2.3　变量的数值运算 ··· 295

　11.3　命令别名和历史命令 ·· 299

　　　11.3.1　命令别名 ··· 299

　　　11.3.2　历史命令 ··· 300

　本章小结 ·· 301

　实验 11 ·· 301

　习题 11 ·· 301

第 12 章　Shell 编程 ·· 302

　12.1　Shell 脚本简介 ··· 302

　12.2　编写 Shell 脚本 ·· 302

　　　12.2.1　建立 Shell 脚本 ·· 303

　　　12.2.2　执行 Shell 脚本 ·· 303

　12.3　交互式 Shell 脚本 ··· 304

　12.4　逻辑判断表达式 ··· 305

　12.5　分支结构 ··· 308

　　　12.5.1　if 语句 ·· 308

　　　12.5.2　case 命令 ·· 312

12.6 循环结构 ································· 313

　　12.6.1　for 循环 ·························· 313

　　12.6.2　while 循环 ······················· 313

　　12.6.3　until 循环 ······················· 314

　　12.6.4　退出循环命令 ····················· 315

12.7 函数 ·································· 316

12.8 脚本调试 ······························ 317

本章小结 ·································· 318

实验 12 ··································· 318

　　实验 12-1 ····························· 318

　　实验 12-2 ····························· 318

　　实验 12-3 ····························· 318

　　实验 12-4 ····························· 318

习题 12 ··································· 318

第 13 章　常用开发环境的搭建 ················· 320

13.1 Java 开发环境 Eclipse 的搭建 ·············· 320

　　13.1.1　Java 简介 ······················· 320

　　13.1.2　Java 特点 ······················· 320

　　13.1.3　Eclipse 介绍 ····················· 321

　　13.1.4　Eclipse 环境的搭建 ················· 322

13.2 Java 开发环境 Eclipse 的使用 ·············· 322

　　13.2.1　创建 Java 项目 ···················· 323

　　13.2.2　创建 Java 类 ····················· 324

　　13.2.3　编辑 Java 程序代码 ················· 325

　　13.2.4　执行程序 ······················· 327

13.3 安装 C/C++ IDE 开发工具 ················ 327

　　13.3.1　Linux 下的 C/C++ 开发工具介绍 ········ 327

　　13.3.2　Code∷blocks 的安装 ··············· 328

13.4 C/C++ IDE 开发工具的使用 ··············· 330

13.5 用 GCC 编译执行 C 程序 ················· 334

　　13.5.1　GCC 简介 ······················ 334

　　13.5.2　GCC 的使用 ····················· 334

本章小结 ·································· 341

实验 13 ··································· 341

　　实验 13-1 ····························· 341

　　实验 13-2 ····························· 342

习题 13 ··································· 342

参考文献 ·································· 343

第 1 章　Linux 简介与系统安装

随着计算机技术和信息化的不断发展，Linux 操作系统也呈现出铮铮向荣的发展和应用前景。广大的企事业单位、高校、科研院所都大量采用 Linux 操作系统作为高端的服务器应用。普通计算机用户也表现出了对 Linux 的浓厚兴趣，学习、掌握和熟练使用 Linux 系统已经成为当今众多计算机爱好者的追求。

1.1　Linux 简介

计算机系统包括硬件和软件两部分。硬件部分，也称为裸机，主要包括中央处理器（CPU）、内存、外存和各种外部设备。软件部分主要包括系统软件和应用软件两部分。系统软件中包括操作系统、汇编、编译程序、数据库管理系统等系统软件。应用软件是为多种应用而编制的程序，如办公自动化软件、财务管理软件、杀毒软件、游戏软件、即时通信软件等普通用户大量日常使用的软件。计算机系统必须先配置好系统软件才能安装应用软件，应用软件也只有在系统软件的支持下才能为用户提供服务。计算机系统结构如图 1-1 所示。

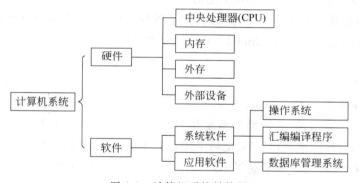

图 1-1　计算机系统结构图

在所有的系统软件中，操作系统是紧靠硬件，配置在计算机硬件上的第一层软件，是用户或应用程序与计算机硬件之间的接口。操作系统是汇编、编译程序、数据库管理系统等其他系统软件和大量应用软件的基础，任何计算机都必须首先配置操作系统后才能够安装其他软件，操作系统是计算机正常工作的基础软件。配置了操作系统，计算机才有了无限的活力，才能够使计算机变得方便易用和易于维护。因此，操作系统在整个的计算机系统结构中具有十分重要的作用，是计算机系统进行工作的基础。

在计算机的日常使用中，微软公司的 Windows 系列操作系统、以 Linux 为内核的操作系统，以及以 UNIX 为内核的操作系统是比较常见的操作系统，这些操作系统的市场份额占总份额的 90% 以上。在这些种类繁多的操作系统中，Linux 操作系统越来越受到人们的广泛关注和重视。Linux 是一种自由、开放、免费的系统软件，是一种多任务、多用户的网络操作系统。Linux 内核最早是由 Linus Torvalds 在 1991 年开发出来的。在二十几年的时间里,它呈现出了强大的生命力和广阔的应用前景。Linux 操作系统的蓬勃发展是自由软件和开放源代码发展中的典范。

1.1.1　什么是 Linux

1. Linux 的定义

Linux 是一种自由、开放、免费的系统软件,是一种多任务和多用户的网络操作系统。它具有良好的可移植性,广泛运行于 PC、服务器、工作站到大型机,以及包括嵌入式系统在内的各种硬件设备,适用平台非常广泛。它开放源代码、遵循 GPL 精神、遵守 POSIX 标准,并且是与 UNIX 兼容的操作系统。从另一个角度来看,Linux 是一套免费使用和自由传播的类 UNIX 操作系统。它可以在基于 Intel x86 系列处理器以及 Cyrix、AMD 的兼容芯片的计算机上运行。

目前,Linux 已经成为了一种受到广泛关注和支持的操作系统。众多信息业巨头和厂商也逐渐加入到支持 Linux 的行列中,包括 IBM、HP 和 DELL 等大型信息业公司。并且,目前也成立了一些国际组织支持 Linux 的发展,如 Open Invention Network(OIN)组织,其成员包括 IBM、SONY、NEC、Philips、Novell、Red Hat 等国际公司。和微软公司的 Windows 系统相比,作为自由软件的 Linux 具有软件成本低,安全性高,以及更加可信赖等优势。

Linux 一词具有双重含义。更严格地讲,Linux 本身只表示 Linux 内核,但在实际上人们已经习惯了用 Linux 来形容 Linux 的各种发行版,把它们统称为 Linux 操作系统。而 Linux 的发行版是基于 Linux 内核,并且搭配了各种人机界面、应用软件和服务软件的操作系统。例如大家非常熟悉的 Redhat Linux、CentOS Linux、Ubuntu Linux、红旗 Linux 等操作系统。

2. POSIX 标准

POSIX 是 Portable Operating System Interface of UNIX 的缩写。它是一种可移植操作系统接口,定义了一套标准的操作系统接口和工具,最初是基于 UNIX 制定的针对操作系统应用接口的国际标准。POSIX 是一个涵盖范围很广的标准体系,已经颁布了二十多个标准。制定 PSOIX 标准是为了获得不同操作系统在源代码级上的软件兼容性,使操作系统具有较强的可移植性。POSIX 现在已经发展成为一个非常庞大的标准族,某些部分正处在开发过程中。其中,POSIX 1003.1 标准定义了一个最小的 UNIX 操作系统接口,任何操作系统只有符合该标准,才能运行 UNIX 程序。POSIX 常见标准如下所示。

(1) IEEE 1003.0 标准。用于管理 POSIX 开放式系统环境(Open System Environment,OSE)。IEEE 在 1995 年通过了这项标准。ISO 的版本是 ISO/IEC 14252:1996。

(2) IEEE 1003.1 标准。被广泛接受、用于源代码级别的可移植性标准。IEEE 1003.1 提供一个操作系统的 C 语言应用编程接口(Application Programming Interface,API)。IEEE 和 ISO 已经在 1990 年通过了这个标准,IEEE 在 1995 年重新修订了该标准。

(3) IEEE 1003.1b 标准。这是一个用于实时编程的标准。这个标准在 1993 年被 IEEE 通过,被归入 ISO/IEC 9945-1。

（4）IEEE 1003.1c 标准。这是一个用于线程的标准，线程可以简单地理解为，在一个程序中当前被执行的代码段。该标准曾经是 P1993.4 或 POSIX.4 的一部分，在 1995 年已经被 IEEE 通过，归入 ISO/IEC 9945-1:1996。

（5）IEEE 1003.1g 标准。这是一个关于通信协议独立接口的标准，该接口可以使一个应用程序通过网络与另一个应用程序通信。1996 年 IEEE 通过了这个标准。

（6）IEEE 1003.2 标准。这是一个应用于 Shell 和工具软件的标准，它们分别是操作系统所必须提供的命令处理器和工具程序。1992 年 IEEE 通过了这个标准。ISO 也已经通过了这个标准，即 ISO/IEC 9945-2:1993。

（7）IEEE 1003.2d 标准。这是改进的 IEEE 1003.2 标准。

（8）IEEE 1003.5 标准。这是一个相当于 IEEE 1003.1 的 Ada 语言的应用编程接口。在 1992 年 IEEE 通过了这个标准。并在 1997 年对其进行了修订。ISO 也通过了该标准。

（9）IEEE 1003.5b 标准。这是一个相当于 IEEE 1003.1b（实时扩展）的 Ada 语言的应用编程接口。IEEE 和 ISO 都已经通过了这个标准。ISO 的标准是 ISO/IEC 14519:1999。

（10）IEEE 1003.5c 标准。这是一个相当于 IEEE 1003.1q（通信协议独立接口）的 Ada 语言的应用编程接口。在 1998 年 IEEE 通过了这个标准。ISO 也通过了这个标准。

（11）IEEE 1003.9 标准。这是一个相当于 IEEE 1003.1 的 FORTRAN 语言的应用编程接口。在 1992 年 IEEE 通过了这个标准，并于 1997 年对其再次确认。ISO 也已经通过了这个标准。

（12）IEEE 1003.10 标准。这是一个应用于超级计算应用环境框架（Application Environment Profile，AEP）的标准。在 1995 年，IEEE 通过了这个标准。

（13）IEEE 1003.13 标准。这是一个关于应用环境框架的标准，主要针对使用 POSIX 接口的实时应用程序。在 1998 年 IEEE 通过了这个标准。

（14）IEEE 1003.22 标准。这是一个针对 POSIX 的关于安全性框架的指南。

（15）IEEE 1003.23 标准。这是一个针对用户组织的指南，主要是为了指导用户开发和使用支持操作需求的开放式系统环境框架。

（16）IEEE 2003 标准。这是针对指定和使用是否符合 POSIX 标准的测试方法，有关其定义、一般需求和指导方针的一个标准。在 1997 年 IEEE 通过了这个标准。

（17）IEEE 2003.1 标准。这个标准规定了针对 IEEE 1003.1 的 POSIX 测试方法的提供商要提供的一些条件。在 1992 年 IEEE 通过了这个标准。

（18）IEEE 2003.2 标准。这是一个定义了被用来检查与 IEEE 1003.2（Shell 和工具 API）是否符合的测试方法的标准。在 1996 年 IEEE 通过了这个标准。

以上介绍了 IEEE 1003 家族和 IEEE 2003 家族的标准。除此以外，还有几个其他的 IEEE 标准，例如 IEEE 1224 和 IEEE 1228，它们也提供开发可移植应用程序的 API。

Linux 是一个遵循 POSIX 标准的操作系统。也就是说，任何基于 POSIX 标准编写的应用程序，包括大多数 UNIX 和类 UNIX 系统的应用程序，都可以方便地移植到 Linux 系统上，反之亦然。

1.1.2 Linux 发展历程

1. Linux 产生的历史条件

Linux 的诞生和发展与 UNIX 系统、Minix 系统、Internet、GNU 计划密不可分。它们对 Linux 的产生和发展都有着深远的影响,为 Linux 成长奠定了坚实的基础。

(1)UNIX 系统。Linux 是一个类 UNIX 的操作系统。Linux 和 UNIX 的设计有很多相似之处。其实,早在 20 世纪 70 年代 UNIX 操作系统就已产生,并在 Linux 出现之前,它已经得到了相当广泛的应用。

1971 年,UNIX 操作系统诞生于 AT&T 公司的 Bell 实验室。UNIX 是一个多用户、多任务的分时操作系统。UNIX 的出现源于贝尔实验室的两位软件工程师 Ken Thompson(肯·汤普森)与 Dennis Ritchie(丹尼斯·里奇)。UNIX 的产生与美国国防计划署的 MULTICS 项目密切相关。

1964 年由贝尔实验室、麻省理工学院(Massachusetts Institute of Technology,MIT)、美国通用电气公司(General Electric Company,GE)共同开发 MULTICS 系统,这是一套安装在大型主机上的多用户、多任务分时操作系统。但是 MULTICS 项目的工作进度过于缓慢,首先通用电气公司退出此计划。1969 年,贝尔实验室也退出了。当时,Ken Thompson 为 MULTICS 项目撰写了一个称为《星际旅行》(Star Travel)的游戏程序。贝尔实验室退出 MULTICS 项目后,Ken Thompson 开始利用一台闲置的 PDP-7 计算机开发了一种多用户、多任务操作系统,目的是能够运行《星际旅行》的游戏程序。很快,Dennis Ritchie 也加入了这个项目,在他们共同努力下诞生了最早的 UNIX 操作系统。早期的 UNIX 是用汇编语言编写的,但其第三个版本用一种崭新的编程语言 C 重新设计了。C 语言是 Dennis Ritchie 设计并用于编写操作系统的程序语言。通过这次重新编写,UNIX 得以移植到更为强大的 DEC PDP-11/45 与 PDP-11/70 计算机上运行。UNIX 系统内核短小精悍,内核只有两万行代码,但性能优异,且源代码公开。在 20 世纪 70 年代,UNIX 系统是免费的。因此,它的应用范围迅速从实验室走出来,遍布于各大科研院所和高校,覆盖了大中小型计算机、工作站、PC、服务器等,并成为了操作系统的主流,现在几乎每个主要的计算机厂商都有其自有版本的 UNIX 系统。为了奖赏 Dennis Ritchie 和 Ken Thompson 的功绩,1983 年他俩一同被授予计算机界的最高奖项——图灵奖。

UNIX 系统的特点如下:

① 无可比拟的安全性与稳定性。

② 良好的伸缩性,系统内核和核外程序均可裁剪。

③ 强大的 TCP/IP 支持功能。

④ 良好的可移植性,支持广泛的硬件平台。

UNIX 系统的设计十分精巧,是操作系统设计的经典之作。它的很多优秀的设计思想和理念深深影响了后来的操作系统。Linux 系统的开发,也继承了 UNIX 系统的优秀设计思想,集中了 UNIX 系统的各种优点。

(2)Minix 系统。在 20 世纪 70 年代,UNIX 系统是免费的。但随着 UNIX 系统的广泛应用,它就由一个免费软件变成一个商用软件。因此,需要花费高昂的源码许可证费用才能获得 UNIX 系统的源代码,并且 UNIX 对硬件性能的要求也较高。这些都限制了 UNIX 系统在教学和科研领域的应用。1987年,荷兰教授Andrew S. Tanenbaum利用业余时间开发设计了一个微型的UNIX操作系统——Minix。Minix是一个基于微内核技术的类似于UNIX的操作系统,主要用于操作系统课程的教学和研究。Minix系统的名称取自英语Mini UNIX,全部的程序代码共约12000行,约300MB,十分小巧。全套Minix除了启动的部分以汇编语言编写以外,其他大部分都是用C语言编写的。系统功能主要分为内核、内存管理及文件管理3个部分。Minix系统与UNIX系统不同,Minix对硬件的要求不高,可以运行在廉价的PC上。Linux操作系统就是在Minix系统的基础上开发和设计的。

（3）Internet。20世纪80年代中期,Internet(互联网)形成。通过Internet,全球的计算机通过网络实现连接在一起,所有用户都可以通过Internet相互交流和获取信息。Linux是一个诞生于网络时代的产物。要使Linux成为一个理想的操作系统,是一项十分巨大的工程。单靠一个人的力量是不够的。它的发展壮大需要遍布世界各地的编程专家和软件爱好者的共同参与。无数的程序员通过Internet参与了Linux的技术改进和测试工作。任何人想往内核中加入新的特性,只要被认为是有用的、合理的,就允许加入。这样,Linux在来自世界各地人们的共同协作下,通过Internet发展起来。可以说,没有Internet就没有今天生命力如此强大、不断发展的Linux操作系统。

（4）GNU计划。Linux的发展史是和GNU计划紧密联系在一起的。Linux内核从一开始就是按照公开的POSIX标准编写的,并且大量使用了来自麻省剑桥自由软件基金会的GNU软件,同时Linux自身也是用它们构造而成。

20世纪80年代,自由软件运动兴起。自由软件(Free Software),是一种可以不受限制的自由使用、复制、研究、修改和分发的软件。"不受限制"正是自由软件最重要的本质。自由软件提倡"四大自由"。即运行软件的自由、获得源代码修改软件的自由、发布软件的自由、发布后修改软件的自由。

1983年,自由软件运动的领导者Richard Stallman(理查德·斯托曼)提出GNU计划。GNU是GNU Is Not UNIX的递归缩写,是自由软件基金会的一个项目,该项目的目标是开发一个自由的类UNIX操作系统,包括内核、软件开发工具和各种应用程序。为了保证GNU计划的软件能够被广泛的共享,Stallman又为GNU计划创作了通用软件许可证(即General Public License,GPL)。此类软件的开发不是为了经济目的,而是不断开发并传播新的软件,并让每个人都能获得和拥有。GPL允许软件作者拥有软件版权,但授予其他任何人以合法复制、发行和修改软件的权利。GPL也是一个针对免费发布软件的具体的发布条款。对于遵照GPL许可发布的软件,用户可以免费得到软件的源代码和永久使用权,可以任意修改和复制,同时也有义务公开修改后的代码。

自20世纪90年代发起这个计划以来,GNU开始大量的开发和收集各种系统所必备的组件。到1991年Linux内核发布的时候,GNU已经几乎完成了除了系统内核之外的各种必备软件的开发,其中大部分是按GPL许可发布的。例如,函数库(Libraries)、编译器(Compilers)、侦错工具(Debuggers)、文字编辑器(Text Editors)、网页服务器(Web Server),以及一个UNIX的使用者接口(UNIX Shell)。此时,Linux内核发布,并且该内核也是基于GPL许可发布的。在Linux系统的创始人Linus Torvalds和其他开发人员的共同努力下,各种GNU软件被组合到Linux内核上,构成了GNU/Linux这一完整的自由操作系统。虽然Linux内核并不是GNU计划的一部分,但是它已经融合于GNU计划,并服务于 GNU 计划，成为 GNU/Linux 的操作系统核心。

2. Linux 的诞生

Linux 起源于一个芬兰赫尔辛基大学计算机系学生。芬兰人 Linus Torvalds（李纳斯·托沃兹）是 Linux 的作者与主要维护者。Linux 内核最早是由 Linus Torvalds 在 1991 年开发出来的。1990 年秋天，Linus 正在赫尔辛基大学学习操作系统课程，所用的教材是 Andrew S. Tanenbaum 教授编写的《操作系统——设计与实现》。为了方便学习，Linus 购买了自己的 PC，而且 PC 上所装的软件是 Minix 操作系统。当时，Minix 并不是完全免费的，而且 Tanenbaum 教授不允许别人为 Minix 再加入其他的模块，目的是为了教学的简明扼要。

由于 Minix 开发的初衷是用于教学，因此 Linus 在使用过程中，对 Minix 的功能不是很满意。受 Minix 的启发，Linus 决定以 Intel 386 微处理器为基础开发一个自己的操作系统。目的是使这个操作系统可用于 Intel 386、486 或奔腾处理器的个人计算机上，并且具有 UNIX 操作系统的全部功能。他以自己熟悉的 UNIX 系统作为原型，在一台 Intel 386 PC 上开始了他的工作。

Linus 开发的第一个程序包括两个进程，向屏幕上写字母 A 和 B，利用定时器进行进程切换。此外，Linus 还编写了一个简单的终端仿真程序来存取 Usenet 的内容。用 Linus 自己的话说："在这之后，开发工作可谓一帆风顺。尽管程序代码仍然头绪万千，但此时我已有一些设备，调试也相对较以前容易了。在这一阶段我开始使用 C 语言编写代码，这使得开发工作加快了许多。与此同时，我产生了一个大胆的梦想：制作一个比 Minix 更好的 Minix。我希望有一天我能够在自己的 Linux 系统上重新编译 GCC。"

基本开发工作持续了两个月，直到有显示器、键盘、Modem 的驱动程序和一个小的文件系统，操作系统的原型出现了，即 Linux 0.01 版本。Linux 0.01 版的开发没有使用任何 Minix 或 UNIX 的源代码，它仅有一万行代码，仍必须运行于 Minix 操作系统之上，并且必须使用硬盘开机，无软盘驱动器的驱动程序。总之，此时的 Linux 系统还十分初级，还有很多功能没有完善。

1991 年 10 月 5 日，Linus 在赫尔辛基大学的 FTP 上发布了 Linux 系统的第一个正式版本，其版本号为 0.02。开始时，Linus 给它起的名字叫 Freax，取意"Free（自由）＋Freak（怪诞）＋X"组成。但是，当时赫尔辛基大学的 FTP 服务器管理员 Ari Lemmke 认为这个名字不好，建议改为 Linux。含义为 Linus 的 Minix 系统。Linus 也认为这个名字不错，就欣然接受了。由此，Linux 诞生了。通过网络，越来越多的专业用户发现 Linux 内核相当的小巧精致。因此，Linux 已成为众多程序员所关注的一个系统，不断有人投入到这个 Linux 内核的研究领域中。这些人自愿开发应用程序，并借助 Internet 让大家一起修改，所以 Linux 周边的程序越来越多，Linux 本身也逐渐发展壮大起来。

值得注意的是，Linux 并没有包括 UNIX 源代码，它是按照公开的 POSIX 标准重新编写的。Linux 大量使用了由麻省剑桥免费软件基金的 GNU 软件，同时 Linux 自身也是用它们构造而成。此版本的 Linux 能够运行 GNU 的 bash shell 及 GNU 的编译器 GCC，但应用程序还不多。最初的主要工作集中在内核开发、对用户的支持、系统的文档，对系统的发行并不太在意。直到现在，Linux 社区依然把发行工作放在次要的位置，而将大多注意力集中在程序的编写上。

1.1.3 Linux 特点

目前,Linux 操作系统是由世界各地成千上万的程序员共同设计和实现的。其目的是建立不受任何商品化软件版权制约、全世界都能自由使用的 UNIX 兼容产品。和其他的商用 UNIX 系统以及微软 Windows 系统相比,作为自由软件的 Linux 系统具有低成本、安全性高、更加可信赖的优势。

1. Linux 的优点

(1) 基于 UNIX 设计,性能出色。Linux 系统继承了 UNIX 的设计理念。是一种多用户、多任务的类 UNIX 操作系统。具有执行速度快、占用内存空间小,并且性能优异的特点。可以进行全天候不间断工作,系统不会死机。因此,Linux 可以胜任大、中、小型机以及高端服务器等各种领域的重要工作。

(2) 遵循 GPL 许可,自由软件。用户可以免费获得和使用 Linux,并在 GPL 许可的范围内自由地修改和传播。

(3) 符合 POSIX 标准,兼容性好。Linux 符合 POSIX 标准,任何基于 POSIX 标准编写的大多数 UNIX 和类 UNIX 系统的应用程序,都可以方便地移植到 Linux 上,反之亦然。

(4) 可移植性好。可移植性是指将操作系统从一个平台转移到另一个平台,使它仍然能按其自身的方式运行的能力。

Linux 内核 90% 采用 C 语言编写,具备高度的可移植性,能够在从微型计算机到大型计算机的任何环境中和任何平台上正常运行。可移植性为运行 Linux 的不同计算机平台与其他任何机器进行准确而有效的通信提供了手段,不需要另外增加特殊的、昂贵的通信接口。

(5) 网络功能强大。网络协议内置在内核中,可以与各种网络集成在一起。完善的内置网络是 Linux 的一大特点。内核外的网络应用功能也十分强大,可以运行各类网络服务。Linux 在通信和网络功能方面优于其他操作系统。其他操作系统不包含和内核如此紧密结合在一起的网络连接能力,也没有内置这些联网特性的灵活性。而 Linux 为用户提供了完善、强大的网络功能。Linux 的网络功能如下。

① 支持 Internet。Linux 免费提供了大量支持 Internet 的软件,Internet 是在 UNIX 领域中建立并繁荣起来的,在这方面使用 Linux 是相当方便的,用户能用 Linux 与世界上的其他人通过 Internet 网络进行通信。

② 支持文件传输。用户能通过一些 Linux 命令完成内部信息或文件的传输。

③ 支持远程访问。Linux 不仅允许进行文件和程序的传输,它还为系统管理员和技术人员提供了访问其他系统的窗口。通过这种远程访问的功能,一位技术人员能够有效地为多个系统服务,即使那些系统位于相距很远的地方。

(6) 设备独立性。设备独立性是指操作系统把所有外部设备统一当作成文件来看待,只要安装它们的驱动程序,任何用户都可以像使用文件一样,操纵、使用这些设备,而不必知道它们的具体存在形式。设备独立性的关键在于内核的适应能力。其他操作系统只允许一定数量或一定种类的外部设备连接,而设备独立性的操作系统能够容纳任意种类及任意数量的设备,每一个设备都是通过它与内核的专用连接独立进行访问的。

Linux 是具有设备独立性的操作系统,它的内核具有高度适应能力,随着更多的程序员加入 Linux 编程开发,会有更多硬件设备加入到各种 Linux 内核和发行版本中。另外,由于用户可以免费得到 Linux 的内核源代码,因此,用户可以修改内核源代码,以便适应新增加的外部设备。

(7) 安全性强。Linux 内核中采取了许多安全技术措施保障系统资源的安全。如文件权限的读写控制、带保护的子系统、审计跟踪、核心授权等,这为网络多用户环境中的用户提供了必要的安全保障。另外,Linux 的源码公开,更新速度快,防御病毒能力强。

(8) 良好的用户界面。Linux 向用户提供了 3 种界面:命令行用户界面、系统调用、图形用户界面。

Linux 的传统用户界面是基于文本的命令行界面,即 Shell,它既可以联机使用,又可以存在文件上脱机使用。Shell 有很强的程序设计能力,用户可以用它方便地编制程序,从而为用户扩充系统功能提供了更高级的手段。可编程 Shell 是指用户可以将多条命令组合在一起,形成一个 Shell 程序,这个程序可以单独运行,也可以与其他程序同时运行。

系统调用给用户提供编程时使用的接口。用户可以在编程时直接使用系统提供的系统调用命令。系统通过这个接口为用户程序提供低级、高效率的服务。

Linux 还为用户提供了图形用户界面。它利用鼠标、菜单、窗口、滚动条等方式,给用户呈现一个直观、易操作、交互性强的友好的图形化界面。

2. Linux 的缺点

尽管有很多优秀的特性,但 Linux 系统还存在一些问题。例如,Linux 发行版本太多,不同版本的使用上还存在差异;不同版本之间的兼容性不好;入门要求较高;中文支持不够好等缺点。

3. Linux 系统组成

Linux 操作系统的基本组成包括 Linux 内核、Linux Shell、Linux 文件系统、Linux 应用程序等几个部分。Linux 操作系统的构成如图 1-2 所示。

(1) Linux 内核。不同发行版的 Linux 系统使用的系统内核只有一个版本,即 Linux 内核。内核由 Linus 和他的内核团队负责维护和发布的。Linux 内核是系统的核心,是运行程序和管理硬件设备(如磁盘、打印机等)的核心程序,它提供硬件抽象层、磁盘及文件系统控制、多任务等功能的系统软件。一套基于

图 1-2　Linux 操作系统的构成

Linux 内核的完整操作系统叫做 Linux 操作系统,或 GNU/Linux。

(2) Linux Shell。Shell 是系统的用户界面,提供用户与内核进行交互操作的一种接口。Shell 负责接收、解释和执行用户输入的命令,一个 Shell 可以理解为一个"命令集"。

(3) Linux 文件系统。Linux 文件系统是文件存放在磁盘等存储设备上的组织方法。Linux 能支持多种目前流行的文件系统,如 EXT2、EXT3、FAT、VFAT、ISO 9660(光盘文件系统)、NFS(网络文件系统)等。

(4) Linux 应用程序。标准的 Linux 系统都有一整套称为应用程序的程序集,包括文本编辑器、编程语言、X Window、办公套件、Internet 工具、数据库等。通过这些应用程序可以进行系统的扩展,满足不同用户的应用需求。

1.1.4　Linux 的版本

"Linux 操作系统"一词具有双重含义。严格地讲,"Linux 操作系统"本身只表示 Linux 内核,但在实际上人们已经习惯了用"Linux 操作系统"来形容 Linux 的发行版。因此, Linux 系统的版本将分为内核版本和发行版本两方面进行介绍。

1. Linux 的内核版本

1991 年,Linus 成功发布在互联网上的版本即 Linux 的内核版本。在他发布内核版本 Linux 0.03 版之后,Linus 开始向内核 0.10 版发起冲击。在 1992 年 3 月,Linus 对此时的 Linux 已有足够的信心,他认为 Linux 已是一个稳定的系统了,所以 Linus 将 Linux 的版本 提高到了 0.95 版。1994 年,Linus 发布正式的 Linux 1.0 版本,由此,Linux 系统开始成为 一个比较完善的操作系统,并逐渐为世人所知。

一些软件公司相继开发出自己的 Linux 系统,如 Redhat Linux、RedFlag Linux 等。应 用软件厂商也开发出大量基于 Linux 的应用软件。大量的软件专家和 Linux 爱好者不断地 提高和改进 Linux 的内核功能。在不同时期,具有代表性的几个 Linux 内核版本如下。

(1) 1994 年发行的 Linux 1.0 内核。

(2) 1996 年发现的 Linux 2.0 内核。

(3) 1999 年发行的 Linux 2.2.x 内核。

(4) 2001 年发行的 Linux 2.4.x 内核。

(5) 2003 年发行的 Linux 2.6.x 内核。

(6) 2012 年 1 月发行的 Linux 3.2.x 内核。

(7) 2012 年 5 月发行的 Linux 3.4.x 内核。

(8) 2012 年 10 月发行的 Linux 3.6.x 内核。

(9) 2013 年 7 月发行的 Linux 3.10.x 内核。

目前最新内核稳定版本是 2013 年 11 月发布的 3.12.x 版本。

内核版本号由 3 个部分的数字组成,即"主版本号+次版本号+修订序列号",如 2.6.20。 第一部分代表主版本号,主版本号不同的内核有很大的功能差异。第二部分是次版本号,一 般情况下,次版本号为偶数,表示该版本是稳定版本,已经通过测试。如果此版本号为奇数, 表示该版本为测试版,有可能存在错误。第三部分是修订序列号,数字越大表示功能越强, 且错误越少。

2. Linux 的发行版本

Linux 发行版,即通常人们所说的"Linux 操作系统",它可以由一个组织、公司或者个 人发行。Linux 的发行版是基于 Linux 内核,并且搭配了各种人机界面、应用软件和服务软 件的操作系统。例如,软件开发工具、数据库、Web 服务器、X Window、桌面环境(如 GNOME 和 KDE),办公套件(如 OpenOffice.org),脚本语言等。因此,Linux 发行版是包 含 Linux 内核的众多软件的集合。

虽然 Linux 的发行版种类繁多,但是它们的内核都是相同的,即 Linux 内核。目前比较 流行的发行版本包括以下几种。

(1) Redhat 和 Fedora。Red Hat 公司是商业化最成功的 Linux 发行商,无论在高端服 务器市场还是 PC 用户中都有广泛的用户群。早在 1994 年 3 月,Linux 1.0 版正式发布后,

Red Hat 软件公司就已经成立,并成为最著名的 Linux 分销商之一。Redhat Linux 以 Linux 内核为基础,并配置了优秀的安装程序、图形配置工具、先进的软件包管理工具 RPM,以及优秀的软硬件兼容性。

Redhat Linux 的发展从 1.0 版本开始,逐渐发展到 7. x 版本,8.0 版本,9.0 版本。2003 年底 Red Hat 公司停止了免费版 Redhat Linux 的开发和发布,将 Redhat Linux 分为两个系列:用于服务器的商业化版本 RHEL(Red Hat Enterprise Linux)和定位于桌面用户的免费版本 Fedora。RHEL 由公司提供收费的技术支持和更新,成为公司盈利的主打产品。RHEL 稳定性好,为企业服务器系统提供良好的技术支持。Fedora 面向桌面系统,成为普通用户的使用版本。Fedora 采用了许多 Linux 的新技术,版本更新周期短。Fedora 是体验 Linux 前沿技术的平台,但不保证稳定性。Fedora 的版本从 Fedora Core1.0 版开始,目前的版本为 Fedora 18,产品代号为 Spherical Cow,于 2013 年 1 月 15 日发行,内核版本 3.6.10。

(2) CentOS。CentOS(Community Enterprise Operating System)是 Linux 发行版之一,它是来自于 Red Hat Enterprise Linux,依照开放源代码规定释放出的源代码所编译而成。由于出自同样的源代码,因此有些要求高度稳定性的服务器以 CentOS 替代商业版的 Red Hat Enterprise Linux 使用。两者的不同在于 CentOS 并不包含封闭源代码软件。

(3) Debian。Debian 是由 GPL 和其他自由软件许可协议授权的自由软件组成的操作系统,由 Debian 计划组织维护。Debian 计划没有任何的营利组织支持,它的开发团队完全由来自世界各地的志愿者组成。Debian 计划组织跟其他自由操作系统(如 Ubuntu、openSUSE、Fedora、Mandriva、OpenSolaris 等)的开发组织不同。上述这些自由操作系统的开发组织通常背后由公司或机构支持。而 Debian 计划组织则完全是一个独立的、分散的开发者组织,纯粹由志愿者组成,背后没有任何公司或机构支持。因此,Debian 是最纯正的自由软件 Linux 发行版,所有软件包都是自由软件,由分布在世界各地的爱好者维护并发行。Debian 具有软件资源丰富、稳定性好、特别强调网络维护和在线升级等优点,但是它的发行版的更新速度不快。

(4) Ubuntu。Ubuntu 是一个基于 Debian 的较新 Linux 发行版,即 Ubuntu 是对 Debian GNU/Linux 进行裁剪的基础上进行的开发。Ubuntu 拥有 Debian 的所有优点。另外,Knoppix 和 Linspire 及 Xandros 等 Linux 发行版,都是建基于 Debian 的。

Ubuntu 具有安装过程人性化、桌面系统简单大方、对硬件的支持最好、最全面,版本的更新周期短等优点,为个人用户体验 Linux 系统带来极大的便利。

(5) openSUSE。openSUSE 的前身是德国的一个 Linux 发行版 SUSE Linux,2003 年 SUSE Linux 被 Novell 公司收购,定位于构建企业级服务器平台的 Linux 版本。SUSE 具有运行稳定,安装程序和图形管理工具直观易用的特点,openSUSE 秉承 SUSE 的特点,作为 Novell 企业版 Linux(例如 SLES 和 SLED)的基础,是商用 RedHat 的主要竞争者。2013 年 3 月发布了 openSUSE12.3 版,该版本的 Linux 内核版本为 3.7。

openSUSE 的目标是使 SUSE Linux 成为所有人都能够得到的最易于使用的 Linux 发行版,使其成为使用最广泛的开放源代码平台,把 SUSE Linux 建设成世界上最好的 Linux 发行版。简化并开放开发和打包流程,把 openSUSE 打造成为 Linux 黑客和应用软件开发者的首选平台。openSUSE 12.3 版的界面如图 1-3 所示。

（6）Gentoo。Gentoo 是一个基于源代码的发行版，它因高度的可定制性出名。Gentoo 用户都选择手工编译源代码，生成专门为自己定制的系统。Gentoo 能为几乎任何应用程序或需求自动地做出优化和定制。追求极限的配置、性能，以及顶尖的用户和开发者社区，都是 Gentoo 体验的标志特点。Gentoo 适合熟悉 Linux 系统的资深用户使用。

图 1-3　openSUSE 12.3 版的界面

（7）Slackware。Slackware 是最早的 Linux 发行版，使用基于文本的工具和配置文件。Slackware 一直以简便、安全和稳定著称。在软件包的选择上，Slackware 只安装一些常用的软件。在系统的配置方面，Slackware 不遮掩内部细节，它将系统"真实"的一面毫不隐藏的呈现给用户，让人们看到"真正的"Linux。因此，要求用户需要拥有一定量的基础知识，否则难以驾驭。它拥有一套很大的程序库，包括开发应用程序需要的每个工具，是开发自由软件的理想平台。它的特点是稳定、可靠、简单、敏感、升级不频繁。

（8）红旗 Linux。红旗 Linux 是由北京中科红旗软件技术有限公司开发的一系列 Linux 发行版，包括桌面版、工作站版、数据中心服务器版、HA 集群版和红旗嵌入式 Linux 等产品。红旗 Linux 是中国较大、较成熟的 Linux 发行版之一。

20 世纪 80 年代末，国家为了确保在现代化信息战中不容易受到攻击，中国科学院软件研究所奉命研制基于自由软件 Linux 的自主操作系统，并于 1999 年 8 月发布了红旗 Linux 1.0 版。最初主要用于关系国家安全的重要政府部门。

红旗 Linux 的主要特点：

① 完善的中文支持；

② 与 Windows 相似的用户界面；

③ 通过 LSB 3.0 测试认证，具备了 Linux 标准基础的一切品质；

④ 农历的支持和查询；

⑤ x86 平台对 Intel EFI 的支持；

⑥ Linux 下网页嵌入式多媒体插件的支持；

⑦ 界面友好的内核级实时检测防火墙。

1.1.5　Linux 的应用和发展

1. Linux 的应用

从 Linux 的应用方面来看，主要有针对普通用户的桌面应用和系统管理的服务应用两种类型。相应地，Linux 的发行套件也有桌面版和服务器版两种版本。

（1）桌面应用。目前，大多数桌面版的 Linux 发行套件已经摒弃难以安装、难以使用的缺点。十分类似于用户常见的 Windows 桌面系统平台。习惯于 Windows 系统使用的广大用户可以直接对 Linux 进行操作，利用鼠标单击的方式使用 Linux 的各种常用功能和程序。例如浏览器的使用、文档编辑、图片的处理、各种文件的管理和程序的运行等。由于 Linux 提供了直观的图形化界面，因此，熟悉 Windows 系统的用户可以顺利地利用鼠标进行各种操作。

（2）服务应用。Linux 最主要的应用对象是架设各种服务器的高端领域，特别是中高端服务器系统。广泛应用于通信系统、金融机构、商业、军事领域以及广大的高等院校、科研院所。这些领域都大量采用 Linux 操作系统作为高端的服务器应用。在 Linux 系统中架设 Web、FTP、DHCP 等服务器已经成为众多用户的首选。Linux 具有出色的稳定性、安全性，而且对计算机硬件的要求较低，因此在架设服务器的使用中，Linux 系统的市场份额相当高。

（3）其他应用。近些年来，嵌入式操作系统在人们的生活应用越来越广泛，逐步进入到千家万户。Linux 在嵌入式系统领域的占有率位居第一。智能手机、瘦客户机、PDA、平板计算机、智能家电等众多设备中都使用了嵌入式操作系统，而嵌入式 Linux 就凭借着完善的驱动程序以及接口命令成为这些设备中使用最多的操作系统。因此，Linux 是被最广泛移植的操作系统内核。从掌上计算机到 IBM 大型机，都可以安装 Linux 系统。Linux 是 IBM 超级计算机 BlueGene 的主要操作系统。另外，Linux 也广泛应用于操作系统的教学和研究领域中。对于研究者而言，利用 Linux 系统可以剖析内核，进行系统改进。对于普通用户，可以利用 Linux 系统了解操作系统的内部原理，进行理论实践。

2. Linux 的发展

Linux 内核的发展方向主要是对新体系结构和新硬件技术的支持。具体如下。

（1）以 Linux 内核为基础，开发高性能分布式操作系统，以满足分布式系统的发展，进行大数据量的处理工作。

（2）在嵌入式系统领域，要提供对更多硬件平台的支持，以及对硬件驱动程序的支持。

（3）另一个发展方向是面向个人用户的普及。提供易于操作的使用界面和清晰的说明文档，降低普通用户的使用门槛，普及 Linux 系统的使用。

1.2　Ubuntu 简介

目前，Ubuntu 是十分流行的桌面 Linux 发行版。目前，Ubuntu 全球用户数量已经超过 2000 万。在国内市场上，消费者也可以看到宏碁、戴尔等一系列的 OEM 厂商低端计算机上搭载 Ubuntu 系统。Ubuntu 也推出了针对平板计算机和智能手机产品的操作系统。Ubuntu 简单易用，可以方便地安装、升级，以及软件的更新。其界面简洁大方又不失华丽，对硬件的支持性能优良。

1.2.1　什么是 Ubuntu

Ubuntu 是一个以桌面应用为主的 Linux 操作系统，其名称来自非洲南部的祖鲁语或豪萨语"ubuntu"一词（中文译为吾帮托或乌班图），意思是"人性"、"群在故我在"，是非洲传统的一种价值观，类似华人社会的"仁爱"思想。Ubuntu 基于 Debian 发行版和 GNOME 桌面环境或 Unity 界面，与 Debian 的不同在于它每 6 个月会发布一个新版本。Ubuntu 的目标在于为一般用户提供一个最新的、同时又相当稳定的主要由自由软件构建而成的操作系统。Ubuntu 具有庞大的社区力量，用户可以方便地从社区获得帮助。

Ubuntu 由 Mark Shuttleworth（马克·舍特尔沃斯）创立，其首个版本于 2004 年 10 月

20 日发布,并以 Debian 为开发蓝本。但其以每 6 个月发布一次新版本为目标,使得人们得以更频繁地获取新软件。而其开发目的是为了使 Linux 变得简单易用,同时也提供服务器版本。Ubuntu 的每个新版本均会包含了最新版本的 GNOME 桌面环境,并且会在 GNOME 发布新版本后一个月内发行。GNOME 即 GNU 网络对象模型环境(即 The GNU Network Object Model Environment),是 GNU 计划的一部分,开放源码运动的一个重要组成部分。GNOME 是一种让使用者容易操作和设定的桌面环境,即窗口管理器。但是自从 Ubuntu 11.04 版本来,Unity 就成为 Ubuntu 发行版正式的桌面环境了。与此同时,Ubuntu 并未完全停止对 GNOME 和 KDE 的支持,用户可以随时选择安装其他桌面环境替换 Unity,这也是 Linux 操作系统开放性、灵活性的体现。

与以往建基于 Debian 的 Linux 发行版,如 MEPIS、Xandros、Linspire、Progeny 与 Libranet 等比较起来,Ubuntu 更接近 Debian 的开发理念,因为其主要使用自由与开源软件,而其他的发行版则会附带很多非开源的插件。实际上,许多 Ubuntu 的开发者也同时负责为 Debian 的关键软件包进行维护。

1.2.2 Ubuntu 的特点

(1) 操作简单,方便使用,以及安装过程的人性化是 Ubuntu 在使用方面最大的特点。

(2) 相对于其他 Linux 发行版,Ubuntu 是基于 Debian 的 Linux 发行版,使用 APT 包管理工具,方便地实现软件的在线安装升级。

(3) 系统安全性方面,Ubuntu 默认是以普通用户权限登录,执行所有与系统相关的任务均需使用 sudo 指令,并输入密码,比起传统以登录系统管理员账号(即以 root 用户权限登录)进行管理工作有更佳的安全性。

(4) 系统的可用性,Ubuntu 在标准安装完成后即可以让使用者投入使用。完成安装后,使用者不用另外安装网页浏览器、办公室软件、多媒体软件与绘图软件等日常应用的软件,这些软件已同 Ubuntu 一起被安装完毕,并可随时使用。

(5) 软件更新周期短。Ubuntu 相比 Debian,软件的更新更快,每半年会有新版本发布。

Ubuntu 拥有 Debian 所有的优点,包括 apt-get,并进行软件更新。并且还具有自身特有的优点。Ubuntu 是一个相对较新的发行版,它的出现改变了初级用户对 Linux 望而却步的想法,可以轻松地进行 Linux 系统的安装和使用,就像使用 Windows 系统一样。

1.2.3 Ubuntu 的版本

从 2004 年 10 月 Ubuntu 第一个版本 Ubuntu 4.10 发布以来,每 6 个月都会发布一个新版本,而每个版本都有版本号和代号。代号是首字母相同的"形容词＋动物名词"的组合。例如,Ubuntu 10.04 的代号为 Lucid Lynx(清醒的山猫),如图 1-4 所示。

下面列出了已经发布的版本和计划中的发布版本:

(1) 4.10 版本,发布日期 2004 年 10 月 20 日,

图 1-4　Lucid Lynx

代号 Warty Warthog。

（2）5.04 版本，发布日期 2005 年 4 月 8 日，代号 Hoary Hedgehog。

（3）5.10 版本，发布日期 2005 年 10 月 13 日，代号 Breezy Badger。

（4）6.06 LTS(Long Term Support，长期支持版)，发布日期 2006 年 6 月 1 日，代号 Dapper Drake。

（5）6.10 版本，发布日期 2006 年 10 月 26 日，代号 Edgy Eft。

（6）7.04 版本，发布日期 2007 年 4 月 19 日，代号 Feisty Fawn。

（7）7.10 版本，发布日期 2007 年 10 月 18 日，代号 Gutsy Gibbon。

（8）8.04 LTS(长期支持版)，发布日期 2008 年 4 月 24 日，代号 Hardy Heron。

（9）8.10 版本，发布日期 2008 年 10 月 30 日，代号 Intrepid Ibex。

（10）9.04 版本，发布日期 2009 年 4 月 23 日，代号 Jaunty Jackalope。

（11）9.10 版本，发布日期 2009 年 10 月 29 日，代号 Karmic Koala。

（12）10.04 LTS(长期支持版)，发布日期 2010 年 4 月 29 日，代号 Lucid Lynx。

（13）10.10 版本，发布日期 2010 年 10 月，代号 Maverick Meerkat。

（14）11.04 版本，发布日期 2011 年 4 月，代号 Natty Narwhal。

（15）11.10 版本，发布日期 2011 年 10 月，代号 Oneiric Ocelot。

（16）12.04 LTS(长期支持版)，发布日期 2012 年 4 月，代号 Precise Pangolin。

（17）12.10 版本，发布日期 2012 年 10 月，代号 Quantal Quetzal。

（18）13.04 版本，发布日期 2013 年 4 月，代号 Raring Ringtail。

（19）最新版本 Ubuntu13.10 版本，发布日期 2013 年 10 月，代号 Saucy Salamander。

目前较好的一个长期支持版是 Ubuntu 12.04。发布日期 2012 年 4 月，代号 Precise Pangolin，中文解释为一丝不苟的穿山甲。如图 1-5 所示。这是一个具有 5 年更新保证的长期支持版本(Long Term Support，LTS)，特别适用于企业的桌面系统。Ubuntu 12.04 采用 Linux 内核 3.2 和 GNOME 3.4 桌面环境，并且集成了 Unity 界面，其他组件也都进行了全线更新。Ubuntu 12.04 版的运行界面如图 1-6 所示。

图 1-5　Ubuntu 12.04 代号图标

1.2.4　Ubuntu 的获得方法

Ubuntu Linux 的获得方法可以有以下几种。

（1）从官方网站下载最新的 Ubuntu 的 ISO 镜像，然后进行安装。Ubuntu 的官方下载地址为：http://www.ubuntu.com/getubuntu/download。

（2）可以在官方网站申请让总部发一张安装光盘。但是，从 Ubuntu 10.04 版开始，Ubuntu ISO 镜像的大小超过 800MB，这意味着一张 CD 无法刻入整个系统，Ubuntu CD 也将成为历史。

另外，常用的 Ubuntu 网上资源有下列网站，通过这些网站可以获得 Ubuntu 的相关知识和学习资料。

图 1-6　Ubuntu 12.04 版的运行界面

Ubuntu 中文网站：http://www.wubantu.com。

Ubuntu 中文社区：http://www.ubuntu.org.cn。

Ubuntu 技术：http://linux.chinaitlab.com/Special/Ubuntu/Index.html 和 http://wiki.ubuntu.org.cn。

1.3　安装前的准备

目前，在个人用户领域中，Ubuntu Linux 是众多 Linux 发行套件中所占市场份额较大的 Linux 发行版，它以简单易用著称。它通过图形化方式，使 Linux 系统的安装和使用简单、直观、快捷。改变了人们对 Linux 系统难以安装和使用的看法。熟悉 Windows 系统的普通用户都不会对 Ubuntu 感到陌生。

1.3.1　安装预备

Ubuntu Linux 在安装前，需要根据计算机或服务器的硬件条件，选择合适的 Ubuntu Linux 版本。一般情况下，虽然 Ubuntu 对硬件的要求并不高，但是较高的硬件配置能保证系统运行顺畅，从而获得更好的性能表现。本文选择安装的是 Ubuntu-12.04-desktop-i386.iso。

1. Ubuntu Linux 12.04 的特性

（1）ISO 镜像文件。Ubuntu 致力于推广 64 位镜像。官网下载 ISO 镜像文件时，默认为 64 位。当然，也可以选择 32 位下载。Ubuntu-12.04-desktop-i386.iso 文件需用户使用 USB 或 DVD 来刻录镜像文件，然后进行系统安装。

（2）Unity 欢迎界面。从 Ubuntu 11.04 版开始，采用了新的用户界面 Unity 风格。屏幕最左侧的竖直栏叫"程序启动器"（Launcher），启动器最上方的按钮叫 Dash 面板按钮。实际上，当启动应用程序后，这个 Unity 竖直栏会自动隐藏起来，当鼠标的光标接近它时又会自动出现。它是一个应用程序快速"切换器"。当单击 Dash 按钮时，它会立即弹出一个面板，里面有许多应用图标提供用户选择。Ubuntu 12.04 中，Unity 界面已经逐步形成了自己的特色,拥有了一部分独特的贴心细节和创新功能,例如始终保持位置对齐的全局菜单、创新的 HUD 菜单、可供自定义的 Quicklist 和高效的任务切换机制等等。

(3) Dash 的功能。用户可以通过 Dash 完成应用管理、文件管理等任务。Dash 在首页上显示最近使用的应用、打开的文件和下载的内容,而其后的各个 Lens 则分别满足各项特定的需求,默认的 Lens 有软件(应用程序管理)、文件(文件管理)、音乐(音乐管理)和视频(视频管理)。每个 Lens 都可以对相关的内容进行搜索、展示和分类过滤。此外,用户还可以自行添加 Lens 来满足特定的需求。

(4) 快速启动条 Launcher 的功能。Unity 界面的最左侧部分是一条纵向的快速启动条,快速启动条上的图标有 3 类:系统强制放置的功能图标(Dash 主页、工作区切换器和回收站),用户自定义放置的常用程序图标,以及正在运行中的应用程序图标。程序图标的左右两侧可以附加小三角形指示标志。正在运行的程序图标会在左侧有小三角形指示,如果正在运行的程序包括多个窗口,则小三角形的数量也会随之变化。而当前的活动窗口所属的程序,则同时还会在图标右侧显示一个小三角形进行指示。当 Launcher 上图标增多,开始超出屏幕纵向范围时,最下侧的图标会自动进行折叠。

(5) 全局菜单设计。当用户不需要使用全局菜单时,鼠标不会悬停在全局菜单位置,此时该位置只显示程序名称,以减少对用户的打扰。而当用户需要使用全局菜单时,鼠标会悬停在全局菜单位置,此时全局菜单才会出现。

2. Unity 界面

(1) Unity 界面的产生。Unity 用户界面的最早出现,是在 2010 年的 5 月份,当时 Ubuntu 的母公司 Canonical 创始人 Mark Shuttleworth 发表博文《Unity, and Ubuntu Light》首次介绍了两个新概念:Unity 界面和 Ubuntu Light 操作系统。

2010 年中期正值"上网本"大行其道的年代,Linux 借助上网本进军桌面市场的思潮也正在盛行。在当时的双启动上网本概念中,用户可以在数秒内快速进入一个简化的 Linux 系统处理一些浏览网络、收取邮件的简单任务,而当需要完成大型任务时则可以启动 Windows 系统。为了迎合这一趋势,Canonical 准备推出名为 Ubuntu Light 的概念系统,而 Unity 就是应用于 Ubuntu Light 系统的用户界面。

(2) Unity 界面的发展。2010 年末至 2011 年初对于 Linux 的主流桌面环境来说也是一个比较特殊的时期。Ubuntu 传统上使用的 Gnome 2 桌面环境已经持续小修小补了 9 年,而新版 Gnome 3 在经历了多年的开发过程之后处于即将发布的阶段。Gnome 3 的默认用户界面是 Gnome-shell,从当时已有的情况来看,这一变革过大的界面并不一定符合用户的口味,并且其硬件支持状况十分堪忧。而 Canonical 此时也正意欲借 Unity 界面来打造自己独特的用户体验,在这种特殊的情况下,Unity 用户界面就从一个上网本界面转正为 Ubuntu 的标准界面。

于是,2011 年 4 月初,以 Gnome-shell 作为用户界面的 Gnome 3 桌面环境发布了。十几天后,Ubuntu 11.04 发布,以 Unity 作为默认用户界面。到 2012 年 4 月,Ubuntu 12.04 LTS 版本发布之后,Unity 界面才稳定下来。Ubuntu 12.04 中可以通过命令安装 Gnome 3 桌面环境。

当今,已经有多个 Linux 版本采用了 Unity 用户界面,Unity 界面逐渐开始流行起来了。Unity 是不是 GNU 软件呢?毫无疑问,Unity 软件包遵守 GNU GPL 3.0,可以从

http://www.Launchpad.net 找到它的源代码。Ubuntu 13.10 手机版也使用这种 Unity 用户界面。

3. 安装版本选择

Ubuntu 的每个版本都提供了多个安装版本,其中常用的是桌面版和服务器版。对普通用户而言,最常用的是桌面版。Ubuntu 在网站上提供的光盘镜像文件主要包括以下内容。

(1) 桌面版镜像文件。允许用户直接试用,而不改变计算机系统的所有软硬件设置,如果试用后想进行安装,则可以选择永久安装。并且针对计算机系统架构的不同,提供了适用于 32 位和 64 位两种架构的不同安装程序。

(2) 服务器版镜像文件。该版本运行用户将 Ubuntu 永久安装到计算机系统中作为服务器系统使用。默认不安装图形用户界面,以字符界面显示。针对不同的计算机架构,也提供了适用于 32 位和 64 位两种架构的不同安装程序。

(3) DVD 光盘。该 DVD 光盘容纳的软件较为全面,大小约为 1.5GB。针对不同的计算机架构,也提供了适用于 32 位和 64 位两种架构的不同安装程序。用户可以 DVD 通过光盘选择试用或者安装 Ubuntu 系统。

1.3.2 Linux 主机的硬件条件

1. 主机的硬件条件

Ubuntu 符合 Linux 内核和 GNU 工具集对硬件的要求,没有额外的硬件要求。对于 12.04 版本而言,支持从 Intel 公司的 i386、AMD 公司的 AMD64、HP 公司的 PA-RISC、IBM/Motorola 公司的 PowerMac、Sun 公司的 SPACE 等厂家的 CPU 架构。几乎所有的个人计算机在用 x86 架构(IA-32)CPU 时,都为 Ubuntu 12.04 所支持,包括 Intel 的 Pentium 全系列 CPU,32 位的 AMD 和 VIA 系列 CPU,还支持 Athlon XP 系列 CPU 和用于服务器的 Intel P4 Xeon 系列 CPU。Ubuntu 12.04 有 32 位版本和 64 位版本的操作系统软件可供选择,64 位的 Ubuntu 支持 AMD64 和 Intel EM64T 系列的 CPU。此外,Ubuntu 12.04 还支持多 CPU 或多核 CPU,支持 ISA、EISA、PCI、PCIE 等总线系统。

Ubuntu 12.04 支持大多数的 AGP,PCI 和 PCIe 显卡,以及大部分的常见网卡和无线网卡,支持打印机、扫描仪等外部设备,支持 USB 接口协议。

Ubuntu 12.04 对于内存和硬盘的最少配置要求很低,能够满足 44MB 内存和 500MB 硬盘空间的计算机即可安装一个最简单的 Ubuntu 操作系统。当然,如前所述,较高的硬件配置能保证系统运行顺畅,从而获得较好的性能表现。因此,安装 Ubuntu 12.04 一般应满足 512MB 的内存空间和 3GB 的硬盘空间。

安装 Ubuntu 12.04 的介质有多种,常用的有光盘安装、硬盘安装、U 盘安装、网络安装等。光盘安装支持 SCSI、SATA 和 IDE/ATAPI 接口的光盘驱动器,Ubuntu 12.04 提供了 DVD 格式的安装光盘下载。硬盘安装需要先将安装硬盘复制到硬盘上。U 盘安装也是目前越来越常见的一种操作系统安装方式,它是将整个安装源文件复制到 U 盘上,并设置 U 盘为可启动设备,从 U 盘引导后开始操作系统的安装。网络安装是指通过计算机网络之间从另一台计算机上的安装文件来安装本机的操作系统,前提是保证安装前两台计算机之间的正常通信。

2. 磁盘分区

硬盘一般分为主分区和扩展分区。一块硬盘空间最多可以有 4 个主分区。因此,在 Windows 系统中使用逻辑驱动器符号 C:、D:、E:和 F:来表示 4 个逻辑分区。对于 Linux 而言,它对硬盘的访问方式与 Windows 差异较大,Linux 直接以设备目录的名称来标识硬盘。在早期的 Linux 系统中,IDE 硬盘使用/dev/had 表示,SATA 硬盘或者 SCSI 硬盘使用/dev/sda 表示。其中/dev 为设备目录,sda 表示第一块 SATA 硬盘或 SCSI 硬盘,a 表示第一块。如果第二块 SCSI 硬盘,则表示为/dev/sdb。

一个硬盘可以被划分为多个主分区,可以被标识为 sda1、sda2 等。由于硬盘可以有主分区和扩展分区之分。因此,规定主分区的编号为 1～4,而扩展分区的编号从 5 开始。例如某硬盘被划分为两个主分区和 3 个扩展分区。则主分区被标识为 sda1、sda2,扩展分区被标识为 sda5、sda6、sda7。

3. 引导程序 GRUB

GNU GRUB 简称 GRUB,是一个来自 GNU 项目的多操作系统启动程序。GRUB 是系统多启动规划的实现,它允许用户可以在计算机内同时拥有多个操作系统,并在计算机启动时选择希望运行的操作系统。GRUB 可用于选择操作系统分区上的不同内核,也可用于向这些内核传递启动参数。简而言之,Ubuntu 利用 GRUB 作为启动程序,根据用户的选择来启动相应的操作系统。

4. 在安装操作系统前,需要做的工作

第 1 步,确认是直接安装在硬盘上还是安装在虚拟机上。如果在硬盘上安装,将会删除硬盘上的所有数据,则需要提前备份硬盘上的数据;当然,也可以选择在硬盘上安装双系统,如安装了 Windows 系统后再安装 Ubuntu 系统,则需要提前规划出 Ubuntu 所需的硬盘分区,在安装时需要 GRUB 软件进行双启动设置。如果在虚拟机上安装,则需要提前安装虚拟机软件如 VMware,并建立虚拟机,设置好虚拟机的 CPU、内存、硬盘等硬件配置信息。

第 2 步,尽管 Ubuntu 支持大多数的常见硬件,但在安装前,建议确认计算机硬件是否被 Ubuntu 默认支持,如果不是默认支持,则需要预先准备硬件的 Ubuntu 驱动程序。可以通过 The Linux Documentation Project 网站的"Linux Hardware Compatibility HOWTO"查看所支持的硬件信息。该网站网址 http://www.tldp.org/HOWTO/Hardware-HOWTO/。该网站提供了详细的硬件支持列表,例如对于 Intel 的 CPU 支持,详细列出了"Intel 386SX/DX/SL,486SX/DX/SL/SX2/DX2/DX4,Pentium,Pentium Pro,Pentium Ⅱ,Pentium Ⅲ(regular and Xeon versions),Pentium 4 和 Celeron"等支持的信息。

第 3 步,规划用户名、密码、网络 IP 地址配置信息。在安装前,要规划好所使用的用户名、密码,同时从网络管理员那里获得 IP 地址、DNS 服务器地址等网络设置信息,网络配置信息也可以在操作系统安装完成后配置。

第 4 步,确认安装方式是光盘安装、硬盘安装、还是 U 盘安装等。如果是直接在硬盘上安装,则需要设置 Ubuntu 安装介质的开机自启动,如设置 CD-ROM/DVD-ROM 为启动首选项。

确认好上述信息后,就可以开始安装 Ubuntu 系统了。

1.3.3 虚拟机简介

1. 虚拟机简介

虚拟机(Virtual Machine)是指通过软件来模拟具有完整硬件系统功能的、运行在一个完全隔离环境中的完整计算机系统。

通过虚拟机软件,用户可以在一台物理计算机上模拟出一台或多台虚拟的计算机,这些虚拟的计算机完全就像真正的计算机那样进行工作。例如,用户可以在这些虚拟的计算机上安装操作系统、安装应用程序、访问网络资源等。对于用户而言,它只是运行在物理计算机上的一个应用程序,但是对于在虚拟机中运行的应用程序而言,它就是一台真正计算机。因此,当用户在虚拟机中进行软件评测时,可能系统一样会崩溃;但是,崩溃的只是虚拟机上的操作系统,而不是物理计算机上的操作系统。并且,使用虚拟机的 Undo(恢复)功能,可以马上恢复虚拟机到安装软件之前的状态。

目前流行的虚拟机软件有 Virtual Box、Virtual PC 和 VMware,它们都能在 Windows系统上虚拟出多个计算机。其中 VirtualBox 是一款开源虚拟机软件。VirtualBox 是由德国 Innotek 公司开发,由 Sun Microsystems 公司出品的软件,使用 Qt 编写,在 Sun 被Oracle 收购后正式更名成 Oracle VM VirtualBox。Innotek 以 GNU General Public License (GPL) 释出 VirtualBox,并提供二进制版本及 OSE 版本的代码。使用者可以在VirtualBox 上安装并且执行 Solaris、Windows、DOS、Linux、OS/2 Warp、BSD 等系统作为客户端操作系统。而 VirtualPC 则是 Microsoft(微软)公司的虚拟化软件产品,同样可以在计算机上创建虚拟机,可以对 CPU、内存、硬盘等资源进行虚拟化设置。

VMware(即 Virtual Machine ware,中文名"威睿"),是全球桌面到数据中心虚拟化解决方案的领导厂商,可以使用户在一台计算机上同时运行两个或更多的操作系统。与"多启动"系统相比,VMware 采用了完全不同的概念。多启动系统在一个时刻只能运行一个系统,在系统切换时需要重新启动计算机。VMware 是真正的"同时"运行,多个操作系统在主系统的平台上,就如同标准 Windows 应用程序那样切换。而且每个操作系统都可以进行虚拟的分区、配置而不影响真实硬盘的数据,用户甚至可以通过网卡将几台虚拟机用网卡连接为一个局域网,极其方便。当用户不想再使用该软件了,就可以像使用普通软件那样把VMware 卸载掉。这样,连同虚拟机下安装的操作系统都会从主系统的平台上消失,而对用户的主系统没有任何影响。因此,VMware 比较适合用户对各种操作系统的学习、尝试和测试。但是由于虚拟机需要模拟底层的硬件指令,所以在应用程序的运行速度方面比在实际系统上要慢一些。

2. Linux 虚拟机

一种安装在 Windows 系统上的虚拟 Linux 操作环境,就被称为 Linux 虚拟机。它实际上只是一个或一组文件而已,是虚拟的 Linux 环境,而非真正意义上的操作系统。但是它们与实际操作系统的使用效果是一样的。

例如,可以在 Windows XP 操作系统下利用虚拟机 VMware 安装 Linux。在实际的Windows XP 中(即宿主计算机)再虚拟出一台计算机(即虚拟机),并在上面安装 Linux 系统,这样,就可以放心大胆地进行各种 Linux 练习而无须担心操作不当导致宿主计算机系统崩溃了。并且可以举一反三,将一台计算机变成三台、四台,再分别安装上其他的系统。运行虚拟机软件的操作系统叫 Host OS，在虚拟机里运行的操作系统叫 Guest OS。例如在 Windows XP 环境下采用 VMware 构建的 Ubuntu Linux 8.10 操作系统实质上是如图 1-7 所示的一组文件。

图 1-7　VMware 构建的虚拟机文件

3. VMware 简介

VMware 产品主要的特点如下。

（1）不需要分区或重新启动就能在同一台 PC 上使用两种以上的操作系统。

（2）完全隔离并且保护不同操作系统的操作环境以及所有安装在操作系统上面的应用软件和数据。

（3）不同的操作系统之间还可以进行互操作。包括网络、外部设备、文件共享以及复制粘贴功能。

（4）具有恢复（Undo）功能。

（5）能够设定并且随时修改操作系统的操作环境，如内存、磁盘空间、外部设备等。

（6）数据迁移方便，具有高可用性。

1.3.4　Linux 的安装规划

Linux 是一套免费使用和自由传播的类 UNIX 操作系统，作为一款操作系统软件，其主要功能就是覆盖在硬件上，为运行在其上的应用软件提供服务，而应用软件和系统服务的功能则决定了该 Linux 所存在的主机的主要功能。因此，用户在安装 Linux 操作系统软件前，要对该主机的主要功能和任务进行规划。通常，Linux 分为桌面版和服务器版，桌面版主要服务于个人用户，用于完成个人用户的常规需求，如文字处理、网页浏览、电子邮件收发、多媒体播放等功能；而服务器版则常常承担着更复杂的任务，例如提供 Web 服务、FTP 服务、

DNS 服务、文件共享或打印服务等。在对主机功能进行规划时,实质上就是确定主机是服务于个人用户还是作为服务器使用。

本书规划的 Linux 是服务于桌面用户、满足常规需求应用,同时,为了讲解方便,兼顾能提供 Web 服务、FTP 服务等 Linux 常见网络服务。鉴于大多数用户不具备频繁更换操作系统的经验和现实条件,本书采用在虚拟机中安装 Ubuntu Linux 的方法,该方法完全不破坏宿主操作系统,是学习非宿主操作系统的有效途径。

1.4　在虚拟机中安装

1.4.1　VMware 软件的安装

首先进行 VMware 软件版本的选择。本书选择的是 VMware Workstation 9.0 版本软件,该版本具有较强的功能,能够提供对 Windows 8、Linux 的良好支持,提供了更丰富的硬件支持能力。VMware 软件的安装同其他 Windows 系统下的软件安装类似,不再赘述。安装完成后,启动 VMware 软件,如图 1-8 所示。

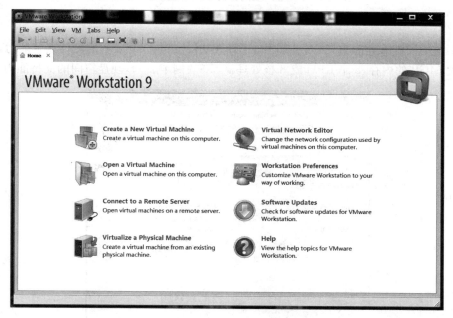

图 1-8　VMware 主界面

1.4.2　创建和配置虚拟机

单击 New Virtual Machine 按钮,开始新建虚拟机,VWware 提示将由向导引导建立虚拟机,单击 Next 按钮继续。VWware 提示选择虚拟机配置信息,首先选择安装方式,如图 1-9 所示。可以选择 Typical(典型)安装或 Custom(定制)安装,选中 Custom (advanced)单选按钮,单击 Next 按钮继续安装。

VMware 的不同版本所支持的硬件能力是不同的,选择不同的 VMware 兼容版本,可

图 1-9　新建虚拟机向导

以提供不同的硬件兼容能力,如图 1-10 中,选择 Workstation 9.0 版本的硬件兼容能力,则可以提供最大 64GB 的内存、8 个 CPU 或 8 核处理器、10 块网卡、2TB 硬盘空间的支持能力。

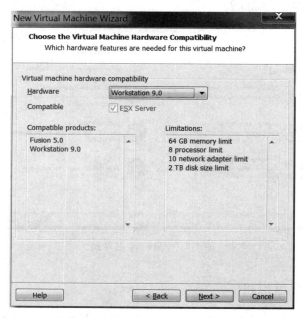

图 1-10　选择虚拟机硬件兼容性

在图 1-10 所示界面中选择过虚拟机硬件兼容性选项后,进入如图 1-11 的虚拟操作系统安装文件选择页面,可以选择通过真实的计算机光盘驱动器中放入光盘进行安装,也可以选择通过光盘镜像文件(ISO 文件)进行安装。当然,也可以选择暂时不安装操作系统,如图 1-11 所示。

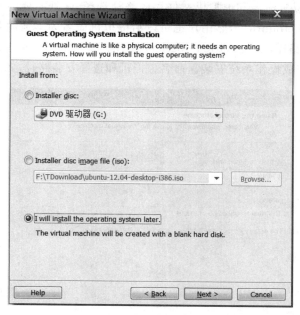

图 1-11　选择操作系统安装源

接下来，VMware 将提示用户选择安装操作系统的类型，如 MS Windows、UNIX、SUN Solaris、Linux 等。选择 Linux，然后 WMware 会给出所支持的常见 Linux 列表，再从中选择 Ubuntu，如图 1-12 所示。选择完毕后，单击 Next 按钮继续安装。

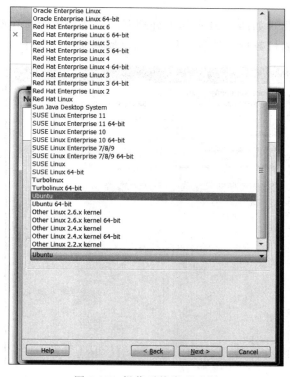

图 1-12　操作系统类型选择

接下来,进入虚拟机命名和虚拟机文件存放路径选择,此处需要为虚拟机命名。在这里我们将虚拟机命名为 Ubuntu,当然用户也可以给虚拟机命名为其他的名字。然后选择宿主操作系统的本地硬盘路径,如 I:\Virtual Machines\Ubuntu 12.04,所选择的磁盘分区应该有足够的磁盘空间,以便完成操作系统安装。命名虚拟机和选择安装路径,如图 1-13 所示。

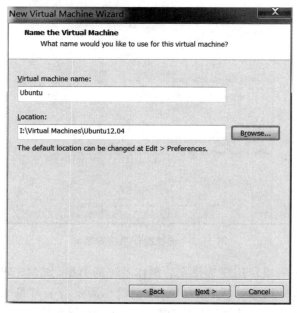

图 1-13　命名虚拟机和选择安装路径

单击 Next 按钮,出现如图 1-14 所示的处理器配置选择界面。在此页面可以选择 CPU 的数量,每个 CPU 的内核数量等信息,用户可以根据需要进行选择。

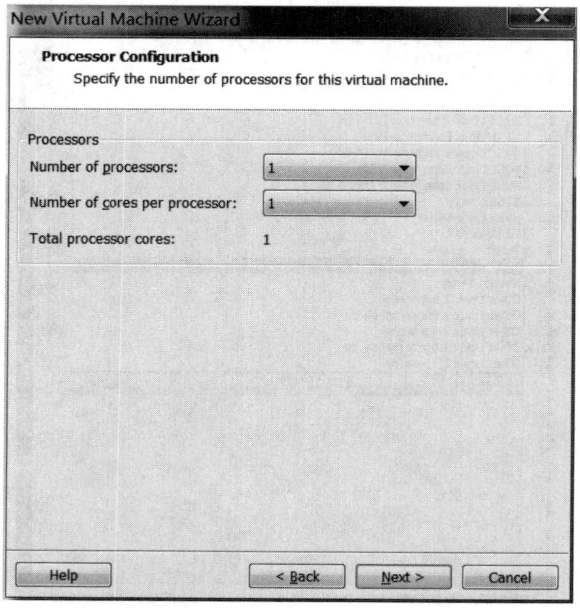

图 1-14　处理器数量及内核选择

单击 Next 按钮,进入如图 1-15 所示的虚拟机内存选择界面,可以通过键盘输入或鼠标拖动垂直滚动条的方式选择虚拟机的内存大小,这里选择 1GB 的内存容量。

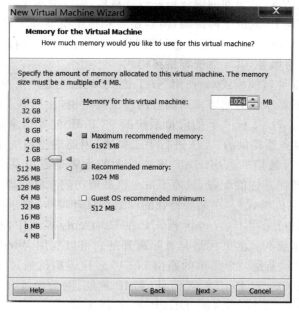

图 1-15　内存容量选择

单击 Next 按钮,出现如图 1-16 所示的网络连接类型选择界面。VWware 创建虚拟机可以通过宿主计算机实现网络连接,而且连接过程对用户来讲是透明的,VWware 支持的网络连接方式有桥接模式、NAT 转换模式、Host-Only 模式和无网络连接模式,这里选择NAT 转换模式。

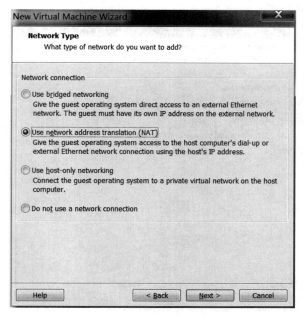

图 1-16　网络连接类型选择

VMware 虚拟机 3 种网络连接的模式的区别如下。

（1）Bridged（桥接模式）。在桥接模式下，VMware 虚拟出来的操作系统就像是局域网中的一台独立的主机，它可以访问网内任何一台计算机，但需要多于一个的 IP 地址，并且需要手工为虚拟系统配置 IP 地址子网掩码，而且还要和宿主机器处于同一网段，这样虚拟系统才能和宿主机器进行通信。如果用户想利用 VMware 在局域网内新建一个虚拟服务器，为局域网用户提供网络服务，就应该选择桥接模式。

（2）NAT（网络地址转换模式）。使用 NAT 模式，就是让虚拟系统借助 NAT 网络地址转换功能，通过宿主机器所在的网络来访问公网。也就是说，使用 NAT 模式可以实现在虚拟系统里访问互联网。NAT 模式下的虚拟系统的 TCP/IP 配置信息是由 VMnet8（NAT）虚拟网络的 DHCP 服务器提供的，无法进行手工修改，因此虚拟系统也就无法和本局域网中的其他真实主机进行通信。采用 NAT 模式最大的优势是虚拟系统接入互联网非常简单，不需要用户进行任何其他的配置，只需要宿主机器能访问互联网即可。

（3）Host-only（主机模式）。在某些特殊的网络调试环境中，要求将真实环境和虚拟环境隔离开，这时用户就可采用 Host-only 模式。在 Host-only 模式中，所有的虚拟系统是可相互通信的，但虚拟系统和真实的网络是被隔离开的。可以利用 Windows XP 里面自带的 Internet 连接共享（实际上是一个简单的路由 NAT）来让虚拟机通过主机真实的网卡进行外网的访问。虚拟系统的 TCP/IP 配置信息（如 IP 地址、网关地址、DNS 服务器等），都是由 VMnet1（Host-only）虚拟网络的 DHCP 服务器来动态分配的。如果用户想利用 VMware 创建一个与网内其他计算机相隔离的虚拟系统，进行某些特殊的网络调试工作，可以选择 Host-only 模式。

在图 1-16 所示的网络连接类型选择界面中，选择了网络连接类型后，单击 Next 按钮，出现了磁盘 I/O 控制器类型选择界面，其中 IDE 控制器默认时 ATAPI 模式，SCSI 控制器可选择 BusLogic、LSI Logic 和 LSI Logic SAS 这 3 种方式。VMware 推荐的是 LSI Logic 方式，如图 1-17 所示。

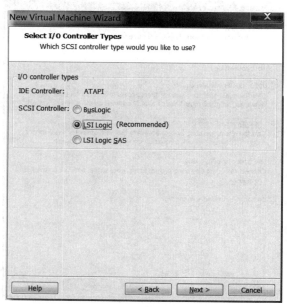

图 1-17 I/O 控制器类型选择

单击 Next 按钮,出现如图 1-18 所示的磁盘选择界面,分别是创建一个新的虚拟盘、使用一个已存在的虚拟盘和使用物理磁盘,由于是首次安装,所有选择创建一个新的虚拟盘。对于初学者而已,不推荐选择使用实际物理磁盘,因为一旦操作不当,可能会造成宿主操作系统的运行故障或崩溃。

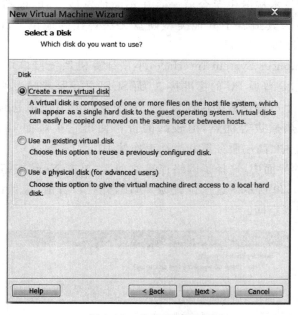

图 1-18　磁盘选择界面

进入下一界面后,出现选择磁盘类型,可以选择 IDE 和 SCSI 两个接口的磁盘类型,其中 SCSI 是默认的推荐选项,如图 1-19 所示。

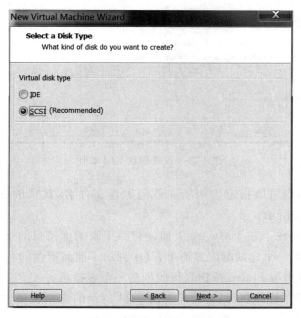

图 1-19　设置磁盘类型

IDE(Integrated Drive Electronics,电子集成驱动器)本意是指把硬盘控制器与盘体集成在一起的硬盘驱动器。把盘体与控制器集成在一起的做法减少了硬盘接口的电缆数目与长度,数据传输的可靠性得到了增强,硬盘制造起来变得更容易,因为硬盘生产厂商不需要再担心自己的硬盘是否与其他厂商生产的控制器兼容。对用户而言,硬盘安装起来也更为方便。IDE 这一接口技术从诞生至今就一直在不断地发展,性能也不断提高,拥有价格低廉、兼容性强的特点,为其造就了其他类型硬盘无法替代的地位。目前 IDE 正在逐步被 SATA(Serial ATA)接口类型所取代。

SCSI(Small Computer System Interface,小型计算机系统接口)是同 IDE(ATA)完全不同的接口,IDE 接口是普通 PC 的标准接口,而 SCSI 并不是专门为硬盘设计的接口,是一种广泛应用于小型机上的高速数据传输技术。SCSI 接口具有应用范围广、多任务、带宽大、CPU 占用率低,以及热插拔等优点,但较高的价格使得它很难如 IDE 硬盘般普及,因此 SCSI 硬盘主要应用于中、高端服务器和高档工作站中。

在图 1-19 所示的界面中,选择了网络连接类型后,单击 Next 按钮,继续设置虚拟机硬盘空间的大小,如图 1-20 所示。这里设置为 20GB,此处设置前,应保证前面制定的虚拟机所在路径有足够的磁盘空间。

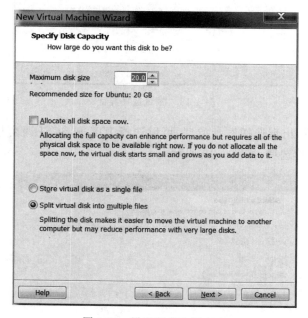

图 1-20　设置硬盘空间大小

单击 Next 按钮,则可以指定虚拟机文件的磁盘文件名,默认的是虚拟机名称命名的 vmdk 文件,如图 1-21 所示。

至此,已经基本完成了在 VMware 下面创建一个新的虚拟机的过程,在 VMware 真正创建虚拟机前,会给出一个详细的配置清单,其中列出了前面所做的各个选项,如图 1-22 所示。确认无误后可以单击 Finish 按钮真正的创建一个虚拟机。

在 VMware 创建了虚拟机后,将给出如图 1-23 所示的虚拟机硬件配置信息界面,在此界面上,可以增加和删除虚拟机的硬件,调整硬件性能参数。

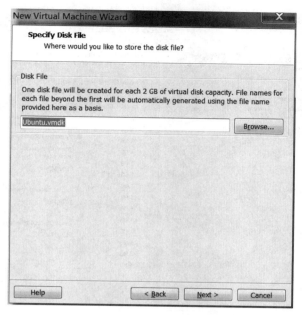

图 1-21 指定虚拟机文件的磁盘文件名

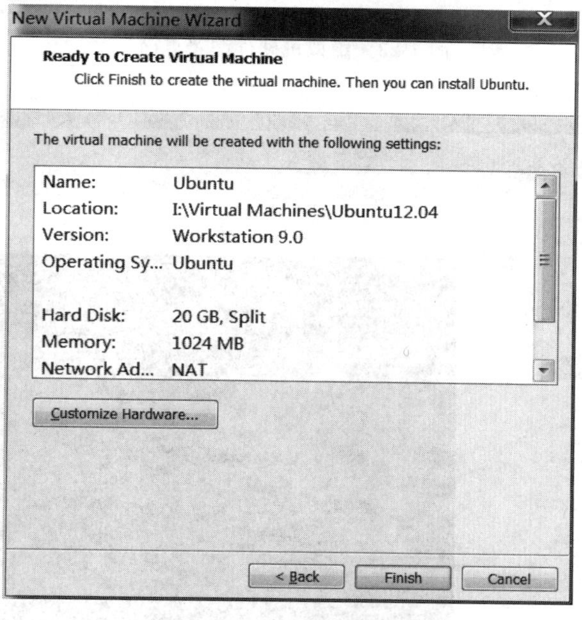

图 1-22 虚拟机创建确认界面

　　创建后,在 VWware 主界面上将能看到新建的虚拟机名称,单击选项卡,则会出现新建的虚拟机管理界面,如图 1-24 所示。

　　在图 1-24 所示的虚拟机管理界面上,可以通过编辑界面左边中部的虚拟机设置(即 Edit virtual machine settings)来修改虚拟机的 CPU、内存、硬盘等硬件信息。也可以直接单击界面左边的 Devices 下的内存、硬盘、CPU 等项目进行硬件信息修改。

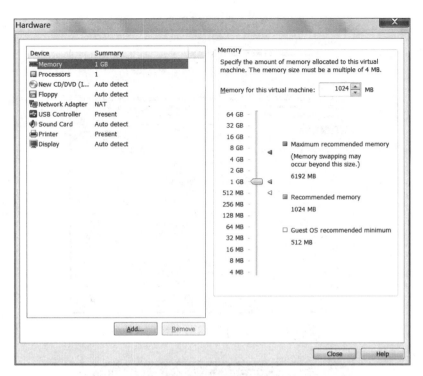

图 1-23　虚拟机硬件配置界面

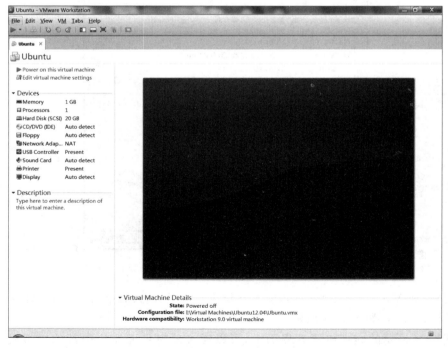

图 1-24　虚拟机管理界面

应注意的是,此时只是成功的安装了一台虚拟机,名字为 Ubuntu,尚未安装 Ubuntu 操作系统,因此不能进入系统。当然,此时也可以启动虚拟机,启动后如一台没有安装操作系统的计算机一样,会给出没有操作系统的提示界面,如图 1-25 所示。

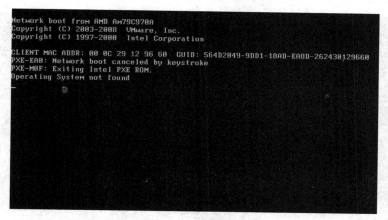

图 1-25　未安装操作系统的虚拟机启动界面

此时,还需要设置从光盘启动并将 Ubuntu 安装光盘放入光驱,或者在 VMware 中选择光盘指向 Ubuntu 安装镜像的 ISO 文件,目的是由 Ubuntu 安装文件引导虚拟机,启动操作系统的安装。因此,在图 1-24 所示的界面下,单击界面左边的 Devices|CD-ROM(IDE 1:0)进行操作系统安装路径的设置。如图 1-26 所示。

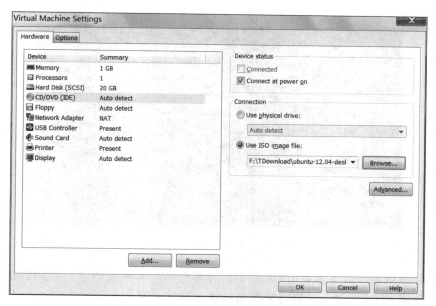

图 1-26　设置操作系统安装路径

在图 1-26 中可以看到,选择了 Ubuntu 12.04 操作系统的 ISO 镜像文件的安装路径。单击 OK 按钮,设置结束,回到图 1-24 的界面下。单击 Start this virtual machine 按钮,即可启动虚拟机进行操作系统的安装。VMware 启动操作系统安装界面如图 1-27 所示。

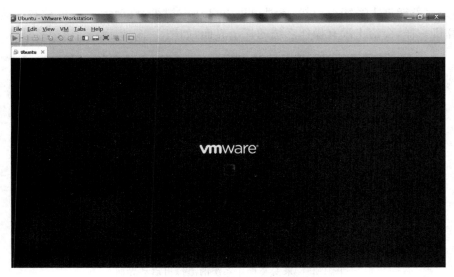

图 1-27　VMware 启动操作系统安装

1.4.3　在虚拟机中安装 Ubuntu

启动安装后,与硬盘直接安装一样,光盘引导出现 Ubuntu 安装选择界面,如图 1-28 所示。

图 1-28　Ubuntu 安装首界面

Ubuntu 默认语言设置为英语,可以根据屏幕提示选择中文语言。在语言选择界面里选择中文(简体)后,Ubuntu 安装引导界面转换为简体中文提示。在新版本的 Ubuntu 中,提供了不安装 Ubuntu 而直接试用的功能,选择了此功能后,Ubuntu 将在内存中建立起 Ubuntu 的运行环境,可以对 Ubuntu 的基本功能进行体验。如图 1-29 所示。

单击"试用 Ubuntu"按钮,则出现如图 1-30 的界面,该界面与安装好的 Ubuntu 界面基本相同,只是在桌面上增加了"安装 Ubuntu 12.04"的图标和示例快捷图标。

在图 1-29 的界面中,如果直接单击"安装 Ubuntu"按钮,则出现如图 1-31 所示的准备安装 Ubuntu 界面。其中指定了安装 Ubuntu 12.04 最佳性能所需的最小磁盘空间为 4.6GB,

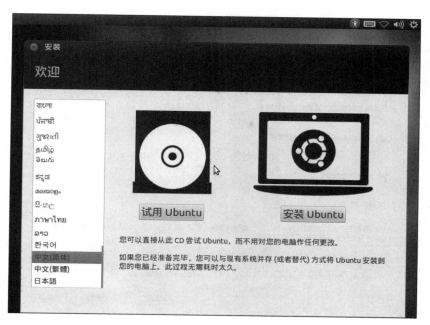

图 1-29 语言及试用选择界面

图 1-30 试用 Ubuntu 界面

如果不具备足够的磁盘空间,则会在该项目前打叉("×")。在安装时,如果选中了"安装中下载更新"单选框,则在安装过程中会自动连接 Ubuntu 下载服务器进行更新,当然前提是计算机已经连接到了互联网并能够访问互联网。图 1-31 所示的 Ubuntu 安装并未连接互联网,因此这里不选中"安装中下载更新"。

在图 1-31 的界面下,单击"继续"按钮,则出现安装类型选择界面,可以选择清除整个磁

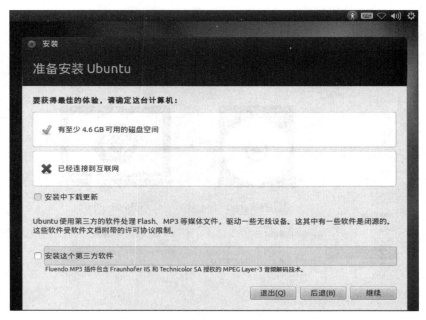

图 1-31　准备安装 Ubuntu 界面

盘并安装 Ubuntu，也可以选择手动创建分区，或为 Ubuntu 选择多个分区的类型。因为是在 WMware 虚拟机中安装，所以可以选择清除整个磁盘并安装 Ubuntu，如图 1-32 所示。

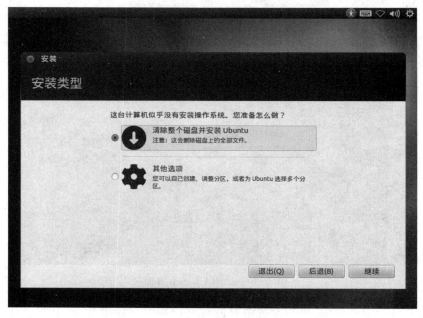

图 1-32　安装类型选择界面

　　选择清除整个磁盘并安装 Ubuntu 后，出现如图 1-33 所示界面，Ubuntu 给出磁盘详细信息，提示 Ubuntu 的分区格式和安装分区，并提示让用户确认安装。

　　在图 1-33 中，单击"现在安装"按钮后，进入 Ubuntu 安装，会出现如图 1-34 所示的时区

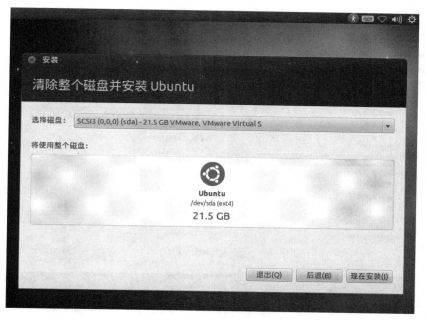

图 1-33　清除磁盘并安装界面

位置选择界面,由于前面选择的是简体中文语言,这里给出的默认时区是北京时间东八区,位置为上海,符合实际情况,可以单击"继续"按钮继续进行安装。

图 1-34　时区选择界面

选择完时区后,则出现键盘布局选择界面,可以按照实际需求选择汉语,如图 1-35所示。

单击"继续"按钮,接着输入 Ubuntu 的使用者姓名、计算机名、用户名和密码等信息,

图 1-35　键盘布局选择界面

Ubuntu 12.04 要求的密码长度为不少于 6 位，如果密码长度不足，则提示"密码强度：过短"，并且不能进行下一步的安装，如图 1-36 所示。

图 1-36　Ubuntu 用户配置界面

　　如果输入的用户名是系统保留的用户名，则出现如图 1-37 所示的界面，提示"所输入的用户名是系统保留的用户名，无法使用"。

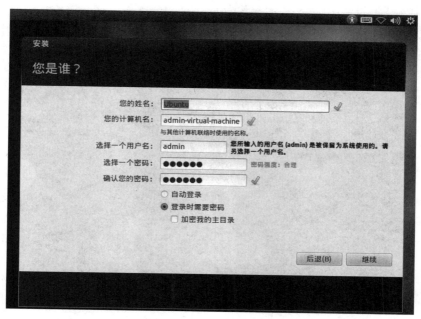

图 1-37　Ubuntu 用户配置界面

只有输入了正确的信息后，Ubuntu 才能进行下一步安装，如图 1-38 所示。

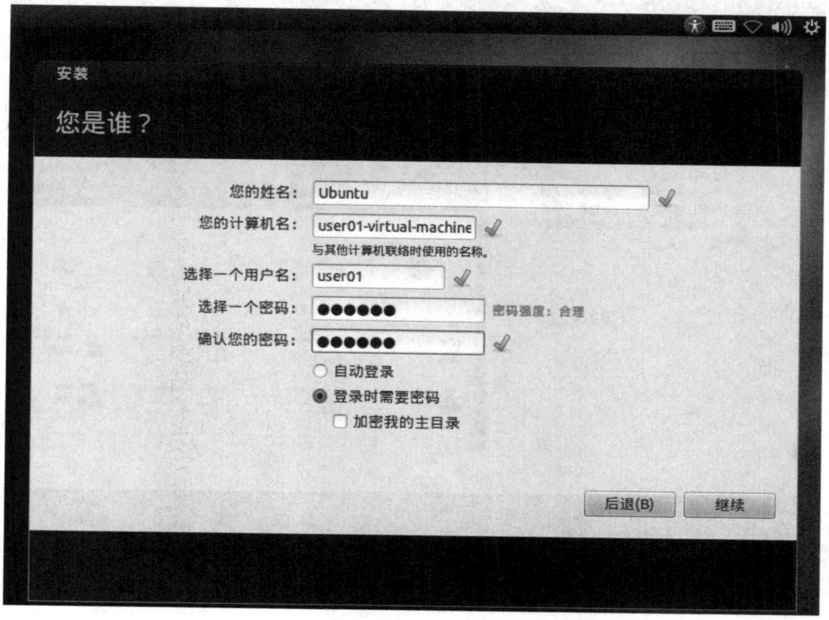

图 1-38　Ubuntu 用户配置界面

用户信息配置完成后，Ubuntu 开始复制文件并进行系统安装，在安装过程中，主界面将介绍 Ubuntu 12.04 的新特性，同时在下方有进度条提示，如图 1-39 和图 1-40 所示。

系统安装完成后，将出现如图 1-41 所示的界面，提示安装已经完成，此时需要单击"现在重启"按钮，进入 Ubuntu 系统。

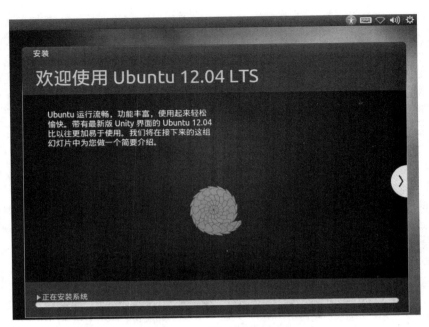

图 1-39　系统安装界面 1

图 1-40　系统安装界面 2

　　单击"现在重启"按钮,系统将自动重新引导,能够看到 Ubuntu 在重新启动并引导的正常提示。安装程序重新启动,如图 1-42 所示。

　　重新启动虚拟机后,Ubuntu 正常引导进入系统,出现登录提示界面。输入安装时配置的用户名、密码信息,按 Enter 键进入系统。登录进入系统,如图 1-43 所示。

　　进入系统后,显示 Ubuntu 12.04 主界面,表示整个安装过程顺利结束。Ubuntu 12.04

图 1-41　安装完成提示界面

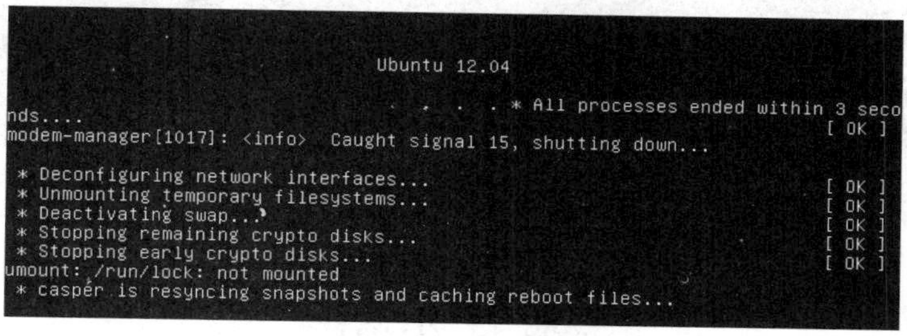

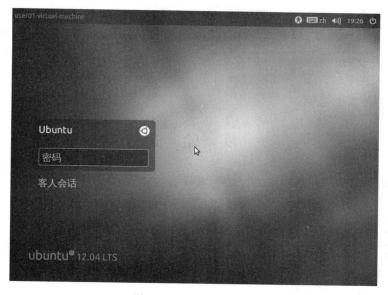

图 1-42　安装程序重新启动

图 1-43　登录进入系统

默认采用的是 Unity 桌面,如图 1-44 所示。Ubuntu 的开发者们为 Unity 界面添加了一个名为 Dash 的特性。用户可以在 Dash 中完成应用管理、文件管理等任务。而全局菜单也被逐步地实现出来。

图 1-44　Ubuntu 主界面

本 章 小 结

本章概括性地介绍了 Linux 的产生和发展,包括 Linux 的概念、产生的历史背景,发展历程,Linux 的特点与组成、Linux 的发行版本,如何获得 Linux 等内容。并通过详细的图解方式介绍了 Ubuntu 系统的安装准备和安装过程。通过本章的学习,可以对 Linux 操作系统以及 Linux 内核、Linux 的安装过程有了一个概括性的了解,进而为学习、掌握和操作 Linux 系统打下坚实的基础。

实　验　1

题目:虚拟机下的 Ubuntu Linux 操作系统的安装。

要求:

(1) 掌握 VMware 9.0 虚拟机的安装。

(2) 利用 VMware 9.0 虚拟机安装 Ubuntu Linux 12.04 桌面版操作系统。

(3) 登录桌面环境。

(4) 进行注销与关机操作。

习 题 1

1. Linux 是在什么样的历史背景下出现的？
2. 什么是 GNU 计划？Linux 和 GNU 有什么关系？
3. Linux 系统有哪些特点？
4. Linux 系统由哪几部分组成？Linux 内核的功能是什么？
5. 简述 Ubuntu Linux 的特点。
6. 如何获得 Linux？

第 2 章 Linux 系统接口管理

操作系统是覆盖在硬件上的第一层软件,是计算机底层硬件和用户之间的接口。只有通过操作系统提供的接口才能完成用户或应用程序对系统硬件的访问。在 Linux 系统中,提供了命令行和图形两种用户接口以及程序接口。

2.1   操作系统接口

操作系统是架构在硬件上的第一层软件,是计算机底层硬件和用户之间的接口。只有利用操作系统,才能实现应用程序(或用户)对系统硬件的访问。任何操作系统都会向上层提供接口,操作系统接口是方便用户使用计算机系统的关键。操作系统的接口分为用户接口和程序接口两大类。用户接口中又包括命令行用户接口和图形用户接口。

2.1.1   命令行用户接口

命令行用户接口是以命令的方式使用系统的用户界面。操作系统提供了一组联机命令接口,用户在文本方式的界面上,通过键盘输入相关命令,取得操作系统的服务,控制用户程序的执行。命令执行的结果也以文本方式显示在界面上。

命令行用户接口的特点是效率高、灵活,但不易使用,需要记忆相关命令及语法。

2.1.2   图形用户接口

图形用户接口是指通过图标、窗口、菜单、对话框及文字组合,在桌面上形成一个直观易懂、使用方便的计算机操作环境,以鼠标驱动方式使用系统的用户界面。用户通过单击鼠标或按键,操作图形界面上的各种图形元素,实现与系统的交互,控制程序的执行。运行结果也以图形方式进行显示。

图形用户界面的特点是直观,不需要记忆命令和语法就能轻松使用系统。

2.1.3   程序接口

程序接口由一组系统调用命令组成,提供一组系统调用命令供应用程序使用,使程序员访问系统资源。系统调用是操作系统提供给应用程序访问系统资源的唯一接口。每个系统调用都是一个能完成特定功能的子程序。

用户接口属于高层接口,是用户与操作系统的接口;程序接口是低级接口,是任何内核外程序与操作系统之间的接口。用户接口的功能最终是通过程序接口来实现的。

2.1.4   Linux 系统的接口

Linux 提供了命令行和图形两种用户接口以及程序接口。Linux 的命令行接口是由命令解释程序 Shell 提供的文本方式的用户界面。Linux 的图形接口是基于 X Window 系统构建的窗口化图形界面。Linux 的程序接口是由内核提供的一组系统调用。

2.2 Shell 命令接口

无论从事系统开发还是系统管理,Shell 都是必然要用到的界面。

2.2.1 Shell 命令接口的组成

Shell 是 Linux 操作系统的最外层,也称为外壳。它作为命令语言,为用户提供使用操作系统的命令接口,交互式解释和执行用户输入的命令,或者自动的解释和执行预先设定好的一连串命令,实现用户与计算机的交互。同时,Shell 还能用作解释性的编程语言。作为程序设计语言,它提供了一些专用的命令和语法,并定义了各种变量和参数,提供了许多在高级语言中才具有的控制结构,包括循环和分支,以便构造程序。用 Shell 编写的程序称为 Shell 程序,也称为 Shell 脚本。

Linux 下的 Shell 命令接口由一组命令和命令解释程序 Shell 组成。

1. 命令

Linux 提供一组完备的命令可以完成用户需要的各种操作。例如文件操作、数据传输、进程控制、系统监控等。Shell 命令分为内部命令和外部命令。内部命令的程序代码是包含在 Shell 内部的,驻留在内存中,执行速度快。外部命令的程序代码是以可执行文件的形式存储在磁盘中的。执行时,需要从外存调入内存,然后执行。内部命令一共有几十个,基本上都是操作简单且使用频繁的命令。例如 cd、pwd、ls、cp 等。

2. 命令解释程序 Shell

在所有操作系统中,都把命令解释程序放在操作系统的最高层,方便与用户的交互。Linux 下的命令解释程序 Shell,类似于 DOS 下的 command.com,如图 2-1 所示。命令解释程序负责接收用户输入的命令并解释,然后调用相应的命令处理程序去执行。并将运行结果显示在屏幕上。

图 2-1　Windows 下的命令解释器

命令解释程序的具体工作方式：

（1）在屏幕上给出提示符；

（2）识别、解析命令；

（3）转相应的命令处理程序；

（4）回送处理结果至屏幕。

命令处理程序的工作流程如图 2-2 所示。

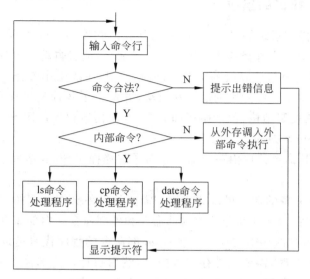

图 2-2　命令解释程序的工作流程

2.2.2　Shell 的版本

1. 经典 Shell 版本简介

Shell 命令解释器来源于 UNIX 系统。在 UNIX 系统诞生之初，只配有一个命令解释器，它用来解释和执行用户的命令。1979 年 Bell 实验室的 Bourne 开发出第一个 Shell 程序——B Shell(bsh)，B Shell 是一个交换式的命令解释器和命令编程语言。20 世纪 80 年代早期，Bill Joy 在 Berkeley 的加利福尼亚大学开发了 C Shell(csh)，它主要是为了让用户更容易地使用交互式功能，并把 ALGOL 语言风格的语法结构变成了 C 语言风格。

很长一段时间，只有 B Shell 和 C Shell 两类 Shell 供人们选择，B Shell 用来编程，而 C Shell用来实现交互。为了改变这种状况，AT&T 的 Bell 实验室 David Korn 开发了 K Shell(ksh)。ksh 结合了所有的 C Shell 的交互式特性，并融入了 B Shell 的语法，广受用户的欢迎。Korn Shell 是一个交互式的命令解释器和命令编程语言，并且符合 POSIX 国际标准。

目前，Shell 版本很多，基本是以上 3 种 Shell 的扩展和结合。

另外一种著名的 Shell 版本，就是 Bourne Again Shell(bash)。bash 是 GNU 计划的一部分，用来替代 B shell。它用于基于 GNU 的系统，如 Linux 系统。大多数的 Linux 系统，例如 Redhat Linux、Slackware Linux、Ubuntu Linux 等，都以 bash 作为默认的 Shell。Bash 与 Borune Shell 完全兼容，还包含了许多 C shell 和 K Shell 中的优点。具有命令历史显示、命令自动补齐、别名扩展等功能。它的使用简单易用，而且在 Shell 编程方面也有很强的能力。

2. 常用的 Shell 版本

常用的 Shell 有以下几种。

（1）bsh：最经典的 Shell，每种 Linux、UNIX 都可用；

（2）csh：语法与 C 语言相似，交互性更好；

（3）ksh：集合 csh 和 bsh 的优点；

（4）tcsh：csh 的扩展；

（5）bash：bsh 的扩展，同时结合了 csh 和 ksh 的优点；

（6）Pdksh：ksh 的扩展；

（7）zsh：结合 bash、tcsh 和 ksh 的许多功能。

大多数 Linux 系统默认的 Shell 是 Bourne Again Shell(bash)。另外，Linux 系统常用的其他 Shell 有 tcsh、zsh 和 pdksh。具体可以查看/etc/shells 文件。例如，在 Ubuntu 12.04中，可以打开/etc/shells 文件，如图 2-3 所示。

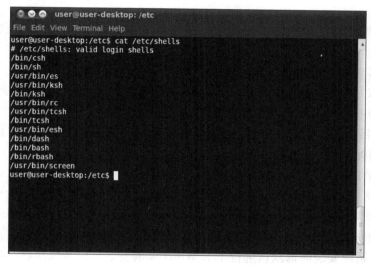

图 2-3　/etc/shells 文件内容

2.3　X Window 图形窗口接口

2.3.1　X Window 简述

X Window 是 Linux 的图形化用户接口系统，简称 X 或 X11。也就是说，X Window 是 Linux 系统的视窗系统。1984 年麻省理工学院开发之后，X Window 系统成为 UNIX、类 UNIX，以及 OpenVMS 等操作系统所一致适用的图形用户接口。X Window 系统通过软件工具及架构协议来建立操作系统所用的图形用户界面，具有广泛的可移植性。现在 X Window已经成为 UNIX 和 Linux 系统上的标准图形接口。更重要的是，著名的桌面环境 GNOME 和 KDE 也都是以 X Window 系统为基础建构成的。X Window 的当前版本是 1987 年发布的 X11。广泛使用的是 1994 年发布的发行版 X11 R6，最新的发行版是 2005 年发布的 X11 R7。

X Window 系统的开发起源于 Athena 计划,是该计划的一部分。该计划需要一套在 UNIX 上运行优良的视窗系统。1984 年麻省理工学院和 DEC 公司合作开发一个基于窗口的图形用户接口系统,该系统是以斯坦福大学的 W Window 系统为基础进行开发的,所以新系统取名为 X Window。X Window 独立于操作系统,不内置于操作系统内核。

严格地讲,X Window 是一个图形接口系统的标准体系框架。规定了构成图形界面的现实架构、软件成分以及运作协议,只要遵照 X 的规范开发的图形界面都是 X 图形界面,即使在功能、外观、操作风格差异很大。

2.3.2 X Window 系统组成

X Window 系统的核心概念,是客户/服务器构架。主要的组成成分是 X Server、X Client 和 X Protocol,即 X 服务器端、X 客户端、X 协议。这种客户/服务器架构的主要特点在于,X Window 系统中,应用程序的"运行"和"显示"是可分离的。

1. X Server

X Server 是 X 系统的核心。X Server 运行在有显示设备的主机上,是服务器端。X Server 负责的主要工作。

(1) 支持各种显示卡和显示器类型。

(2) 响应 X Client 应用程序的请求,根据要求在屏幕上绘制出图形,以及显示和关闭窗口。

(3) 管理维护字体与颜色等系统资源,以及显示的分辨率、刷新速度。

(4) 控制对终端设备的输入输出操作,跟踪鼠标和键盘的输入事件,将信息返回给 X Client 的应用处理程序。

对于操作系统而言,X Server 只是一个运行级别较高的应用程序。因此,可以像其他应用程序一样对 X Server 进行独立的安装、更新和升级,而不涉及对操作系统内核的处理。

Linux 系统常用的 X Server 是 XFree 86 和 Xorg。XFree 86 和 Xorg 都是自由软件,目前 Xorg 已经逐步取代 XFree 86 成为 Linux 发行版的 X Server。在桌面版的 Linux 发行版中,一般在进行系统安装时都默认进行了 X Window 的安装。安装成功后,有关鼠标、键盘、显示器和显卡等的设置都记录在/etc/X11/xorg. conf 文件中。用户可以通过查看该文件,了解相关的设置信息。另外,MS Windows 系统上的 X Server 主要有 X Win32 和 X Manager。

2. X Client

凡是需要在屏幕上进行图形界面显示的程序都可看作是 X Client,如文字处理、数据库应用、网络软件等。X Client 以请求的方式让 X Server 管理图形化界面。X Client 不能直接接受用户的输入,只能通过 X Server 获得键盘和鼠标的输入。在向屏幕显示输出时,X Client 确定要显示的内容,并通知 X Server,由 X Server 完成实际的显示任务。当用户进行鼠标或键盘的输入时,由 X Server 发现输入事件,接收信息,并通知 X Client,由 X Client 进行实际的处理输入事件的工作,以这种交互的方式响应用户的输入。由此,可以看出,在 X Window 系统中,应用程序的"显示"和"运行"是可分离的。分别由 X Server 和 X Client 进行处理。

3. X Protocol

X Protocol(X 协议)是 X Client 和 X Server 之间通信时所遵循的一套规则,规定了通信双方交互信息的格式和顺序。X Client 和 X Server 都需要遵照 X Protocol 才能彼此理解和沟通。

　　X Protocol 运行在 TCP/IP 协议之上,因此 X Client 和 X Server 可以分别运行在网络上的不同主机之间。只要本地机上运行 X Server,那么无论 X Client 运行在本地机还是远程计算机上,都可以将运行界面显示在本地计算机的显示器上,显示在用户面前。这也体现了 X 系统的运行和显示分离的特性。这种特性在网络环境中也十分有用。用户可以进行远程登录,并启动不同计算机上的多个应用程序,将它们的运行界面同时显示在本地计算机屏幕上。并且可以在本地机上方便直观的实现不同系统的窗口之间数据的传输。

　　综上所述,X Window 系统中,X Client 指的是可在网络上任何计算机上执行的各种应用程序,它们的执行结果必须传到某个屏幕显示器上。X Server 一定是运行在使用者自己的本地计算机上,负责将执行结果显示到屏幕上,并管理各种系统资源的程序。X Client 和 X Server 之间通过 X 协议进行通信。

4. X Window 与字符界面的切换

　　Linux 默认打开 7 个屏幕,编号为 tty1～tty7。X Window 启动后,占用的是 tty7,tty1～tty6 仍为字符界面屏幕,用 Alt+Ctrl+Fn 键($n=1～12$)即可实现字符界面与 X Window 界面的快速切换。

　　如果要快速切换字符界面与 X Window 图形界面,就可以在字符界面下,按 Alt+Ctrl+F7键,回到图形界面;在图形界面下,按 Alt+Ctrl+Fn 键($n=1～6$),回到字符界面。

2.4　GNOME 桌面环境

　　1999 年,墨西哥程序员 Miguel 开发了 Linux 下的桌面系统 GNOME 1.0 版。GNOME 是基于 GPL 的完全开放的软件,可以让用户很容易的使用和配置计算机。GNOME 也是一个友好的环境桌面,它的图形驱动环境十分强大,它几乎可以不用任何字符界面来使用和配置机器。GNOME 遵照 GPL 许可发行,得到 Red Hat 的大力支持,成为 Red Hat 等众多 Linux 发行版的默认安装桌面环境。GNOME 即 GNU 网络对象模型环境(GNU Network Object Model Environment)。是 GNU 计划的一部分,也是一个基于 GPL 的开放式软件。目标是基于自由软件,为 UNIX 或者类 UNIX 操作系统构造一个功能完善、操作简单以及界面友好的桌面环境。目前,Linux 系统最流行的桌面系统是 GNOME 和 KDE。它们包含用户日常应用所需的应用程序,如 Web 浏览器、电子邮件客户端、办公套件、图形图像处理软件等。KDE 界面华丽,使用习惯类似于 Windows,而 GNOME 界面简单、高效、运行速度快。GNOME 和 KDE 都是基于 X Window 的桌面环境,通过 X Window 它们才能运行。

2.4.1　GNOME 的安装

　　GNOME 的官方网站是 gnome. org,用户可以从 http://www. gnome. org/getting-gnome/下载最新版本的 GNOME 环境。目前默认使用 GNOME 桌面环境的主流 Linux 发行版本包括 Fedora 、Mageia 、openSUSE、Arch Linux 和 Debian 等。

　　在 Ubuntu 的老用户中,很多人都已经非常习惯使用经典的 Gnome 桌面环境。如果用户想要恢复经典的 Gnome 桌面,以方便自己的使用习惯,可以通过 Ubuntu 软件中心进行。打开 Ubuntu 软件中心,在右上角的搜索栏中搜索关键字"GNOME",然后选择 The

GNOME Desktop Environment，with extra components（即 GNOME 桌面环境及附加部件），然后单击"安装"按钮，系统将自动从软件仓库中下载并安装 GNOME。如图 2-4 所示。

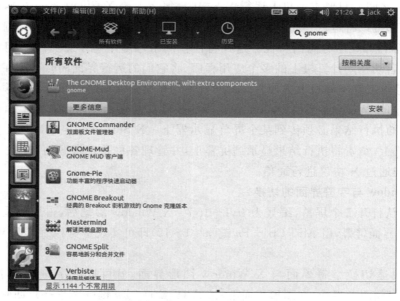

图 2-4   搜索并安装 GNOME

另外，用户也可以使用新立得软件包管理器或同时按住 Ctrl＋Alt＋T 键，调出系统终端，转换为 root 身份，输入命令：

```
sudo apt-get install gnome
```

可进行 GNOME 桌面环境的安装。如图 2-5 所示，输入命令后，Ubuntu 将提示安装的软

图 2-5   GNOME 安装过程 1

件包。

可以看到，GNOME 所需要下载的软件包容量为 213MB，系统再次提示确认继续执行若输入"n"则结束安装，输入"y"继续安装，此时系统开始从 Ubuntu 站点下载软件包文件，如图 2-6 所示。

图 2-6　GNOME 安装过程 2

下载完毕后，系统启动软件包设置，其中主要是设定 gdm（The GNOME Display Manager）GNOME 显示环境管理器，如图 2-7 所示。可以选择 gdm 和 lightdm。LightDM

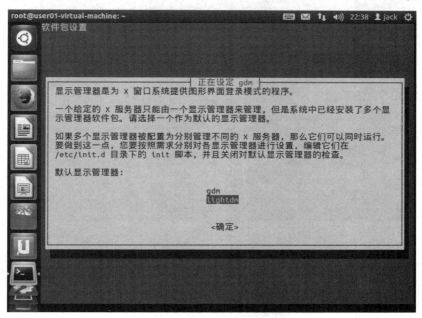

图 2-7　GNOME 安装过程 3

(Light Display Manager)是一个全新的、轻量的 Linux 桌面的桌面显示管理器,LightDM 是 2010 年开始的新项目,具有界面无关性,Ubuntu 已经在 12.10 中将 gdm 全面更换为 LightDM。

设定完毕后,按 Enter 键即开始解压缩文件,如图 2-8 所示。

图 2-8　GNOME 安装过程 4

解压缩和设置完毕后,系统回到提示符下,GNOME 安装完成,如图 2-9 所示。

图 2-9　GNOME 安装过程 5

GNOME 安装完毕后,注销系统重新登录,用户在系统登录界面可以按下用户名右侧图标选择 GNOME 桌面环境。为了与大多数硬件环境兼容,在登录时,GNOME 提供了 3 种选项: GNOME、GNOME Classic 和 GNOME Classic(No effects)。如图 2-10 所示。

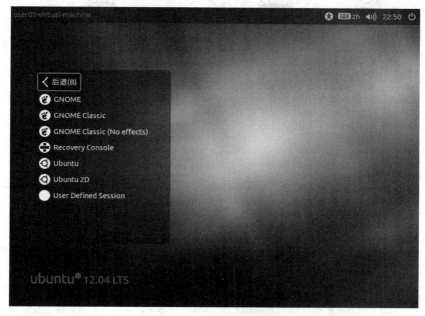

图 2-10　GNOME 登录选择

GNOME 提供的 3 种选项含义如下。

(1) GNOME。登录到 GNOME 标准模式,可以使用 GNOME3 桌面的全部功能。

(2) GNOME Classic。登录到 GNOME 备用模式,界面风格类似传统版本 GNOME 桌面。

(3) GNOME Classic(No effects)。与 Classic 相同,只是没有特效。

GNOME 3 桌面的样式与 Unity 有很多类似之处,如图 2-11 所示。

经典的 GNOME 界面是 GNOME Classic 模式,本文将介绍 GNOME Classic 模式的使用方法。

2.4.2　GNOME Classic 模式介绍

1. 桌面的主要组成

在 GNOME Classic 模式下,桌面主要由面板、桌面、任务栏 3 个部分组成,如图 2-12 所示。

(1) 面板。与 MS Windows 界面不同,菜单面板集中在屏幕顶部的长条形区域,左边是包含桌面菜单选项以及快捷方式图标的工具栏,右边是提示区域。可以使用这个工具栏来启动软件或者查看系统中某些活动的状态。其中"应用程序"和"位置"分别为下拉菜单。面板的右边是信息公告区,提供软件更新、输入法、音量控制、当前系统日期时间、登录用户名信息、系统控制等按钮。

(2) 桌面。桌面区指的是菜单面板与屏幕的底部任务栏之间的整个屏幕区域。这部分

图 2-11　GNOME3 桌面样式

图 2-12　GNOME Classic 模式

屏幕通常用于放置一些使用的软件,还有快捷方式以及图标。例如,桌面区常用于存放用户定义的应用程序启动器图标,存放安装的文件系统图标,如内置的 Windows 分区、CD/DVD、USB 移动硬盘以及 U 盘等。

(3) 任务栏位于屏幕的底部,呈长方形,用于显示正在运行的程序和工作区的切换。任务栏的右边包括 4 个工作区的长方形图标,用于工作区之间的快速切换。其中最左边是一个"显示桌面"图标,紧接着可以是一系列表示用户当前打开的应用窗口图标,右边存在 2 个或者 4 个工作区切换开关。

屏幕顶部的面板与底部的任务栏可用于存放经常使用的项目,包括菜单、快速启动程序、按钮(图标)以及信息公告区等。Ubuntu GNOME 桌面环境的布局和内容可以定制,用户可根据自己的需要,进行必要的调整。

与其他操作系统不同,在 GNOME Classic 模式下,Ubuntu 在桌面上是没有图标的,因此,桌面看起来十分整洁。在使用过程中,单击屏幕左上角的"应用程序"菜单或者快捷菜单(在桌面空白处右击鼠标),就可以启动相应的应用程序了。虽然在桌面上不显示应用程序,当通过 USB 接口插入设备时,例如 U 盘、MP3 等,桌面上将出现相应的设备图标。

2. GNOME Classic 模式的主要功能

在 GNOME 桌面环境中,最常用的是屏幕顶部的面板。面板通常包含"应用程序"和"位置"两个主要菜单,用于访问 Ubuntu Linux 系统提供的各种功能。

(1)"应用程序"菜单。"应用程序"菜单中包含了系统已经安装的所有应用程序,可以方便用户进行日常的工作,用于启动应用程序。GNOME 把用户能够执行的程序分类组织成一级或二级菜单,如图 2-13 所示。一级菜单包括"办公"、"编程"、"附件"、"互联网"、"全局访问"、"图形"、"系统工具"、"影音"、"游戏"、"Ubuntu 软件中心"等。在"附件"菜单中又包括二级菜单,如"计算器"。"应用程序"菜单类似于 MS Windows 系统的"开始"菜单。如果需要,也可以采用拖曳的形式,在桌面中创建相应的快捷键。"应用程序"菜单包括系统自带的办公套件、播放器、浏览器、网络工具以及各种小游戏等。通过"应用程序"菜单可以方便地启动应用程序。

图 2-13　"应用程序"菜单和"位置"菜单

应用程序菜单中包含了大量的系统管理工具。在应用程序菜单最底部为"Ubuntu 软件中心",用于完成软件安装卸载工作。利用"系统工具"中的"管理(Administration)"和"首选项（Preferences）"子菜单中的对应工具，可以完成对计算机的管理和首选项设置，如磁盘分区、更新管理等。Linux 的应用程序非常丰富，如果此后在系统中安装了其他应用程序，可能会被添加到应用程序菜单之中。

例如，选择"应用程序"|"附件"|"计算器"菜单命令，计算器的窗口就会打开。在程序运行后，在程序界面的左上角有 3 个按钮。如图 2-14 所示。

图 2-14　计算器

①"左按钮（叉号）"：用于关闭应用程序。

②"中间按钮（向下的箭头符号）"：用于将窗口最小化并放入任务栏中隐藏。

③"右按钮（向上的箭头符号）"：用于将窗口最大化并使之充满整个桌面。

每个运行的应用程序都在屏幕最下方的任务栏中有对应的显示。通过单击可以切换应用程序的最大化或最小化显示，也可以右击进行其他的选择。

在每个子菜单项上，可以通过右击进行快捷方式的添加。例如，选择"应用程序"|"办公"|"Evolution 邮件及日历"菜单命令，或右击，可以选择把该程序的快捷方式添加到桌面、面板中，以及二级子菜单整体添加到面板中。

（2）"位置"菜单。"位置"菜单用于调用文件浏览器，访问文件系统，包括主文件夹、定制的目录列表、安装的文件系统（如磁盘分区、USB、移动硬盘以及 CD/DVD 等）、计算机、网络与服务器访问、文件搜索功能及最近访问的文档等。通过"位置"菜单可以进入计算机的不同部分或者网络。包括以下部分。

①"主文件夹"。这是系统中最重要的文件夹，用于保存每个登录用户的文件。每个用户都有一个主文件夹。相当于 Windows XP 操作系统中的"我的文档"。

②"桌面文件夹"。这是主文件夹中的一个子文件夹。凡是在桌面上出现的图标都属于该文件夹，且存在于该文件夹中。

③"计算机"。这个部分相当于 Windows XP 系统中的"我的电脑"。接到计算机上的各种设备，例如软驱、U 盘、CD/DVD 播放器等都属于该项目。

④"网络"。本地网络连接保存在其中，单击后可以看到所有的本地网络连接。功能相当于 Windows XP 的"网上邻居"。

⑤"连接到服务器"。通过它可以建立一个远程网络服务器的连接。远程服务器可以是不同类型的服务器，例如 FTP 站点、Windows 共享，或者 SSH 服务器等。连接成功后，站点的内容就显示在一个窗口中，可以从远程服务器中拖放文件。也可以使用它在桌面上添加图标，单击时会在文件管理器中显示远程服务器的文件列表。

⑥ "搜索文件"。用于查找计算机中的文件。类似于 Windows 的搜索功能。

⑦ "最近文档"。显示最近使用过的文档信息。

⑧ 其他常用的文件夹,如文档、音乐、图片、视频、下载等文件夹。

（3）菜单的编辑。在主菜单上右击鼠标,从弹出的快捷菜单中选择"菜单编辑（Edit Menus)"命令,出现菜单编辑器。可以用于编辑菜单内容。菜单编辑器,如图 2-15 所示。利用菜单编辑器可以快捷简便地进行菜单的调整或者新菜单的增加。只需要选中需要显示的项目,不需要显示的项目上取消选中即可。另外可以通过"新建菜单"和"新建项目"按钮进行新菜单和新项目的添加。

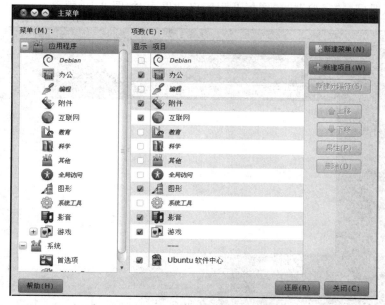

图 2-15 菜单编辑器

例如,用户可以添加一个新菜单和新项目。单击"新建菜单"按钮,出现如图 2-16 对话框,给新建菜单命名为 mydirectory。单击"确定"按钮完成创建。单击"新建项目"按钮,出现如图 2-17 对话框,给项目命名为 ok。单击"确定"按钮完成创建。

图 2-16 新建菜单

图 2-17 新建项目

回到 Ubuntu 桌面,单击"应用程序",可以看到新建的菜单"mydirectry"和新建的项目"ok"都已经存在于"应用程序"下拉菜单中。

（4）设置快捷方式图标。在桌面面板主菜单旁边的空白处可以放置很多快捷方式图标。这些图标不仅总是可见的，而且可以方便用户快速地启动快捷图标所对应的应用程序。用户可以自己添加快捷图标。在面板的主菜单中找到想要建立快捷方式的应用程序，把它拖至面板中即可。如果用户想移动快捷图标的位置，那么可以右击某个快捷图标，然后从弹出的快捷菜单中选择"移动（Move）"命令，快捷图标就可以移动到用户鼠标指定的位置下。此后，单击就可以快速启动相应的应用程序。例如，添加"字典"的快捷图标。在选择"应用程序"|"办公"|"字典"，鼠标拖动至面板中，"字典"图标Aa就显示在面板中，右击图标Aa，从弹出的快捷菜单中选择"移动"命令，实现在面板中位置的固定。当需要启动"字典"时，直接单击快捷图标即可。"字典"快捷图标及程序启动界面，如图 2-18 所示。

图 2-18　"字典"快捷图标及程序启动

（5）添加 Applets 小程序。Ubuntu 的面板上还可以方便的添加一种被称为 Applets 的 Ubuntu 自带小程序。这些工具可以帮助用户方便快捷地使用系统，为用户的日常工作提供更好的服务。例如，时钟、调整笔记本屏幕的亮度程序、系统监视器、用户切换器、便笺等。添加 Applets 的方法也很简单，在面板空白处右击，从弹出的快捷菜单中选择"添加到面板（Add to Panel）"，如图 2-19 所示。例如，选择添加一条"小鱼"至面板，然后单击"添加"按钮，一条游动的小鱼就出现在面板中。当 Applet 小程序在面板中出现时，可以按住鼠标中间键或者同时按住鼠标左键、右键进行位置的移动。

（6）面板提示区、时钟、用户信息和关机图标。提示区和时钟在面板的右边。在 GNOME 桌面环境中，提示区主要利用一对"上下箭头"图标表示网络的配置及连接情况、"键盘"图标表示输入法、"小喇叭"图标表示音量的控制、"信封"图标表示邮件及通信联系。例如，单击"喇叭"图标就可以拖动滚动条改变音量的大小。单击"信封"图标可以设置即时通信工具 Empathy、邮件 Evolution 以及广播信息。当有邮件到达时会通知和提示用户的。

另外，紧靠提示区右边的是时钟区域，显示系统当前的时钟信息。单击时钟区域可以查

图 2-19   添加 Applets 小程序

看日历。提示区和时钟区域,如图 2-20 所示。

图 2-20   提示区和时钟区域

时钟的右边是用户信息,显示的是当前登录用户的名字。可进行用户状态的选择,例如,在线、离线、忙碌等。

面板最右边是关机的图标。单击该图标有以下内容,包括锁定屏幕、用户切换、注销、重启、关机等。用户可以进行相应的选择以实现不同的功能。

(7) 任务栏的使用。GNOME 桌面底部的长条形区域称为任务栏。任务栏的主要作用是显示当前打开的应用窗口,切换桌面工作区,以及显示或隐藏 GNOME 桌面区等。任务栏通常包含桌面显示/隐藏按钮、窗口列表、工作区切换开关、回收站图标等 4 个组件。GNOME 任务栏,如图 2-21 所示。

图 2-21   GNOME 任务栏

屏幕左下角的“桌面显示/隐藏”按钮用于展示整个桌面区,隐藏桌面上已经打开的所有活动窗口。当桌面上打开大量的窗口时,这是一项很有用的功能。再次单击“桌面显示/隐藏”按钮时,又可恢复原来打开的窗口。

当前打开的窗口列表位于任务栏的中部。打开任何一个应用程序时,除了桌面上显示一个活动的窗口外,还会在窗口面板中部的“窗口列表”中显示一个窗口图标。同 Windows 系统类似,单击任何一个应用窗口图标,即可激活相应的应用窗口,并将其置于所有窗口的最上面。如果单击窗口左上角的“最小化”按钮,窗口将会从桌面上消失,但“窗口列表”中的窗口图标继续存在。单击"窗口列表"中的窗口图标，可以在其他所有窗口的上层恢复窗口显示，使窗口处于活动状态。另外，也可以使用 Alt＋Tab 键，切换至已经打开的任何应用窗口。

工作区切换开关位于任务栏的右边。每个工作区都拥有一个单独的 GNOME 桌面，包括菜单面板、桌面区和窗口面板等。所有工作区的菜单面板和背景主题都是相同的。在每个工作区中，可以运行不同的应用程序。工作区切换开关使用户能够在工作区之间相互切换。

回收站图标位于窗口面板的最右边，用于缓存在桌面环境中删除的文件等。

2.5 Unity 界面

Unity 是一种强大的桌面和上网本（Netbook）环境，Unity 提供了完整、简单、可用于触摸屏的环境，在用户的工作流中集成了应用程序。Unity 是基于 GNOME 桌面环境的用户界面，由 Canonical 公司开发，用于新的 Ubuntu 操作系统。Unity 最早出现在使用 Ubuntu 10.10 的计算机中，自 11.04 版本以后成为 Ubuntu 发行版正式的桌面环境。与此同时，Ubuntu 并未完全停止对 GNOME 和 KDE 的支持，用户可以随时选择安装其他桌面环境替换 Unity，这也是 Linux 操作系统开放性、灵活性的体现。

2.5.1 Unity 的常用操作

用户在系统登录时可以单击用户名右侧的 Ubuntu 图标，选择 Ubuntu 或者 Ubuntu 2D 桌面都可以进入 Unity 桌面，Ubuntu 2D 与默认的 Ubuntu 区别不大，只是不显示某些特效三维动画效果。Unity 桌面主要包括启动器面板、顶部面板、工作区等元素。Unity 桌面如图 2-22 所示。

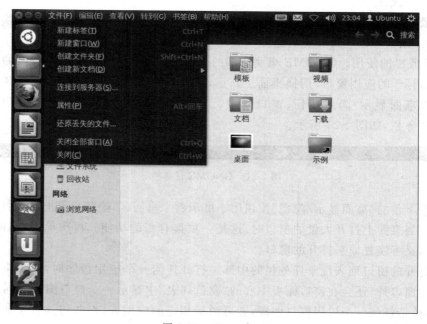

图 2-22 Unity 桌面

1. 启动器面板

启动器面板(Launcher)显示最常用的应用程序和当前正在运行的程序,充分运用了现在流行的宽屏幕液晶显示器,使用它可以使访问常用程序更加便捷。

启动器面板位于屏幕左侧,当其他窗口占据左侧空间时可以自动隐藏,移开以后可以自动显示。当启动器面板被隐藏时,将鼠标移动到屏幕左侧边缘,可以显示出来。

使用启动器面板,可以打开 Dash 面板,显示最常用的应用程序和当前正在运行的程序图标,打开 Ubuntu 软件中心添加和删除应用程序,打开系统设置窗口对系统进行调整,显示回收站图标等。启动器面板的默认图标如表 2-1 所示。

表 2-1　Unity 启动器面板图标

图标	名　　称	功　　　能
	主面板	打开 Dash 控制面板,搜索程序和文档,启动应用程序、搜索文件等
	主文件夹	打开当前用户的主文件夹(一般为/home/ 用户名)
	浏览器	打开网络浏览器 Firefox 访问 WWW
	LibreOffice Writer	打开 LibreOffice 办公套件中的文字处理程序
	LibreOffice Calc	打开 LibreOffice 办公套件中的电子表格程序
	LibreOffice Impress	打开 LibreOffice 办公套件中的演示文稿程序
	Ubuntu 软件中心	打开 Ubuntu 软件中心可以对应用程序进行安装、卸载等操作
	Ubuntu One	打开 Ubuntu One 可以实现对云端服务的存储同步操作,例如同步用户文件、联系人信息等
	系统设置	打开系统设置窗口,对操作系统的外观、语言、驱动、网络等进行配置
	工作区切换器	单击工作区切换器,可以在 4 个默认工作区之间进行切换
	回收站	打开"回收站"文件夹对其中的文件进行管理,如恢复文件、清空回收站等

如果在启动器面板的图标右侧出现三角箭头,表示这是当前打开的窗口;如果图标左侧出现三角箭头,表示该窗口或应用程序正在运行;如果图标左侧显示多个箭头,表示该应用程序打开了多个窗口。在启动器面板上可以执行的常规操作如下。

(1) 光标移动到启动器面板图标上时,会显示当前图标的名称。

(2) 单击图标会打开对应的程序或窗口。

(3) 当应用程序显示信息时,面板上的图标会抖动提醒用户。

(4) 右击图标时,可以显示上下文相关菜单。

(5) 用左键上下拖曳图标,可以显示面板中受到屏幕分辨率限制而被隐藏的图标。

(6) 如果要向启动器面板中增添应用程序图标,可以在 Dash 控制板中将图标直接拖拉到启动器面板上。

(7) 打开 Firefox 浏览器后,可以将网页上的超级链接直接拖拉到启动器面板上进行收藏。

2. Dash 控制面板

Dash 在英文中表示"仪表板"、"控制板"的含义。在 Unity 中,Dash 控制面板是访问所有应用程序、文档的捷径。使用 Dash 面板可以搜索系统上已经安装的程序,检索可下载的程序,搜索文件和目录,搜索音乐选集等,如表 2-2 所示。

表 2-2　Dash 控制面板功能

显　　示	说　　明
🏠	Dash 主页
▥	搜索系统中已安装程序或可下载安装的程序
📄	搜索文件和目录
🎵	搜索音乐选集
 Q 搜索应用程序	搜索栏,输入字符时会逐步出现提示
 过滤结果 ▶	按下右侧的"搜索结果"可以对搜索的结果分别按照类型、时间、年代等条件进行过滤

用户也可以按下 Super 键,显示 Dash 控制面板。Super 键即键盘上的 Win 键,Linux 社区对 Win 键的名称颇有微词,因此将其重命名为 Super 键,在某些软件中又称 Meta 键。

3. 顶部面板

Unity 顶部面板(Panel),如图 2-23 所示。顶部面板主要有两个功能,一是显示当前应用程序的名称和菜单,二是显示常用的系统状态指示器(Indicator)图标,利用图标可以进行相关设置。

文件(F)　编辑(E)　查看(V)　转到(G)　书签(B)　帮助(H)　　　⌨ ✉ ♡ ◀)) 23:04 👤 Ubuntu ⚙

图 2-23　Unity 顶部面板

应用程序的菜单在 Unity 中默认不显示。如果要查看应用程序菜单,可以在启动应用程序之后,将鼠标移动到顶部面板中部,菜单将自动出现。用户也可以使用 F10 键显示菜单。鼠标移出顶部面板后,菜单将自动隐藏。

顶部面板的右侧包含一些常用的指示器图标,具体功能如表 2-3 所示。

表 2-3　顶部面板图标说明

显　　示	说　　明
 ⌨	键盘输入法状态,输入法有效时显示输入法图标。单击图标可以设置输入法首选项
 ✉	显示邮件和其他网络服务状态。单击图标可以设置即时通信、邮件、Ubuntu One 和其他网络账户设置
 ♡	显示当前网络连接状态。未连接时显示扇形。单击图标可以打开网络配置菜单编辑连接设置
 ◀))	显示当前音量状态。在静音时显示 X 标记。单击时可以调整音量和进行系统音量相关的设置
 23:04	显示当前时间。单击时可以显示日历,显示日期和时间设置
 👤 Ubuntu	显示当前登录用户名。单击时可以切换用户账号,修改用户账号设置
⚙	系统设置图标。单击时可以打开系统设置窗口、显示、管理开机启动程序、进行系统更新等,连接打印机设备,还可以锁定屏幕,注销用户,让系统进入待机状态,重新启动或关闭计算机等

4. Unity 功能介绍

使用启动器面板,打开 Dash 面板,可以看到主文件夹图标██,通过该图标,可以快速打开计算机中当前用户的主文件夹,该文件夹一般命名为/home/用户名。类似于 MS Windows XP 操作系统中的"我的文档"文件夹。其中包括"公共的"、"模板"、"视频"、"图片"、"文档"、"下载"、"音乐"、"桌面"和"示例"等文件夹。如图 2-24 所示。

图 2-24　主文件夹

应用 Dash 可以快捷的进行文件、程序和音乐等的搜索。在 Dash 主页面,Dash 给出搜索框,但不指定搜索的类型,同时列出最近运行的应用程序、最近打开的文件和最近下载的文件,如图 2-25 所示。

图 2-25　Dash 主页面

单击应用程序搜索图标,则出现如图 2-26 所示界面。搜索框内提示变更为"搜索应用程序",同时 Dash 给出最近使用过的应用程序和已经安装的应用程序图标。

图 2-26　Dash 应用程序搜索

单击文件和目录搜索图标,则出现如图 2-27 所示界面。搜索框内提示变更为"搜索文件和目录",同时 Dash 给出最近使用过的文件和最近下载的文件,以及主目录文件夹内容。

图 2-27　Dash 文件和目录搜索

类似地,单击音乐搜索图标和视频搜索图标,则出现对应的搜索界面,如图 2-28 和图 2-29 所示界面。搜索框内提示变更为"搜索音乐选集"和"搜索视频"。可通过其界面进行音视频的搜索。

图 2-28　Dash 音乐搜索

图 2-29　Dash 视频搜索

2.5.2 工作区

工作区也叫工作空间(Workspace)。多个桌面工作区都是 Linux 桌面的一个非常重要的特色。Ubuntu 默认提供 4 个工作区,可以将不同的应用程序放入不同的工作区中,并在各个工作区间进行切换。

图 2-30 显示了单击工作区切换器后,Unity 将 4 个工作区呈现在屏幕上,可以看到不同的工作区所运行的不同的程序情况,可以看到在工作区 1 中打开了主文件夹,工作区 2 中运行了 Firefox 浏览器,工作区 3 中运行了 LibreOffice Calc,工作区 4 中运行 Ubuntu 软件中心。不同的工作区互不干扰,此时若在某一工作区中双击鼠标,则将该工作区激活为当前工作区。要将窗口移动到特定工作区,可以在窗口标题栏中右击,在弹出菜单中选择"移动到右侧工作区",或者选择"移动到另外的工作区"。

图 2-30　工作区界面

使用键盘切换工作区的方法是按 Ctrl+Alt+方向键,此时在桌面中央会出现工作区切换选择,在各个工作区预览显示出当前打开的窗口,抬起按键就会进入选定的工作区。

2.5.3 Unity 常用快捷键

熟练掌握一些快捷键可以提高操作效率。在 Ubuntu 12.04 LTS 中,按住 Super 键(即键盘上的 Windows 键)不放,系统将在桌面上弹出常用快捷键提示,如图 2-31 所示。

1. 启动器面板

按 Super 键:激活启动器。Super 键即 PC 键盘上的 Windows 键。

按 Super+n 键(n 为 1~9):根据按下的数字打开应用程序或使其获取焦点。

按 Super+T 键:打开回收站。

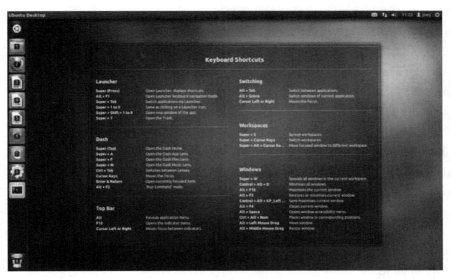

图 2-31　常用快捷键提示

按 Alt+F1 键：使启动器获取焦点，使用箭头键导航，按回车键打开应用程序。

按 Ctrl+Alt+T 键：启动终端窗口。

2．Dash 控制面板

单击 Super 键：打开 Dash。

Super+A 键：打开应用程序 Dash。

Super+F 键：打开文件及文件夹 Dash。

Alt+F2 键：打开运行命令模式。

3．顶部面板

Alt 键：打开 HUD。在 Unity 中使用 HUD 功能可以在进行搜索的时候自动在关键字下显示一系列关联信息。

Esc 键：关闭 HUD 或 Dash。

4．窗口管理

Super+W 键：扩展模式，在所有的工作区中缩小所有窗口。

Super+D 键：最小化所有窗口，再次使用则还原这些有窗口。

Ctrl+Alt+L 键：锁屏。

5．窗口位置

Ctrl+Alt+0 键：最大化窗口。

Ctrl+Alt+1 键：将窗口放到屏幕左下角。

Ctrl+Alt+2 键：将窗口放到屏幕下半区。

Ctrl+Alt+3 键：将窗口放到屏幕右下角。

Ctrl+Alt+4 键：将窗口放到屏幕左侧。

Ctrl+Alt+5 键：将窗口放到屏幕正中或最大化。

Ctrl+Alt+6 键：将窗口放到屏幕右侧。

Ctrl+Alt+7 键：将窗口放到屏幕左上角。

Ctrl+Alt+8 键：将窗口放到屏幕上半区。

Ctrl+Alt+9 键：将窗口放到屏幕右上角。

6. 工作区管理

Super+W 键：平铺模式列出所有窗口。

Super+S 键：展示模式，缩小所有工作区以管理窗口。

Ctrl+Alt+方向键：切换到新工作区。

Ctrl+Alt+Shift+方向键：将窗口放置到新工作区。

7. 屏幕截图

PrintScreen 键：对当前工作区截图。

Alt+PrintScreen 键：对当前窗口截图。

2.6　系统调用接口

2.6.1　系统调用

操作系统作为系统软件，它的任务是为用户的应用程序提供良好的运行环境。因此，由操作系统内核提供一系列内核函数，通过一组称为系统调用的接口提供给用户使用。系统调用的作用是把应用程序的请求传递给系统内核，然后调用相应的内核函数完成所需的处理，最终将处理结果返回给用户的应用程序。因此，系统调用是应用程序和系统内核之间的接口。Linux 系统调用，包含了大部分常用系统调用和由系统调用派生出的函数。

2.6.2　系统调用接口

系统调用接口是由一系列的系统调用函数构成的"特殊"接口。程序员或应用程序通过这个"特殊"的接口取得操作系统内核提供的服务，它是专为程序员编程时使用，是应用程序和系统内核通信的桥梁。也就是说，在应用程序中使用的系统调用是以函数的形式展现在用户面前，提供给用户使用。例如，用户可以通过和文件系统相关的系统调用，请求系统打开文件、关闭文件或读、写文件，也可以通过与时钟相关的系统调用获得系统时间或设置定时器等。

操作系统内核提供的各种服务之所以需要通过系统调用来提供给用户程序的根本原因是为了对系统进行"保护"。由于 Linux 的运行空间分为内核空间与用户空间，它们各自运行在不同的级别中，逻辑上相互隔离。所以用户进程在通常情况下不允许访问内核数据，也无法使用内核函数，它们只能在用户空间操作用户数据，调用用户空间函数。例如，打印函数 printf 就属于用户空间函数，打印输出的字符也属于用户空间数据。但是很多情况下，用户程序在执行过程中需要调用系统程序来获得相应的系统服务，这时就必须利用系统提供给用户的"特殊接口"——系统调用了。系统调用规定了用户进程进入内核的具体位置，即用户访问内核的路径是事先规定好的，只能从规定位置进入内核，而不准许肆意跳入内核。这样才能保证用户程序的执行不会威胁到内核的安全。

2.6.3　Linux 中的系统调用

Linux 系统与 Windows、UNIX 系统一样，都是利用系统调用进行内核与用户空间通信的。但是 Linux 系统的系统调用相比其他的操作系统更加简洁和高效。Linux 系统调用仅仅保留了最基本和最有用的系统调用，全部系统调用只有 250 个左右，而有些操作系统的系统调用多达上千个。

总的来讲，系统调用在系统中的主要用途如下。

（1）控制硬件。例如，把用户程序的运行结果写入到文件中，可以利用 write 系统调用来实现，由于文件所在的介质必然是磁盘等硬件设备，所以该系统调用就是对硬件实施的控制。

（2）设置系统状态或读取内核数据。例如，系统时钟就属于内核数据，要想在用户程序中显示系统时钟，就必须通过读取内核数据来实现，因此通过 time 系统调用可以来完成。另外，要想读取进程的 ID 号、设置进程的优先级等操作，都需要通过相应的系统调用来处理，比如 getpid、setpriority。

（3）进程管理。例如，在应用程序中要创建子进程，就需要利用 fork 系统调用来实现，当然还有进程通信的相关系统调用，如 wait 等。

在 Linux 中常用的系统调用按照功能逻辑大致可分为"进程控制"、"文件系统控制"、"系统控制"、"存储管理"、"网络管理"、"socket 控制"、"用户管理"、"进程间通信"8 类。部分系统调用如表 2-4～表 2-11 所示。

部分进程控制类系统调用，如表 2-4 所示。

表 2-4　部分进程控制类系统调用

系 统 调 用	功　　能	系 统 调 用	功　　能
fork	创建一个子进程	getpriority	获取调度优先级
clone	按指定条件创建子进程	setpriority	设置调度优先级
execve	运行可执行文件	pause	挂起进程，等待信号
exit	中止进程	wait	等待子进程终止
getpid	获取进程标识号		

部分文件系统控制类系统调用，如表 2-5 所示。

表 2-5　部分文件系统控制类系统调用

系 统 调 用	功　　能	系 统 调 用	功　　能
open	打开文件	mkdir	创建目录
creat	创建新文件	symlink	创建符号链接
read	读文件	mount	安装文件系统
write	写文件	umount	卸载文件系统
truncate	截断文件	ustat	取文件系统信息
chdir	改变当前工作目录	utime	改变文件的访问修改时间
stat	取文件状态信息		

部分系统控制类系统调用,如表 2-6 所示。

表 2-6　部分系统控制类系统调用

系 统 调 用	功　　能
_sysctl	读写系统参数
getrusage	获取系统资源使用情况
uselib	选择要使用的二进制函数库
reboot	重新启动
swapon	打开交换文件和设备
sysinfo	取得系统信息
alarm	设置进程的闹钟
stime	设置系统日期和时间
time	取得系统时间
times	取进程运行时间
uname	获取当前 UNIX 系统的名称、版本和主机等信息

部分存储管理类系统调用,如表 2-7 所示。

表 2-7　部分存储管理类系统调用

系统调用	功　　能	系统调用	功　　能
mlock	内存页面加锁	mremap	重新映射虚拟内存地址
munlock	内存页面解锁	msync	将映射内存中的数据写回磁盘
mlockall	调用进程所有内存页面加锁	mprotect	设置内存映像保护
munlockall	调用进程所有内存页面解锁	getpagesize	获取页面大小
mmap	映射虚拟内存页	sync	将内存缓冲区数据写回硬盘
munmap	去除内存页映射	cacheflush	将指定缓冲区中的内容写回磁盘

部分网络管理类系统调用,如表 2-8 所示。

表 2-8　部分网络管理类系统调用

系 统 调 用	功　　能	系 统 调 用	功　　能
getdomainname	取域名	sethostid	设置主机标识号
setdomainname	设置域名	gethostname	获取本主机名称
gethostid	获取主机标识号	sethostname	设置主机名称

部分 socket 控制类系统调用,如表 2-9 所示。

表 2-9　部分 socket 控制类系统调用

系 统 调 用	功　　能	系 统 调 用	功　　能
socketcall	socket 系统调用	listen	监听 socket 端口
socket	建立 socket	select	对多路同步 I/O 进行轮询
bind	绑定 socket 到端口	shutdown	关闭 socket 上的连接
connect	连接远程主机	getsockname	取得本地 socket 名字
accept	响应 socket 连接请求	getsockopt	取端口设置
send	通过 socket 发送信息	setsockopt	设置端口参数
recv	通过 socket 接收信息		

部分用户管理类系统调用,如表 2-10 所示。

表 2-10　部分用户管理类系统调用

系 统 调 用	功　　能
getuid	获取用户标识号
setuid	设置用户标志号
getgid	获取组标识号
setgid	设置组标志号
setregid	分别设置真实和有效的组标识号
setreuid	分别设置真实和有效的用户标识号
getresgid	分别获取真实的,有效的和保存过的组标识号
setresgid	分别设置真实的,有效的和保存过的组标识号
getresuid	分别获取真实的,有效的和保存过的用户标识号

部分进程通信类系统调用,如表 2-11 所示。

表 2-11　部分进程通信类系统调用

系 统 调 用	功　　能	系 统 调 用	功　　能
sigaction	设置对指定信号的处理方法	pipe	创建管道
sigpending	为指定的被阻塞信号设置队列	semctl	信号量控制
sigsuspend	挂起进程等待特定信号	semop	信号量操作
kill	向进程或进程组发信号	shmctl	控制共享内存
msgctl	消息控制操作	shmget	获取共享内存
msgget	获取消息队列	shmat	连接共享内存
msgsnd	发消息	shmdt	拆卸共享内存
msgrcv	取消息		

2.6.4　API 和系统调用的关系

API(Application Programming Interface,应用程序接口)又称为应用编程接口。通过该接口,程序员可以间接的访问到系统硬件和操作系统资源。操作系统的主要作用之一就是把系统硬件和操作系统资源进行封装并对上层用户进行屏蔽,防止用户有意或无意的对系统造成破坏。Linux 系统、Windows 系统或其他任何操作系统都是这样的。操作系统就像一个保护壳一样,保护系统资源不被外界破坏。因此,当用户需要对系统资源进行访问时,就必须通过操作系统向用户提供的接口才能实现用户对系统资源的访问,取得内核的服务。举一个现实生活中的例子,普通储户去银行办理存取款的业务,就必须通过前台的工作人员(即接口)才能进行业务的办理。在实际使用中,程序员大多调用的是应用编程接口,即 API。而系统管理员使用的则多是系统命令。

API 一般以函数定义的形式出现,如 read( )、malloc( )、abs( )等。但是 API 并不需要和系统调用一一对应,它们之间的关系可以是一对一、一对多、多对一或者无关系。其中,一对一的关系,即 API 和系统调用的形式一致,如 read( )接口就和 read 系统调用对应。一对多的关系,即一个 API 是几个系统调用组合在一起形成的。多对一的关系,即几种不同的 API 内部都使用同一个系统调用,比如 malloc( )、free( )内部利用 brk( )系统调用来扩大或缩小进程的堆。最后一种情况,某些 API 根本不需要任何系统调用,不需要使用内核服务,如 abs( ),它的作用就是求绝对值,不需要任何系统调用,很简单的就可以实现。

在 Linux 系统中,应用编程接口遵循了 POSIX 标准,这套标准的主要任务是定义了一系列 API。UNIX 系统也同样遵循这些标准,这些 API 主要是通过 C 函数库实现。它除了定义一些标准的 C 函数外,一个很重要的任务就是提供了一套封装例程(Wrapper Routine),将系统调用在用户空间包装后供用户编程使用。

例如,要获得当前进程的 ID 号,就需要使用系统调用 getpid( )来实现。C 程序举例如下:

```
#include <syscall.h>
#include <unistd.h>
#include <stdio.h>
#include <sys/types.h>
main()
{ long i;
    i=getpid();
    printf ("getpid()=%ld\n",i);
}
```

本 章 小 结

本章介绍了 Ubuntu 下的图形接口、命令接口、程序接口。Ubuntu 下的图形接口实现的基础是 X Window,GNOME 桌面环境是依赖于它运行的。Ubuntu 下的命令接口是 Shell,交互式解释和执行用户输入的命令。Ubuntu 中的程序接口以系统调用的方式体现,为程序员编程开发提供服务。Unity 界面是 Ubuntu 12.04 默认的图形界面,同时也可以通过安装的方式,返回到 GNOME 经典界面进行图形化的操作。

实 验 2

题目:Ubuntu Linux 下的接口实验。

要求:

(1)掌握 Unity 界面的操作。利用 Dash 实现文件搜索功能。

(2)通过命令行的方式安装 GNOME 界面。

(3)熟悉 GNOME Classic 界面的操作。在"应用程序"菜单中添加一个新菜单项。

习 题 2

1. Linux 的操作系统接口有哪几种形式?

2. 解释 Shell 的含义和作用。

3. X Window 是由哪几个主要部分构成的?

4. X Window 采用的是何种结构?

5. GNOME 桌面环境由哪些部分组成?各部分的主要作用是什么?

6. Unity 桌面环境由哪些部分组成?各部分的主要作用是什么?

7. 系统调用的主要用途是什么?

第3章 首次系统配置

操作系统安装完毕后,要想在实际使用中得心应手,还需要进行一些必要的设置。用户熟悉的 Windows 操作系统在安装完毕后也需要进行后续的配置工作,例如配置网络、配置系统更新、安装配置防病毒软件、安装各种应用软件等。与 Windows 类似,为了使系统达到稳定和方便使用的目的,在 Linux 系统安装后也需要对其进行优化、调整和配置。这样可以更好地满足用户的实际使用需要。

3.1 登录、注销和关机

Linux 系统在安装完成后,就可以开始对 Linux 进行使用和体验。Linux 的基本操作包括登录、注销、重启和关机等。掌握这些操作是使用 Linux 的基础。

3.1.1 登录系统

Linux 是一个多用户多任务的操作系统,本机用户和任何访问该系统的合法用户都拥有一个用户的账号,包括用户名和密码。只有通过用户名和密码的登录验证,才能进入 Linux 系统。登录(login)过程就是系统对用户身份的确认。

每个 Linux 系统都有一个特殊权限用户,用户名为 root,即根用户。它相当于 Windows 系统的超级用户(Administrator),具有对系统的完全控制权。其他的普通用户对系统只有部分的控制权。Ubuntu 默认是以普通用户启动系统,保障了系统的安全性。在安装 Ubuntu 系统时,曾经提示输入用户名和密码,这个进行系统安装的用户名就是首次登录的默认用户。它是一种特殊用户,既不同于 root 用户也不同于其他用户,他的权限没有 root 用户高,但比其他普通用户高。

Linux 系统登录的方式可分为控制台登录和远程登录两种。

控制台是直接与系统相连的本地终端,是供本地用户使用的终端。Linux 体系采用软件的方式,在一个物理控制台上虚拟了多达 12 个控制台,包括 6 个字符控制台和 6 个图形控制台。控制台之间可以通过 Ctrl＋Alt＋Fn 键(其中 n 为 1～12)来切换。系统启动时,默认启动 6 个字符控制台(即对应 F1～F6 键)和一个图形控制台(即对应 F7 键)。通常,系统启动后默认显示器显示 F7 键对应的图形控制台,显示登录图形界面。值得注意的是,Linux 允许同一个用户在不同的控制台上以相同的身份和不同的身份多次登录,同时进行多项工作。各个控制台上的交互过程相互独立,互不干扰。

另外一种登录方式是远程登录。远程登录是多用户操作系统的体现。用户可以从远程终端登录到 Linux 系统上。然后像使用本地终端一样使用远程终端。Linux 系统可以同时为多个远程和本地的用户提供服务,对登录用户数量也不设限制。远程登录 Linux 系统,可以利用 ssh、telnet、rlogin 等命令建立远程连接,连接到字符终端,Xmanager 等连接到图形终端。

在 Ubuntu 启动后,登录界面如图 3-1 所示。输入用户名和密码后,进入 Ubuntu 12.04 的桌面环境,如图 3-2 所示。

图 3-1　系统登录界面

图 3-2　Ubuntu 12.04 桌面环境

3.1.2　注销系统

在图形界面下,系统主界面的最上方的横条称为面板,如图 3-3 所示。面板最右边是 "系统设置"图标。单击图标 ,出现系统设置、显示、启动应用程序、有可用更新、锁定屏幕、注销、挂起、关机等内容。

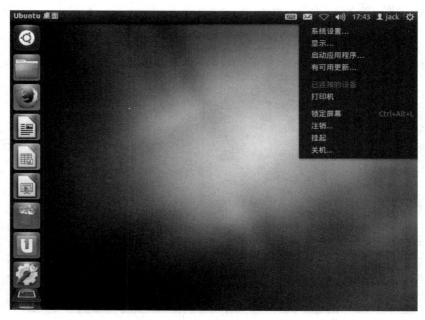

图 3-3　"系统设置"图标下的内容

在字符控制台下，使用 exit 命令或在命令提示符后按 Ctrl＋D 键，退出系统。退出后，系统回到登录界面，用户可以重新登录系统。

3.1.3　关机与重启系统

当系统需要关闭或重启时，应该使用正确的方法。在用户对某些系统设置进行了改动后，或者安装新软件之后，有时都需要重新启动才能使修改生效。在图形环境下，系统的关闭和重启操作很直观，直接单击相应的按钮即可。例如，单击图 3-3 所示面板右上角的 ⚙ 图标进行关机或者重新启动的选择。

在字符控制台下，按 Ctrl＋Alt＋Delete 键也可以重启系统。在字符命令界面，常用的关机命令是 shutdown，常用的重启命令是 reboot。这些命令都必须是 root 权限用户才可使用的。

3.2　首次配置 Ubuntu

Ubuntu 系统安装成功后就可以正常使用了。但是，为了方便用户不断对系统进行在线升级，以及进行其他一些软件的在线下载工作，需要对系统进行初步的配置和更新操作。

3.2.1　配置网络

Ubuntu 系统在后续的使用过程中，需要经常连接到互联网上，以方便用户的使用，以及系统升级和软件更新。因此，系统安装完毕后，可以首先进行网络配置。

1. 启动网络连接

启动网络连接有两种方式。

（1）在网络断开的状态下，单击 Unity 面板的▽图标。或者在网络连接的状态下，单击 Untiy 面板的⇅图标。选择"编辑连接"菜单，就可以打开"网络连接"对话框，如图 3-4 所示。

图 3-4　"网络连接"对话框

（2）单击 Unity 面板的⚙图标，选择"系统设置"菜单，在系统设置窗口下，单击"网络"按钮，打开网络连接，并选择"网络"选项卡，进行网络的配置。开启有线网络，并单击"选项"，可以打开"正在编辑"窗口，查看或配置有线连接的设备 MAC 地址及连接方式，如图 3-5所示。

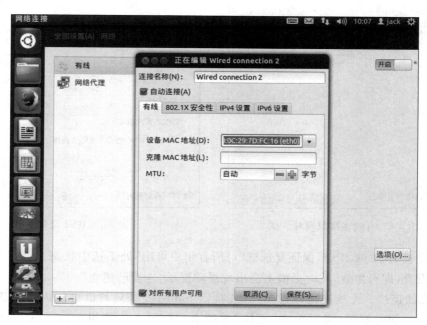

图 3-5　网络连接

2. 配置网络连接

Ubuntu 支持的网络连接方式包括有线连接、无线连接、移动宽带连接、VPN 和 DSL 连接等。

（1）有线连接。有线指使用物理网线连接到网络的配置。一般需要配置 IPv4 和 IPv6。在图 3-4 所示的"网络连接"窗口中打开"有线"选项卡，选项卡中显示了当前的有线连接情况。窗口右侧有 3 个按钮，可以分别实现添加、编辑和删除有线连接的功能。

要添加网络连接，可单击"添加"按钮，弹出有线连接编辑对话框，供用户添加新的网络连接。要编辑当前的网络连接，可单击"编辑"按钮，同样也弹出"有线连接编辑"对话框，供用户进行修改编辑。有线连接编辑对话框如图 3-6 所示。

当用户修改或添加网络连接时，需要在图 3-6 所示的有线连接编辑对话框中，单击"有线"选项卡，并在其中正确输入或修改设备 MAC 地址（即网卡物理地址）。单击"IPv4 设置"选项卡，进行 IPv4 的修改和设置。如图 3-7 所示。如果网络 IP 地址是自动分配的，则在"方法"下拉列表中选择"自动（DHCP）"，否则选择"手动"，并在下面手工添加 IP 地址、子网掩码、网关和 DNS 服务器。单击"IPv6 设置"选项卡，进行 IPv6 的修改和设置。IPv6 的设置过程类似 IPv4 设置。在"方法"项中，一般设置为"自动"，如果当前网络不支持 IPv6 则选择"忽略"。

图 3-6　有线连接编辑对话框

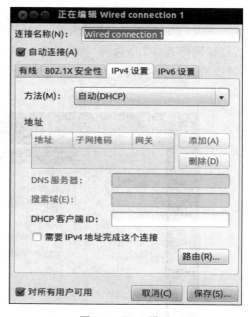

图 3-7　IPv4 设置

如果设置 IPv4 或 IPv6，保证复选框"对所有用户可用"处于选中状态，单击"保存"按钮保存当前设置，即可生效，此时桌面上会出现浮动提示"连接已建立"。

（2）无线连接。无线连接即指 WiFi 连接，Ubuntu 安装后可以自动识别 WiFi，一般无须手动配置。如需配置，可以单击"无线"选项卡，打开"正在编辑无线连接 1"对话框，如图 3-8 所示。

在图 3-8 所示的窗口下，可单击"无线"、"无线安全性"、"IPv4"、"IPv6"等选项卡，并进

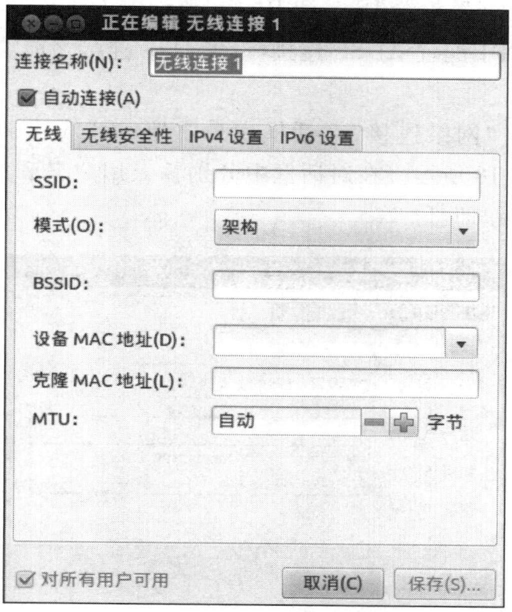

图 3-8 "正在编辑无线连接 1"对话框

行设置。

　① 单击"无线"选项卡,输入 SSID 名称,这个名称是 WiFi 无线广播的标识。如果需要,可以设置模式、BSSID 和设备 MAC 地址等。

　② 单击"无线安全性"选项卡,配置无线安全性。针对无线网络安全设置选择"安全性",例如"WPA 及 WPA2 个人",然后输入无线连接密码。如图 3-9 所示。

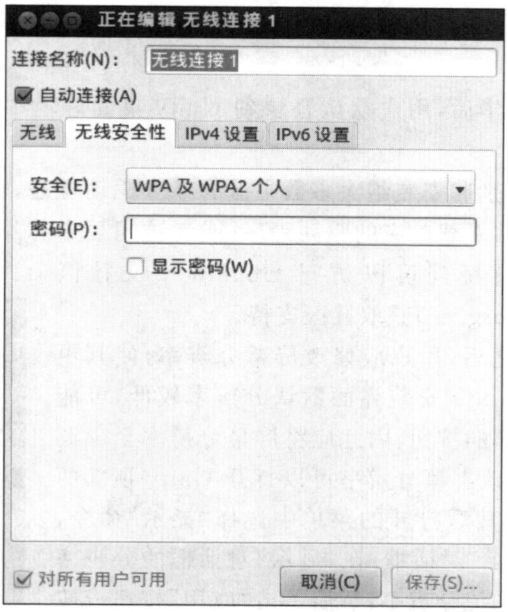

图 3-9　无线网络安全性设置

③ 单击"IPv4"和"IPv6",设置 IPv4 和 IPv6。该设置方法与有线连接设置方法相同。

（3）DSL。DSL 可用于配置 ADSL 连接,设置 DSL 连接之前需要了解运营商提供的用户名和密码。

要配置 DSL,可以在"网络连接"对话框中单击"DSL"选项卡中的"添加"按钮,打开 DSL 编辑对话框,如图 3-10 所示。在对话框中分别输入用户名和密码,选中"自动连接"复选框,然后单击"保存"按钮即可。

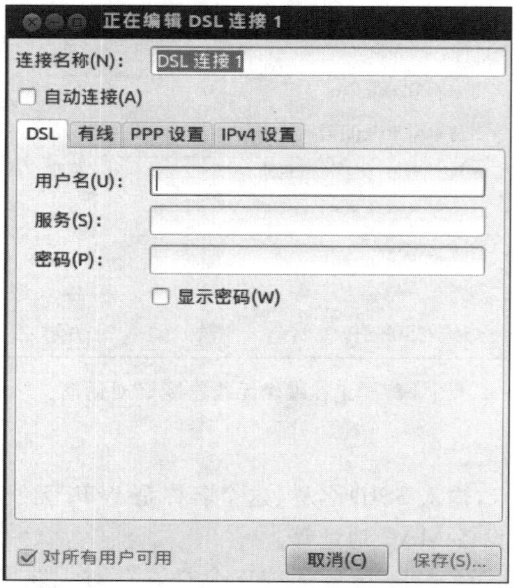

图 3-10 DSL 配置

3.2.2 配置显示

Ubuntu 刚刚安装完毕后,用户默认登录到 Unity 桌面环境中。首先需要配置显卡驱动,调整屏幕分辨率。

Ubuntu 能够自动识别和安装绝大多数主流的显卡驱动程序,如果显卡型号相对较新,可以在硬件厂商官方网站下载对应的驱动程序,或者访问显卡芯片组厂商网站或驱动程序网站下载配置。如果有疑问可以访问 Ubuntu 中文社区 (http://forum. ubuntu. org. cn)获取社区支持。

驱动程序安装完毕之后,用户应修改屏幕分辨率,使其更适合实际使用要求。Ubuntu 安装界面默认分辨率较低,可能影响用户查看和选择底部的按钮,因此应将屏幕分辨率至少调整到 800×600 像素。修改屏幕分辨率可以打开 Unity 顶部面板右上角的配置图标,在其后打开的菜单中选择"显示"命令,如图 3-11 所示,打开"显示"对话框,在"显示"对话框的分辨率下拉列表中选择合适的系统分辨率,然后单击"应用"按钮或按 Alt＋A 键使修改生效,如图 3-12 所示。如果设置了新的分辨率后系统显示不正常,可以等待 30s 或按 Esc 键恢复到先前分

图 3-11 显示菜单项

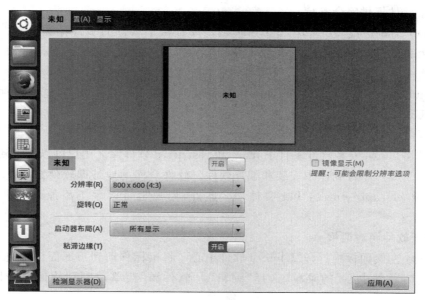

图 3-12　修改分辨率

辨率。如果要保留新设置的分辨率,则应单击"保持当前配置"按钮,如图 3-13 所示。设置完毕后,单击"显示"对话框左上的"关闭"按钮,关闭显示窗口,回到安装窗口。

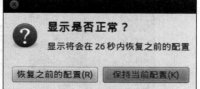

为了取得最佳的显示效果,对于液晶显示器建议使用原始分辨率,以原始分辨率运行的 LCD 监视器显示文本的效果更好。

图 3-13　恢复或保持当前设置

3.2.3　配置软件源

在 Ubuntu 中所谓的"软件源",是指在世界上许多服务器上放置的软件数据库。由于软件源是开放给所有的 Ubuntu 用户进行更新的,所以只要在软件源中定期上传最新版本的软件,便可确保所有用户都用到最新发布的软件包。Ubuntu 的升级和更新是从遍及全球的 Ubuntu"软件源"服务器上下载软件包,对于所处于世界各地的 Ubuntu 用户而言,不同"软件源"服务器连接和下载速度是有很大差异的。Ubuntu 的系统更新、软件安装都需要从网络服务器软件仓库中下载。默认配置的软件仓库可能来自境外服务器,速度受限,为了保证后续配置以及今后实际应用的方便,应当配置修改软件源,将软件源修改为距离用户较近、速度相对较快的服务器。国内一些高校都有可靠的软件源。

1. 软件源简介

为了区分软件支持能力以及是否符合自由软件哲学,Ubuntu 将软件仓库分为 4 个部分: main(主要)、restricted(受限)、universe(广泛)和 multiverse(多元)。

(1) main(主要)软件库。main 部分的软件仓库包含了自由软件,这些软件可以被自由地重新分发,并且被 Ubuntu 团队完全支持。在安装 Ubuntu 的时候默认被安装。

(2) restricted(受限)软件库。restricted 软件库是 Ubuntu 团队支持的没有完整的自由软件许可证的软件,它们往往是必须安装的软件,例如显卡的二进制驱动程序。Ubuntu 团队不对受限软件提供完全支持。

（3）universe（广泛）软件库。universe 软件库提供了软件的多样性和定制性。它包含了成千上万种软件，囊括了自由、开源软件和 Linux 世界的各类软件。Canonical 公司不为 universe 软件提供定期安全升级，而是由相应的开发社区提供支持。

（4）multiverse（多元）软件库。multiverse 软件库包含非自由软件，这些软件的授权方式不符合 Ubuntu 的 main 软件库部件授权策略。用户需要接受许可证条款，并自行承担风险。

标准的 Ubuntu 安装软件来自于 main 和 restricted 软件库。用户可以使用新立得软件包管理器等工具从软件仓库中安装和配置软件。软件仓库的地址即软件源，系统中的软件源列表位于/etc/apt/sources.list 文件中。此外，用户也可以手工添加来自第三方的软件源。

2. 打开软件源对话框

在 Unity 左侧面板中打开"Ubuntu 软件中心"，将鼠标移动到顶部面板，面板上会自动显示"Ubuntu 软件中心"的菜单，选择"编辑"|"软件源"菜单，打开"软件源"对话框。如图 3-14 所示。

图 3-14　在"Ubuntu 软件中心"中找到"软件源"菜单

3. 配置软件源

打开"软件源"对话框之后。用户可以设置从互联网下载来自 main、restricted、universe 和 multiverse 的软件，也可以设置"可从光驱安装"，将 Ubuntu CD 或 DVD 设置为软件源。单击"下载自"右侧的下拉列表，选择"其他站点…"，弹出"选择下载服务器"对话框，即出现选择服务器列表，在这里可以选择更换默认软件源。如果不清楚哪个服务器连接速度最快，可以单击"选择最佳服务器"，系统将进行所有连接服务器的连接速度测试。测试完毕后，系统将选择速度最佳的服务器作为默认软件源服务器。如图 3-15 所示。用户关闭"软件源"

窗口时,系统将自动执行更新软件列表的操作。

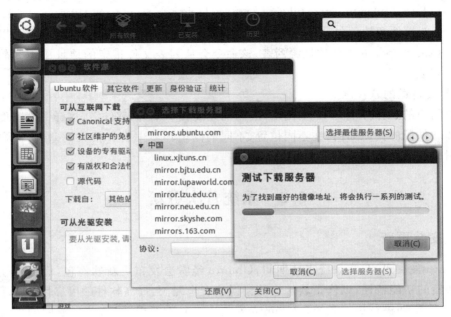

图 3-15　更新软件源

4. 手工修改软件源

此外,也可以通过查看/etc/apt/sources. list 文件了解和修改当前所使用的软件源详细信息。在终端下,执行以下命令可以查看/etc/apt/sources. list 文件内容:

```
user@user-desktop:~$sudo cat /etc/apt/sources.list
```

如果需要加入未在新立得软件包管理器中列出的软件源服务器,则可以修改/etc/apt/sources. list 文件,增加软件源链接,从而使 Ubuntu 从指定的服务器下载软件包。当然,修改前应该对/etc/apt/sources. list 文件进行备份,以免出现错误后无法恢复正确的软件源地址。修改完毕后,要刷新列表使得新软件源生效,使用的命令为

```
sudo apt-get update
```

（1）修改 sources. list。在终端中执行命令 sudo gedit /etc/apt/sources. list,输入密码,即可打开软件源列表文件,然后可以修改和添加软件源。例如用户可以在备份后删除原有的软件源列表,然后将如下文本输入到文件中:

deb http://ubuntu. srt. cn/ubuntu/ precise main restricted universe multiverse

deb http://ubuntu. srt. cn/ubuntu/ precise-security main restricted universe multiverse

deb http://ubuntu. srt. cn/ubuntu/ precise-updates main restricted universe multiverse

deb http://ubuntu. srt. cn/ubuntu/ precise-proposed main restricted universe multiverse

deb http://ubuntu. srt. cn/ubuntu/ precise-backports main restricted universe multiverse

deb-src http://ubuntu. srt. cn/ubuntu/ precise main restricted universe multiverse

deb-src http://ubuntu. srt. cn/ubuntu/ precise-security main restricted universe multiverse

deb-src http://ubuntu. srt. cn/ubuntu/ precise-updates main restricted universe multiverse deb-src http://ubuntu.srt.cn/ubuntu/ precise-proposed main restricted universe multiverse

deb-src http://ubuntu.srt.cn/ubuntu/ precise-backports main restricted universe multiverse

（2）更新软件源软件包列表。修改软件源列表文件后并非即刻生效，用户可以执行命令 sudo apt-get update 更新软件源列表，该命令会从列表文件指定的地址中下载软件包索引供日后安装使用。

5. 寻找合适的软件源

如果用户的工作环境是 IPv6 网络，应当优先配置 IPv6 的软件源，这样下载速度更快。

具体软件源的性能如何，在不同位置、不同的网络环境中会有很大的差异，用户可以使用搜索引擎进行搜索。

3.3 系统首次更新

3.3.1 安装更新

Ubuntu 发展迅速，在系统支持期间，Ubuntu 经常会发布更新软件包，而更新软件包通常会增加新的功能特性，以修正软件中的错误或安全漏洞，提高软件的可靠性。为了确保系统的安全，应定期进行更新系统。Ubuntu 安装完成并重新启动后，首先要做的事就是进行软件的更新，以确保能用到最新发布的应用程序及安全性更高。

出于人性化的设计，每次计算机开机时，若是有较新的软件包发布，Utunbu 便会在桌面右上角出现一个提示信息窗口，并会持续一段时间。可以直接单击它进行更新。若未能及时单击更新提示信息，Utunbu 也提供了多种软件更新方法。其中最简单的方法是，按下顶部面板右侧的配置图标，选择"有可用更新"或"软件更新"菜单，启动更新管理器 update-manager。启动更新管理器，如图 3-16 所示。

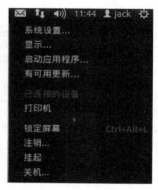

图 3-16 有可用更新

在图 3-17 所示的更新管理器中，用户可以单击"检查"按钮查看是否存在可更新的软件包，选择要更新的软件包，单击"安装更新"按钮进行更新。此外用户还可以按下"设置"按钮对软件源进行调整。展开"升级描述"，可以查看选定更新的版本变更情况和软件描述。

如果要执行发行版本升级，可在终端中执行命令：

```
sudo update-manager -d
```

单击"安装更新"按钮，系统将自动下载并安装更新软件包，等待一段时间后（视安装的软件包个数而定），若是一切无误，则系统会出现"更新完成"的信息窗口。在更新过程中，系统从软件源下载对应软件包，展开"正在应用更改"窗口中的"详情"可以查看每个软件包的下载进度，如图 3-18 所示。下载完毕后，也可以在此窗口查看正在安装的软件包的终端显示。在左部的 Unity 面板中"更新管理器"图标上也可以显示当前正在执行的更新进度。

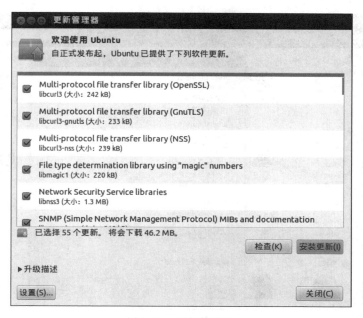

图 3-17　更新管理器

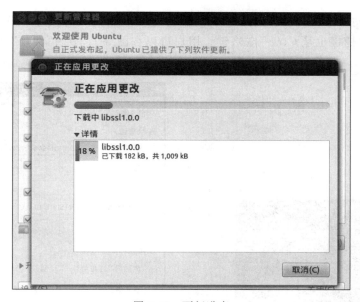

图 3-18　更新进度

3.3.2　更新语言支持

Ubuntu 系统安装后，中文语言支持尚不完善，用户可以在系统设置中打开"语言支持"进行更新，如图 3-19 所示。更新时会下载相应的软件包，更新之后系统即可正常显示和输入中文。

在 Ubuntu 中，默认使用 IBus 输入法框架。如果要添加输入法，可用鼠标单击屏幕右上角的 IBus 图标，在未选择输入法时显示▦，如图 3-20 所示。单击▦图标，在下列菜单

图 3-19 语言支持

中选择首选项,打开 IBus 设置,如图 3-21 所示。与在 Windows 平台下的操作类似,中英文输入法的切换快捷键也是 Ctrl+空格键。用户可以在图 3-21 中的"常规"选项卡中对输入法进行设置。

图 3-20 打开菜单

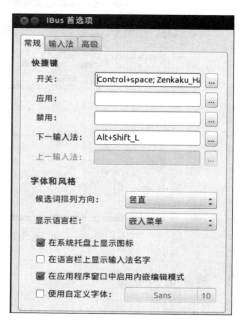

图 3-21 IBus 首选项

单击"输入法"选项卡,展开"选择输入法"下拉列表,选择"汉语"中的特定输入法(例如 SunPinyin),然后单击"添加"按钮即可实现输入法的添加操作,如图 3-22 所示。用户也可以重复上述步骤添加其他输入法。

图 3-22　输入法的添加

3.3.3　安装缺失插件

Flash 插件、JRE(Java 运行时环境)等浏览器插件、特定格式的多媒体编码解码器(Codec)等属于专有软件,默认时 Ubuntu 不提供支持,因此需要另外安装。

Ubuntu 在软件源中提供了额外的版权受限程序软件包,用户可以在"Ubuntu 软件中心"中搜索关键字"版权受限",找到"Ubuntu 额外的版权受限程序"进行安装,如图 3-23 所

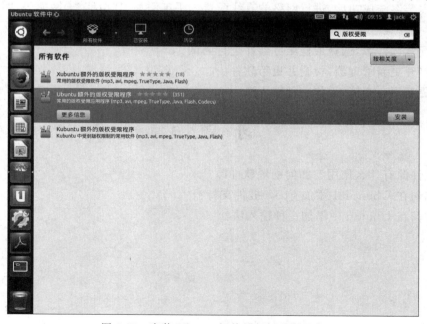

图 3-23　安装 Ubuntu 额外的版权受限程序

示。如果用户不想安装所有的版权受限程序,可以单独安装部分缺失插件。打开 Firefox 浏览器,当系统侦测到当前网页缺失插件时,在网页顶部会提供提示"您需要其他插件以显示此页面的所有媒体",此时单击"安装缺失插件"按钮,Firefox 可以自动搜索下载可用插件完成安装,如图 3-24 所示。

图 3-24　安装缺失插件提示

本 章 小 结

Ubuntu 系统安装成功后,首先用户应熟悉系统的登录、注销、关机与重启操作。另外,还需做一些额外配置才能使 Ubuntu 系统成为成熟可靠的桌面环境,Ubuntu 软件频繁更新,其应用软件多来自于网络上的软件源,因此非常依赖于 Internet。应熟练掌握在 Ubuntu 中如何配置网络连接、修改软件源、进行系统更新等操作。

实　验　3

题目:Ubuntu 系统的配置。

要求:

(1) 安装系统成功后,进行网络的有线配置。手工添加 IP 地址、子网掩码、网关和 DNS 服务器。

(2) 配置软件源,选择最佳服务器并进行测试。

(3) 打开更新管理器,检查并更新软件。

(4) 更新语言支持,添加一种输入法。

习　题　3

1. 软件源有什么作用? 如何配置软件源?

2. 如何在 Ubuntu 中添加 Flash 插件支持?

3. 如何在 Ubuntu 中添加一种输入法?

第4章 Linux 文件系统

文件系统是操作系统用于明确磁盘或分区上的文件的方法和数据结构,即文件在磁盘上的组织方法。文件系统由 3 个部分组成:与文件管理有关的软件、被管理的文件,以及实施文件管理所需数据结构。从系统角度来看,文件系统是对文件存储器空间进行组织和分配,负责文件存储并对存入的文件进行保护和检索的系统。

4.1 Ubuntu 的文件系统

4.1.1 文件系统简介

计算机文件是元素的有序序列,根据不同的实现方式,这些元素可以是机器字、字符或位。程序或用户只需通过文件系统就可以创建、修改、删除文件。特定用户所关心的是文件都有一个名称,名称是符号化的名称,符号化名称可以任意长,直到达到某种限制,而且可以具有自己的语法。用户可以通过指定符号文件名以及元素在文件中的线性索引,从而引用文件中的元素。

目录是文件系统维护所需的特殊文件,它包含了一个项目列表。一个计算机系统中有成千上万的文件,为了便于对文件进行存取和管理,计算机系统建立文件的索引,即文件名和文件物理位置之间的映射关系,这种文件的索引称为文件目录。文件目录为每个文件设立一个表目。文件目录的表目中至少要包含文件名、物理地址、文件逻辑结构、文件物理结构和存取控制信息等,以建立起文件名与物理地址的对应关系,方便用户对文件的查找和修改等操作,实现按名存取文件。

从一个方面讲,文件系统是操作系统用于明确磁盘或分区上的文件的方法和数据结构,即文件在磁盘上的组织方法。也指用于存储文件的磁盘或分区,或文件系统种类。操作系统中负责管理和存储文件信息的软件机构称为文件管理系统,简称文件系统。文件系统由 3 个部分组成:与文件管理有关的软件、被管理的文件,以及实施文件管理所需数据结构。从系统角度来看,文件系统是对文件存储器空间进行组织和分配,负责文件存储并对存入的文件进行保护和检索的系统。具体地说,它负责为用户建立文件,存入、读出、修改、转储文件,控制文件的存取,当用户不再使用时撤销文件等。

从另一个方面讲,文件系统还是操作系统在计算机的硬盘上存储和检索数据的逻辑方法,这些硬盘可以是本地驱动器、可以是在网络上使用的卷或存储区域网络(Storage Area Network,SAN)上的导出共享等。一般说来,一个操作系统对文件的操作包括创建和删除文件、打开文件以进行读写操作、在文件中搜索、关闭文件、创建目录以存储一系列文件、列出目录内容、从目录中删除文件等。

磁盘或分区和它所包括的文件系统的种类有很大的关系。少数程序直接对磁盘或分区的原始扇区进行操作,这可能破坏一个存在的文件系统。大部分程序基于文件系统进行操作,在不同种类的文件系统上不能工作。一个分区或磁盘在作为文件系统使用前,需要进行初始化的工作,并将记录数据结构写到磁盘上。这个过程就叫做文件系统的建立。

下面介绍几种常见的文件系统类型。

1. FAT16 文件系统

FAT(File Allocation Table,文件分配表系统)最早于 1982 年开始应用于 MS-DOS 中。FAT 文件系统主要的优点就是它可以允许多种操作系统访问,如 MS-DOS、Windows 3. x、Windows 9x、Windows NT 和 OS/2 等。这一文件系统在使用时遵循 8.3 命名规则(即文件名最多为 8 个字符,扩展名为 3 个字符)。MS-DOS、MS Windows 3. x 和 Windows 95 都使用 FAT16 文件系统。

FAT 文件系统也是一种最初用于小型磁盘和简单文件夹结构的简单文件系统。用文件分配表映射和管理磁盘空间。它是专门为单用户操作系统开发的,不保存文件的权限信息,除了隐藏、只读等公共属性,不具备高级别安全防护措施。FAT 文件系统在磁盘的第一个扇区保存其目录信息。当文件改变时,FAT 必须随之更新,当复制多个小文件时,这种开销就变得很大。FAT16 和 FAT32 能够管理的磁盘空间的大小不同。FAT16 最大只能支持 2GB,而 FAT32 却可达到 2TB。

2. FAT32 文件系统

主要应用于 Windows 98 系统,它可以增强磁盘性能并增加可用磁盘空间。与 FAT16 相比,它的一个簇的大小要比 FAT16 小很多,所以可以节省磁盘空间。而且它支持 2GB 以上的分区大小。默认情况下 Windows 98 也可以使用 FAT16,Windows 98 和 Windows ME 版本可以同时支持 FAT16、FAT32 两种文件系统。

3. NTFS 文件系统

NTFS 是专用于 Windows NT、Windows 2000 操作系统的高级文件系统。它支持文件系统故障恢复,尤其是大存储媒体、长文件名。

NTFS 是一个高度可靠、可恢复的文件系统,提供了 FAT 文件系统所没有的安全性、可靠性和兼容性。更加安全的文件保障——提供文件加密,能够大大提高信息的安全性,可以赋予单个文件和文件夹权限。支持大容量的硬盘上快速执行读、写和搜索等文件操作,支持文件系统恢复等高级操作。NTFS 为本地用户及网络上的远程用户都提供了文件和文件夹的安全特性。在 NTFS 分区上,可以为共享资源、文件夹以及文件设置访问许可权限。

与 FAT 和 FAT32 相比,NTFS 系统的一个主要优点就是,它通过使用相同卷大小条件下相对较小的簇,从而更有效的利用了磁盘。只要简单的将文件系统从 FAT 转换为 NTFS,就可以释放出几百兆字节的磁盘空间。

NTFS 的主要弱点是,它只能被 Windows NT、Windows 2000 所识别。虽然它可以读取 FAT 文件系统和 HPFS 文件系统的文件,但其文件却不能被 FAT 文件系统和 HPFS 文件系统所存取,因此兼容性较差。Windows NT 支持 FAT16、NTFS 两种文件系统,Windows 2000 可以支持 FAT16、FAT32、NTFS。

4.1.2 Linux 文件系统架构

Linux 操作系统的核心是内核,而文件系统则是操作系统与用户进行交互的主要工具。不同的操作系统其文件系统也不尽相同,如 MS-DOS、Windows 95 等操作系统采用的是

FAT16 文件系统,Windows NT、Windows 2000 等操作系统采用的 NTFS 文件系统,SUN Solaris 操作系统采用的 ZFS、UFS 文件系统等。Linux 操作系统采用的文件系统一般为 ext2(The Second Extended File System)、ext3 和 ext4。

Linux 作为开源操作系统,其中最大的优势就是支持多种文件系统。现代 Linux 内核几乎支持计算机系统中所有文件系统,从基本的 FAT 到高性能文件系统,如日志文件系统 (Journaling File System,JFS)等。Linux 操作系统从一开始就追求让用户使用多个文件系统。事实上,用户在硬盘上使用一个或多个非 Linux 分区(如 FAT32 或 NTFS)的情况并不少见,如果用户想在 Linux 操作系统中使用非 Linux 文件系统,就必须在操作系统中挂载这些文件系统到内核中。

Linux 文件系统采用了分层结构的设计,如图 4-1 所示。

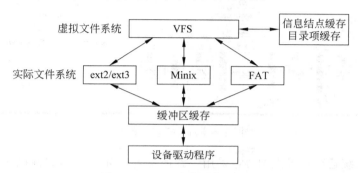

图 4-1　Linux 文件系统的结构

各主要模块的功能如下。

1. 设备驱动程序

文件系统需要利用存储设备来存储文件。因此,存储设备是文件系统的物质基础,除此之外,Linux 系统中的其他设备也作为文件,由文件系统统一管理。所有这些设备都有特定的设备驱动程序直接控制,它们负责设备的启动、数据传输控制和中断处理等工作。

Linux 系统中各种设备驱动程序都通过统一的接口与文件系统连接。文件系统向用户提供使用文件的接口,设备驱动程序则控制设备实现具体的文件 I/O 操作。

2. 实际文件系统

文件系统是以磁盘分区来划分的,每个磁盘分区有一个具体的文件系统管理,不同分区的文件系统可以不同。Linux 系统支持多种不同格式的文件系统,除了专为 Linux 设计的 ext2/ext3、JFS、XFS、ReiserFS 和 NFS 之外,还支持 UNIX 系统的 sysv、ufs、bfs,Minix 系统的 Minx、XIA,MS Windows 系统的 FAT32、NTFS、FAT16,以及 OS/2 系统的 HPFS 等。这些文件系统都可以在 Linux 系统中工作。Linux 默认使用的文件系统是 ext2、ext3、ext4。

3. 虚拟文件系统

实际文件系统通常是为不同的操作系统设计和使用的,它们具有不同的组织结构和文件操作接口函数,相互之间往往差别很大。为了屏蔽各个文件系统之间的差距,为用户提供访问文件的统一接口,在具体的文件系统之上,增加了一个称为虚拟文件系统 VFS(Virtual File System)的抽象层。

为了简化内核与可能更多的文件系统实现方式之间的交互，人们创建了 Linux 虚拟文件系统或 VFS 虚拟文件系统，这是 Linux 文件系统对外的接口。任何要使用文件系统的程序都必须经由这层接口来使用它。VFS 是一个异构文件系统之上的软件黏合层。有时也把 VFS 称为可堆叠的文件系统(Stackable File System)，因为 VFS 可以无缝地使用多个不同类型的文件系统，就像把多个文件系统堆叠在一起一样。通过 VFS，可以为访问文件系统的系统调用提供一个统一的抽象接口。VFS 最早由 Sun 公司提出，以实现 NFS (Network File System，网络文件系统)，但是现在很多 UNIX 系统都采用了 VFS(包括 Linux、FreeBSD、Solaris 等)。VFS 概念示意图，如图 4-2 所示。

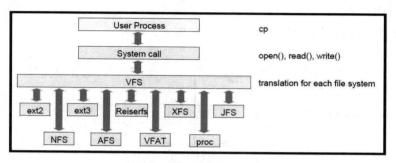

图 4-2　VFS 概念示意图

　　虚拟文件系统运行在最上层 ，它采用一致的文件描述结构和文件操作函数，使得不同的文件系统按照同样的模式呈现在用户面前。有了 VFS，用户察觉不到文件系统之间的差异，可以使用同样的命令和系统调用来操作不同文件系统，并可以在它们之间自由的复制文件。

　　VFS 的作用就是采用标准的 UNIX 系统调用，读写位于不同物理介质上的不同文件系统。VFS 是一个可以让 open( )、read( )、write( )等系统调用，不必关心底层的存储介质和文件系统类型就可以工作的粘合层。在 DOS 操作系统中，要访问本地文件系统之外的文件系统需要使用特殊的工具才能进行。而在 Linux 下，抽象的通用访问接口通过 VFS 屏蔽了底层文件系统和物理介质的差异性。

　　每一种类型的文件系统代码都隐藏了实现的细节。因此，对于 VFS 层和内核的其他部分而言，每一种类型的文件系统看起来都是一样的。在 Linux 中，VFS 采用的是面向对象的编程方法。Linux 虚拟文件系统 VFS 就是截取与文件系统有关的所有调用的一个层，它必须为所有文件系统提供标准的接口或 API。对于用户而言，在使用 ls 命令列出 DVD-ROM 或查看根目录"/"时，命令实际上是没有区别的。

　　在 VFS 的公共文件模型中，目录被看作包含其他文件和其他目录列表的文件。某些文件系统(如 FAT16、FAT32 和 VFAT)在目录树中显示存储各个文件的位置。在这种情况下，目录不是普通的文件。因此，在文件系统上执行操作的过程中，这些文件系统必须将目录的视图动态建立为文件。显然，这样的视图实际上不是存储在文件系统中的，而只是作为对象存在于内核空间中。

　　此外，Linux 不会在实际的内核函数中执行与文件有关的系统调用。更确切的说，每个 read( )和 icoctl( )都将转化为各个文件系统处理该文件专用的函数的指针。为了实现这一点，VFS 公共文件模型引入了一些公共文件系统控制块的概念，使各个文件系统与传统的

UNIX 方法相符。这些控制块或结构如下。

（1）Super Block 超级块结构。超级块结构的作用是记录有关已装载文件系统的信息。这个结构实际上匹配存储在设备上的文件系统控制块。

（2）i-node（信息结点）对象。i-node 对象的作用是记录关于特定文件的信息。这个对象通常指向设备上的文件控制块。每一个这样的对象都有一个信息结点号码,该号码唯一的指向文件系统中的一个文件。

（3）File（文件）对象。File 对象的作用是记录目前打开的文件以及访问它的进程的信息。这个结构只保留在内核中,并在关闭文件时消失。

（4）Dentry（目录项）对象。Dentry 对象的作用是传递目录项目与相关联的文件之间的链接信息。每个文件系统都拥有这个链接的不同实现方式。

4. 缓存机制

文件系统和存储设备进行数据传输时,采用了缓存技术来提高外存设备的访问效率。缓存区是在内存中划分的特定区域,每次从外设读取的数据都暂时存放在这里,下次读取数据时,首先搜索缓存区,如果有需要的数据,则直接从这里读取;如果缓存区中没有,则再启动设备读取相应的数据。对于写入磁盘的数据也先放入到缓存区中,然后再分批写入到磁盘中,使用缓存技术使得大多数数据传输都直接在进程的内存空间和缓存器之间进行,减少了外部设备的访问次数,提高了系统的整体性能。VFS 文件系统使用了"缓冲区缓存","目录项缓存"以及"i 结点缓存"等技术,使得整个文件系统具有相当高的效率。

4.1.3 ext2 文件系统

ext2 文件系统和其他现代 UNIX 使用的文件系统非常相似,但更接近于 BSD 系统所用的 Berkeley Fast File System。ext2 文件系统的特点是存取文件的性能极好,对于中小型的文件更显示出优势,这主要得利于它的"簇快取层"的优良设计。其单一文件大小与文件系统本身的容量上限,和文件系统本身的簇大小有关。在一般常见的 x86 计算机系统中,簇最大为 4KB,则单一文件大小上限为 2TB,而文件系统的容量上限为 16384GB。

ext2 文件采用了多重索引的物理结构,用 i-node 中的索引表描述,如图 4-3 所示。

表中前 12 个表项是直接指针,直接指向文件的数据块,这些块称为直接块。第 13 个表项是一个一级间接指针,它指向一个索引块。索引块中存放的是间接索引表。类似地,索引表的第 14 项和第 15 项提供了一个二级间接指针和一个三级间接指针,可提供对更多间接块的索引。提供多级间接指针的目的是为了表达大型文件的结构。

ext2 文件系统的默认块大小是 1KB。对于 12KB 以下的小文件,不需要使用间接索引,所有信息均在 i-node 中,因此访问的速度非常快。大一些的文件,需要用到一个间接索引块。一个间接索引表含有 256 个间接指针,每个指针占 4B,则 1KB 大的块可以容纳 256 个指针,可以索引 256 个间接块。因此,大小在 12~268KB 的文件需要一次间接,访问速度会有所降低。而对于大型的文件,以使用二级间接指针,甚至三级间接指针,得到最大约 16GB 的文件。

ext2 的核心是两个内部数据结构,即超级块（Super Block）和信息结点（i-node）。Super Block 是一个包含文件系统重要信息的表格,例如标签、大小、i-node 的数量等,它是对文件系统结构的基础性的、全局性的描述。因此,没有了 Super Block 的文件系统将不再可用。

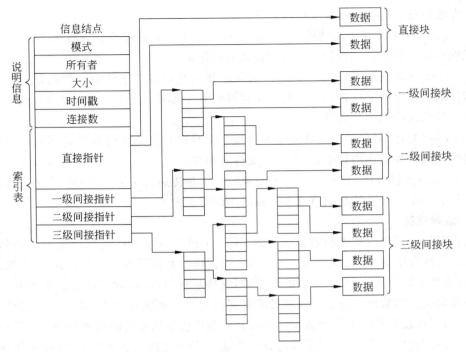

图 4-3　ext2 文件的多重索引结构

由于这个原因,文件系统中不同位置存放着 Super Block 的多个副本。

i-node 是基本的文件级数据结构,文件系统中的每一个文件都可以在其中一个 i-node 中找到它的描述。i-node 描述的文件信息包括文件的创建和修改时间、文件大小、实际存放文件数据的块列表等。对于较大的文件,块列表可能包含附加数据块列表的磁盘位置(称为间接块),甚至有可能出现二重或三重的间接块列表。文件名字通过目录项(Directory Entry)关联到 i-node,目录项由"文件名字-i-node"对应构成。

图 4-4 展示了 ext2 文件系统的数据结构。

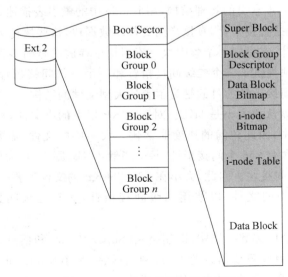

图 4-4　ext2 文件系统的数据结构

ext2 文件系统以引导扇区开始,紧接着是块组(Block Group)。因为 i-node 表和存储用户数据的数据块 Data Block 可以位于磁盘相邻位置,这样就可以减少寻道的时间,为了性能的提升,整个文件系统被分为多个小块组。一个块组是由下面几项组成。

super Block:存储文件系统信息。super block 必须位于每个块组的顶部。

block Group Descriptor:存储块组的相关信息。

data Block Bitmap:用于管理未使用的数据块。

i-node Bitmap:用户管理未使用的 i-node。

i-node Table:存储 i-node 表。每个文件都有一个相应的 i-node 表,用来保存文件的元数据。例如,文件模式、uid、gid、atime、ctime、mtime、dtime 和数据块的指针。

Data Block:存储实际的用户数据。

每个块组组成的详细说明如下。

1. 超级块(Super Block)

描述整个分区的文件系统信息,例如块大小、文件系统版本号、上次 mount 的时间等等。这些都是文件系统挂载、检查、分配、检索等操作的基本参数,是文件系统中最重要的数据,如果超级块损坏则整个分区的文件系统不再可用。超级块在每个块组的开头都有一份副本。

2. 块组描述符表(Group Descriptor Table,GDT)

块组描述符表,由很多块组描述符组成,整个分区分成多少个块组就对应有多少个块组描述符。每个块组描述符(Group Descriptor)存储一个块组的描述信息。例如在这个块组中从哪里开始是 i-node 表、从哪里开始是数据块、空闲的 i-node 和数据块还有多少个等。和超级块类似,块组描述符表在每个块组的开头也都有一份副本,这些信息是非常重要的,一旦超级块意外损坏就会丢失整个分区的数据,一旦块组描述符意外损坏就会丢失整个块组的数据,因此它们都有多份副本。通常内核只用到第 0 个块组中的副本,当执行 e2fsck 检查文件系统一致性时,第 0 个块组中的超级块和块组描述符表就会复制到其他块组。这样,当第 0 个块组的开头意外损坏时就可以用其他副本来恢复,从而减少损失。

为提高文件系统的可靠性,每个块组中都保存有超级快和组描述符的一个副本,文件系统只使用第一个块组中的超级块和组描述符表,其他块组中的则作为冗余备份,以便在系统崩溃时用来恢复文件系统。

3. 块位图(Block Bitmap)

一个块组中的块是这样被利用的:数据块存储所有文件的数据。例如某个分区的块大小是 1024B,某个文件是 2049B,那么就需要 3 个数据块来存,即使第 3 个块只存了一个字节也需要占用一个整块;超级块、块组描述符表、块位图、i-node 位图、i-node 表这几部分存储该块组的描述信息。块位图是用来描述整个块组中哪些块已用、哪些块空闲的,它本身占一个块,其中的每个二进制位代表本块组中的一个块,当这个位为 1,表示该块已用,这个位为 0 表示该块空闲可用。

4. i-node 位图(i-node Bitmap)

和块位图类似,本身占一个块,其中每个位表示一个 inode 是否空闲可用。

5. i-node 表(i-node Table)

一个文件除了数据需要存储之外,一些描述信息也需要存储,例如文件类型(常规、目录、符号链接等）、权限、文件大小、创建/修改/访问时间等。即利用 ls-l 命令看到的那些信息，这些信息存在 i-node 中，而不是数据块中。每个文件都有一个 i-node，一个块组中的所有 i-node 组成了 i-node 表。

i-node 表占多少个块在格式化时就已决定，并写入块组描述符中。mke2fs 格式化工具的默认策略是一个块组有多少个 8KB 就分配多少个 i-node。由于数据块占了整个块组的绝大部分，也可以近似认为数据块有多少个 8KB 就分配多少个 i-node。换句话说，如果平均每个文件的大小是 8KB，当分区存满的时候 i-node 表会得到比较充分的利用，数据块也不浪费。如果这个分区存的都是很大的文件，则数据块用完的时候 i-node 会有一些浪费；如果这个分区存的都是很小的文件，则有可能数据块还没用完 i-node 就已经用完了，数据块可能有很大的浪费。如果用户在格式化时能够对这个分区以后要存储的文件大小做一个预测，也可以用 mke2fs 命令的-i 参数手动指定每多少个字节分配一个 i-node。

6. 数据块（Data Block）

根据不同的文件类型有以下几种情况。

对于常规文件，文件的数据存储在数据块中。

对于目录，该目录下的所有文件名和目录名存储在数据块中。文件名保存在它所在目录的数据块中，除文件名之外，ls -l 命令看到的其他信息都保存在该文件的 i-node 中。目录也是一种文件，是一种特殊类型的文件，即目录文件。

对于符号链接，如果目标路径名较短则直接保存在 i-node 中以便更快地查找，如果目标路径名较长则分配一个数据块来保存。

设备文件、FIFO、Socket 等特殊文件没有数据块，设备文件的主设备号和次设备号保存在 i-node 中。

为了要找到组成文件的数据块，内核首先查找文件的 i-node。当一个进程请求打开 /var/log/messages 时，内核解析文件路径并查找/（根目录）的目录项，获得其下的文件及目录信息。下一步，内核继续查找/var 的 i-node 并查看/var 的目录项，它也包含其下的文件及目录信息。内核继续使用同样的方法直到找到所要文件的 i-node。Linux 内核使用文件对象缓存，如目录项缓存或 i-node 缓存，来加快查找相应 i-node 的速度。

当 Linux 内核找到文件的 i-node 后，它将尝试访问实际的用户数据块。i-node 保存有数据块的指针。通过指针内核可以获得数据块。对于大文件，ext2 提供了直接或间接的数据块参照。ext2 文件系统直接/间接的数据块参照，如图 4-5 所示。

当建立一个新的文件时，文件系统要为它分配一个 i-node 和一定数目的数据块，当该文件被删除时，文件系统将回收其占有的 i-node 和数据块，当文件在读写过程中扩充或缩减了内容时，文件系统也需要动态地为它分配和回收数据块。

分配时根据位示图的记录为文件分配 i-node 和数据块。分配策略在一定程度上决定着文件系统的整体效率。系统会尽可能把同一个文件所使用的块、同一个目录所关联的 i-node 存放在相邻的单元中，至少是在同一个块组中，以提高文件的访问效率。

另外，ext2 文件系统还采用称为"预分配"的机制，来保证文件内容扩展时空闲块的分配效率和效果。在文件建立的时候，如果有足够的空闲块，就在相邻的位置为文件分配多于

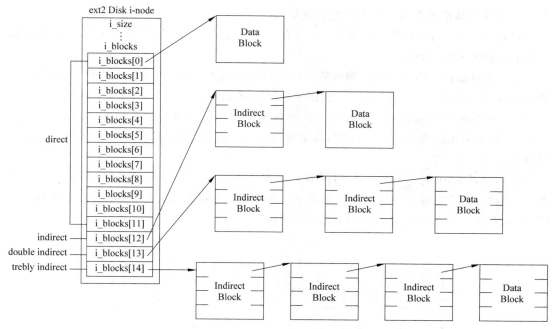

图 4-5   ext2 文件系统直接/间接的数据块参照

当前使用的块,称为预分配块。当文件内容扩展时,优先使用这些块,可以提高分配效率,也可以保证这些块具有连续关系。如果预分配的块用完或者是根本没有启动预分配机制,分配新块时也要尽可能保证与原有块相邻。

4.1.4   Ubuntu 的目录结构

无论何时,当前工作目录中的所有文件都是可以直接存储的。通过名字,可以直接引用文件。而对于非当前目录中的文件,必须在文件名之前加上各级目录路径才能访问。文件的路径名指的就是从某个目录开始,穿过整个文件系统,直至到达目标文件而经过的一条目录层次路径。例如,从"/"目录开始,中间经过 usr 和 bin 两级子目录的一条路径就是 find 文件的路径名,如下所示:

```
/->usr->bin->find
```

把上述访问路径写成 Linux 文件系统中标准路径名就是/usr/bin/find。

每个目录中均包含以句点(.)和双句点(..)命名的两个特殊的目录文件,分别表示当前目录及其父目录。这两个特殊目录把文件系统中的各级目录有机地联结在一起。句点(.)是当前目录的别名,凡是期望访问当前目录中的文件时,都可以直接使用句点(.)而不必明确给出当前目录名。双句点(..)是当前目录父目录的别名。从任何目录位置开始,使用双句点(..)形式的父目录,可以逐层攀升到文件系统层次组织结构的最上层。

路径名要么是由斜线字符分隔的一系列名字,要么是单个名字,在一串名字中,最后一个名字就是实际的文件,其他名字均为目录。文件可以是任何类型的文件。在任何目录位置,在路径名中使用双句点(..)可以往上攀升文件系统的目录层次。在路径名中,除了双句点(..)之外的其他所有名字均为降低目录层次。

Linux 是一个树状分层结构组织，且只有一个根结点。与 Windows 一样，其路径表示分为绝对路径和相对路径。

（1）绝对路径。指文件的准确位置且以根目录为起点，例如/usr/game/gnect 就是一个绝对路径，表示在位于/usr/game/下的四子连线游戏 gnect。

（2）相对路径。顾名思义相对路径是相对于用户当前位置的一个文件或目录的位置，还如上例，如果用户现在处于/usr 中，只需要 game/gnect 就可以确定这个文件而不需要将根目录写出。

同样的，Ubuntu 的目录众多，但所有目录都在根目录/目录下。所以在安装时一定要有一个与"/"对应的磁盘分区才能安装系统。有序的组织结构有助于用户访问、管理和维护 Ubuntu 系统，Ubuntu 的目录结构如图 4-6 所示。

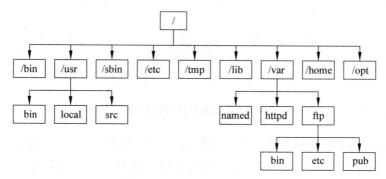

图 4-6　Ubuntu 目录结构图

Linux 的目录结构表及其简要说明，如表 4-1 所示。

表 4-1　Linux 目录结构表

目录名	描　述
/	Linux 文件系统的根目录
/bin	存放系统中的最常用的可执行文件（二进制文件）。基础系统所需要的那些命令位于此目录，也是最小系统所需要的命令；例如 ls、cp、mkdir 等命令。功能和/usr/bin 类似，这个目录中的文件都是可执行的，普通用户都可以使用的命令
/boot	存放 Linux 内核和系统启动文件，包括 Grub、lilo 启动程序
/dev	存放所有设备文件，包括硬盘、分区、键盘、鼠标、USB 等
/etc	存放系统所有配置文件，例如 passwd 存放用户账户信息，hostname 存放主机名等。/etc/fstab 是开机自动挂载一些分区的，在里面写入一些分区的信息，就能实现开机挂载分区
/home	用户主目录的默认位置
/initrd	存放启动时挂载 initrd.img 映像文件的目录，以及载入所需设备模块的目录
/lib	存放共享的库文件，包含许多被/bin 和/sbin 中程序使用的库文件

目录名	描述	
/lost+found	在 ext2 或 ext3 文件系统中,当系统意外崩溃或计算机意外关机,而产生一些文件碎片放在这里。当系统启动的过程中 fsck 工具会检查这里,并修复已经损坏的文件系统。有时系统发生问题,有很多的文件被移到这个目录中,可能会用手工的方式来修复或移到文件到原来的位置上	
/media	即插即用型存储设备的挂载点自动在这个目录下创建。例如 USB 盘系统自动挂载后,会在这个目录下产生一个目录;CDROM/DVD 自动挂载后,也会在这个目录中创建一个目录,存放临时读入的文件	
/mnt	此目录通常用于作为被挂载的文件系统的挂载点	
/opt	作为可选文件和程序的存放目录,有些软件包也会被安装在这里,也就是自定义软件包;有些用户自己编译的软件包,就可以安装在这个目录中	
/proc	存放所有标志为文件的进程,它们是通过进程号或其他的系统动态信息进行标识。例如 CPU、硬盘分区、内存信息等存放在这里	
/root	根用户(超级用户)的主目录	
/sbin	大多是涉及系统管理的命令的存放地,也是超级权限用户 root 的可执行命令存放地。普通用户无权限执行这个目录下的命令,这个目录和/usr/sbin;/usr/X11R6/sbin 或/usr/local/sbin 目录是相似的。注意,凡是目录 sbin 中包含的都是 root 权限才能执行的	
/srv	存放系统所提供的服务数据	
/sys	该目录用于将系统设备组织或层次结构,并向用户提供详细的内核数据信息	
/tmp	临时文件目录,有时用户运行程序的时候,会产生临时文件。/var/tmp 目录和这个目录相似	
/usr	用于存放与系统用户直接有关的文件和目录,如应用程序及支持系统的库文件	
	/usr/X11R6	X Window 系统
	/usr/bin	用户管理员的标准命令
	/usr/include	C/C++ 等开发工具语言环境的标准 include 文件
	/usr/lib	应用程序及程序报的链接库
	/usr/local	系统管理员安装的应用程序
	/usr/local/share	系统管理员安装的共享文件
	/usr/sbin	用户和管理员的标准命令
	/usr/share	存放使用手册等共享文件的目录
	/usr/share/dict	存放词表的目录
	/usr/share/man	系统使用手册
	/usr/share/misc	一般数据
	/usr/share/sgml	SGML 数据
	/usr/share/xml	XML 数据

目 录 名	描 述	
/var	通常用于存放长度可变的文件,例如日志文件和打印机文件	
	/var/cache	应用程序缓存目录
	/var/crash	系统错误信息
	/var/games	游戏数据
	/var/lib	各种状态数据
	/var/lock	文件锁定记录
	/var/log	日志记录
	/var/mail	电子邮件
	/var/opt	/opt 目录的变量数据
	/var/run	进程的标示数据
	/var/spool	存放电子邮件,打印任务等的队列目录
	/var/tmp	临时文件目录

注意:与 Windows 不同,在 Ubuntu 中是严格区分大小写的。例如,文件 File. txt、FILE. txt、FILE. TXT 是不同的 3 个文件,在文件处理时要特别注意。

同时,还有与 Windows 不同的是,在 Windows 中后缀名是一个非常重要的标识符,是根据后缀名来判断文件的类型并进行处理的。例如,A. c 是一个 C 语言的源程序,而 A. txt 是一个纯文本文件。而在 Linux 系统中,文件类型与后缀名是没有直接关系的。

4.2 挂载与卸载文件系统

4.2.1 创建文件系统

在安装操作系统时,安装程序将会引导用户提供必要的数据或做出相应的选择,然后自动划分磁盘分区,创建文件系统。在日常的应用过程中,仅当需要增加新盘或使用移动硬盘,改变现有的磁盘分区结构时,才有可能需要自己手工创建文件系统。在磁盘等存储设备分区之后,即可着手创建文件系统。创建文件系统时,主要有两种方法:一是使用最基本的、通用的 mkfs 命令,在选定的磁盘分区中创建指定的文件系统;二是利用各种特定的工具,如 mke2fs、mkfs. ext2、mkfs. vfat 等,在选定的磁盘分区上直接创建特定类型的文件系统。

创建文件系统时,最基本的工具通常是 mkfs 命令。在 Linux 系统中,mkfs 命令实际上只是各种文件系统创建程序的一个总控程序,根据指定的文件系统类型,mkfs 将会调用特定文件系统的创建程序 mkfs. fs。其中 fs 可以是 ext2、ext3 或 vfat 等。因此,在创建一个具体的文件系统时,可以使用特定的文件系统创建命令。例如,为了创建一个 ext2 或 ext3 文件系统,可以直接使用 mkfs. ex2 或 mkfs. ext3 等命令,也可以使用等价的 mke2fs 命令。对于 ext2 或 ext3 文件系统而言,mke2fs 命令是最基本的工具。

1. mkfs 命令

【格式】

```
mkfs [-V] [-t fstype] [fs-options] device [size]
```

2. mke2fs 命令

【格式】

```
mke2fs [-c|-l filename] [-b block-size] [-f fragment-size]
    [-i bytes-per-inode] [-I inode-size] [-J journal-options]
    [-G meta group size] [-N number-of-inodes]
    [-m reserved-blocks-percentage] [-o creator-os]
    [-g blocks-per-group] [-L volume-label] [-M last-mounted-directory]
    [-O feature[,...]] [-r fs-revision] [-E extended-option[,...]]
    [-T fs-type] [-U UUID] [-jnqvFSV] device [blocks-count]
```

【说明】

-b<区块大小>：指定区块大小，单位为字节。

-c：检查是否有损坏的区块。

-f<不连续区段大小>：指定不连续区段的大小，单位为字节。

-i<字节>：指定"字节/inode"的比例。

-N<inode 数>：指定要建立的 inode 数目。

-L<标签>：设置文件系统的标签名称。

-m<百分比值>：指定给管理员保留区块的比例，预设为 5％。

-M：记录最后一次挂入的目录。

-r：指定要建立的 ext2 文件系统版本。

-V：用于显示命令的版本号。

下面以一个例子来说明 mkfs 命令的执行过程。首先在虚拟机中添加一块 512MB 的未分区硬盘。添加完毕后重启系统，然后利用 fdisk -l 命令查看新增硬盘的信息。如下所示，Disk /dev/sdb 即为新增的硬盘，因为没有创建文件系统，所有没有包含任何有效的分区表。

```
user@user-desktop:~$ sudo fdisk -l
[sudo] password for user:
Disk /dev/sda: 10.7 GB,10737418240 bytes
255 heads,63 sectors/track,1305 cylinders
Units=cylinders of 16065 * 512=8225280 bytes
Sector size (logical/physical): 512 bytes / 512 bytes
I/O size (minimum/optimal): 512 bytes / 512 bytes
Disk identifier: 0x000e8668
   Device  Boot  Start  End   Blocks    Id  System
/dev/sda1    *       1  1244  9990144   83  Linux
/dev/sda2         1244  1306   492545    5  Extended
/dev/sda5         1244  1306   492544   82  Linux swap / Solaris
Disk /dev/sdb: 536 MB,536870912 bytes
```

```
64 heads,32 sectors/track,512 cylinders
Units=cylinders of 2048 * 512=1048576 bytes
Sector size (logical/physical):512 bytes / 512 bytes
I/O size (minimum/optimal):512 bytes / 512 bytes
Disk identifier: 0x00000000
Disk /dev/sdb doesn't contain a valid partition table
user@user-desktop:~$
```

接下来用命令 mkfs -t ext2 /dev/sdb 对其进行创建文件系统的操作,以下为执行过程:

```
user@user-desktop:~$ sudo mkfs -t ext2 /dev/sdb
mke2fs 1.41.11 (14-Mar-2010)
/dev/sdb is entire device,not just one partition!
无论如何也要继续? (y,n) y
文件系统标签=
操作系统:Linux
块大小=4096 (log=2)
分块大小=4096 (log=2)
Stride=0 blocks,Stripe width=0 blocks
32768 inodes,131072 blocks
6553 blocks (5.00%) reserved for the super user
第一个数据块=0
Maximum filesystem blocks=134217728
4 block groups
32768 blocks per group,32768 fragments per group
8192 inodes per group
Superblock backups stored on blocks:
        32768,98304
正在写入 inode 表:完成
Writing superblocks and filesystem accounting information:完成
This filesystem will be automatically checked every 28 mounts or
180 days,whichever comes first. Use tune2fs -c or -i to override.
user@user-desktop:~$
```

最后要说明的是,在使用 mkfs 命令创建文件系统时,如果未使用-L 选项指定文件系统的卷标,在创建文件系统后,也可以采用 e2label 命令在指定文件系统的卷标。e2label 命令的主要功能就是现实和命名未安装文件系统的卷标,其语法格式如下:

```
e2label device [newlabel]
```

其中 device 为磁盘分区的设备名称,如/dev/sda6;newlabel 表示文件系统的卷标。如果未指定 newlabel,e2label 命令将输出文件系统的卷标。需要指出的是,卷标不能超过 16 个字符。下面命令可将刚才创建的文件系统卷标命名为 data1:

```
$ sudo e2label /dev/sdb
$ sudo e2label /dev/sdb data1
$ sudo e2label /dev/sdb
data1
```

4.2.2　挂载文件系统

在 Ubuntu 系统中，对于一个文件系统或分区而言，如果想要使用，必须先对其进行挂载操作。"挂载"就是把新建的文件系统安装到 Linux 文件系统目录层次结构的某个安装点上，然后才能使用新建的文件系统。也就是说，挂载点必须是目录，可以将挂载看成是一个连接动作。

例如，如果想使用/dve/sdb 分区，需要对该分区读写数据，但是不能直接对其进行操作，需要建立一个目录，使用挂载操作建立对应的关系。而建立的这个目录，就代表了/dve/sdb 分区，挂载后对于目录的数据读写操作本质上就是对/dve/sdb 分区的读写。与之对应的，卸载就是断开目录与/dve/sdb 分区之间的对应关系，但并不删除目录，/dve/sdb 分区也继续存在，如果要读写数据，需要再次进行挂载操作。

对于任何文件系统，FAT16/FAT32 类型的 DOS 文件系统、NTFS 类型的 MS Windows 文件系统以及 ISO 9660 格式的 CD/DVD 等，都需要先进行挂载，然后才能使用。

挂载文件分区的命令是 mount。可以通过 mount 命令查看当前系统的挂载信息。

```
user@user-desktop:~$ mount
/dev/sda1 on / type ext4 (rw,errors=remount-ro)
proc on /proc type proc (rw,noexec,nosuid,nodev)
none on /sys type sysfs (rw,noexec,nosuid,nodev)
none on /sys/fs/fuse/connections type fusectl (rw)
none on /sys/kernel/debug type debugfs (rw)
none on /sys/kernel/security type securityfs (rw)
none on /dev type devtmpfs (rw,mode=0755)
none on /dev/pts type devpts (rw,noexec,nosuid,gid=5,mode=0620)
none on /dev/shm type tmpfs (rw,nosuid,nodev)
none on /var/run type tmpfs (rw,nosuid,mode=0755)
none on /var/lock type tmpfs (rw,noexec,nosuid,nodev)
none on /lib/init/rw type tmpfs (rw,nosuid,mode=0755)
binfmt_misc on /proc/sys/fs/binfmt_misc type binfmt_misc (rw,noexec,nosuid,nodev)
gvfs-fuse-daemon on /home/user/.gvfs type fuse.gvfs-fuse-daemon (rw,nosuid,
nodev,user=user)
user@user-desktop:~$
```

可以看到，刚才建立的 512MB 硬盘分区/dev/sdb 并未挂载，因此无法使用。下面将建立目录/data1，并将/dev/sdb 挂载到/data1 目录下：

```
user@user-desktop:~$ sudo mkdir /data1
user@user-desktop:~$ sudo mount /dev/sdb /data1/
```

挂载完毕后，再次使用 mount 命令查看挂载信息，可以看到，分区/dev/sdb 已经被挂载到了/data1 目录下。

```
user@user-desktop:~$ mount
/dev/sda1 on / type ext4 (rw,errors=remount-ro)
proc on /proc type proc (rw,noexec,nosuid,nodev)
```

```
none on /sys type sysfs (rw,noexec,nosuid,nodev)
none on /sys/fs/fuse/connections type fusectl (rw)
none on /sys/kernel/debug type debugfs (rw)
none on /sys/kernel/security type securityfs (rw)
none on /dev type devtmpfs (rw,mode=0755)
none on /dev/pts type devpts (rw,noexec,nosuid,gid=5,mode=0620)
none on /dev/shm type tmpfs (rw,nosuid,nodev)
none on /var/run type tmpfs (rw,nosuid,mode=0755)
none on /var/lock type tmpfs (rw,noexec,nosuid,nodev)
none on /lib/init/rw type tmpfs (rw,nosuid,mode=0755)
binfmt_misc on /proc/sys/fs/binfmt_misc type binfmt_misc (rw,noexec,nosuid,nodev)
gvfs-fuse-daemon on /home/user/.gvfs type fuse.gvfs-fuse-daemon (rw,nosuid,
nodev,user=user)
/dev/sdb on /data1 type ext2 (rw)
user@user-desktop:~$
```

还可以通过查看/etc/mtab 文件获得挂载信息。

```
user@user-desktop:/$cat /etc/mtab
/dev/sda1 / ext4 rw,errors=remount-ro 0 0
proc /proc proc rw,noexec,nosuid,nodev 0 0
none /sys sysfs rw,noexec,nosuid,nodev 0 0
none /sys/fs/fuse/connections fusectl rw 0 0
none /sys/kernel/debug debugfs rw 0 0
none /sys/kernel/security securityfs rw 0 0
none /dev devtmpfs rw,mode=0755 0 0
none /dev/pts devpts rw,noexec,nosuid,gid=5,mode=0620 0 0
none /dev/shm tmpfs rw,nosuid,nodev 0 0
none /var/run tmpfs rw,nosuid,mode=0755 0 0
none /var/lock tmpfs rw,noexec,nosuid,nodev 0 0
none /lib/init/rw tmpfs rw,nosuid,mode=0755 0 0
binfmt_misc /proc/sys/fs/binfmt_misc binfmt_misc rw,noexec,nosuid,nodev 0 0
gvfs-fuse-daemon /home/user/.gvfs fuse.gvfs-fuse-daemon rw,nosuid,nodev,user=
user 0 0
/dev/sdb /data1 ext2 rw 0 0
user@user-desktop:/$
```

在/data1 文件夹下建立测试文件夹 testdir,并用 ls -l 查看文件夹信息,可以看到挂载
成功,文件夹被正确建立。

```
user@user-desktop:/$sudo mkdir /data1/testdir
user@user-desktop:/$ls -l /data1/
总计 20
drwx------2 root root 16384 2012-05-01 00:44 lost+found
drwxr-xr-x 2 root root 4096 2012-05-01 01:08 testdir
user@user-desktop:/$
```

4.2.3　卸载文件系统

卸载文件系统意味着把文件系统从挂载点移走,删除/etc/mtab 文件中的挂载项。在文件系统的管理与维护工作中,有些工作只能在未挂载的文件系统中执行,因此需要进行卸载文件系统操作。此外,当不再需要临时挂载的文件系统时,也应及时进行卸载操作,避免数据的误操作。

要卸载的文件系统必须处于空闲状态。一般说来,不能卸载一个尚处于工作中的文件系统。也就是说,当用户正在访问文件系统中某个目录,进程打开了文件系统中某个文件,或者文件系统正处于共享状态时,无法卸载文件系统。卸载文件系统的命令是 umount。

下面卸载刚才挂载的文件系统/dev/sdb。

```
user@user-desktop:/$sudo umount /dev/sdb
user@user-desktop:/$mount
/dev/sda1 on / type ext4 (rw,errors=remount-ro)
proc on /proc type proc (rw,noexec,nosuid,nodev)
none on /sys type sysfs (rw,noexec,nosuid,nodev)
none on /sys/fs/fuse/connections type fusectl (rw)
none on /sys/kernel/debug type debugfs (rw)
none on /sys/kernel/security type securityfs (rw)
none on /dev type devtmpfs (rw,mode=0755)
none on /dev/pts type devpts (rw,noexec,nosuid,gid=5,mode=0620)
none on /dev/shm type tmpfs (rw,nosuid,nodev)
none on /var/run type tmpfs (rw,nosuid,mode=0755)
none on /var/lock type tmpfs (rw,noexec,nosuid,nodev)
none on /lib/init/rw type tmpfs (rw,nosuid,mode=0755)
binfmt_misc on /proc/sys/fs/binfmt_misc type binfmt_misc (rw,noexec,nosuid,nodev)
gvfs-fuse-daemon on /home/user/.gvfs type fuse.gvfs-fuse-daemon (rw,nosuid,
nodev,user=user)
user@user-desktop:/$
```

可以看到,文件系统已经被卸载。查看/etc/mtab 文件可以得到同样的结果。

```
user@user-desktop:/$cat /etc/mtab
/dev/sda1 / ext4 rw,errors=remount-ro 0 0
proc /proc proc rw,noexec,nosuid,nodev 0 0
none /sys sysfs rw,noexec,nosuid,nodev 0 0
none /sys/fs/fuse/connections fusectl rw 0 0
none /sys/kernel/debug debugfs rw 0 0
none /sys/kernel/security securityfs rw 0 0
none /dev devtmpfs rw,mode=0755 0 0
none /dev/pts devpts rw,noexec,nosuid,gid=5,mode=0620 0 0
none /dev/shm tmpfs rw,nosuid,nodev 0 0
none /var/run tmpfs rw,nosuid,mode=0755 0 0
none /var/lock tmpfs rw,noexec,nosuid,nodev 0 0
none /lib/init/rw tmpfs rw,nosuid,mode=0755 0 0
```

```
binfmt_misc /proc/sys/fs/binfmt_misc binfmt_misc rw,noexec,nosuid,nodev 0 0
gvfs-fuse-daemon /home/user/.gvfs fuse.gvfs-fuse-daemon rw,nosuid,nodev,user=
user 0 0
user@user-desktop:/$
```

再次用 ls -l 查看/data1 目录,会发现 testdir 目录已经不存在了,说明卸载成功。

```
user@user-desktop:/$ ls -l /data1/
总计 0
user@user-desktop:/$
```

本 章 小 结

本章介绍了 Linux 的文件系统,以及 Ubuntu 的文件系统中的目录结构。对于文件系统的具体使用,以创建文件系统、挂载文件系统和卸载文件系统为例进行了说明。

实 验 4

题目:文件系统的创建、挂载和卸载。

要求:

(1) 在虚拟机中增加一个新硬盘,利用 mkfs 命令为它创建一个文件系统。

(2) 然后将它挂载到/data1 目录下。显示挂载后的结果。

(3) 卸载该文件系统。显示卸载后的结果。

习 题 4

1. 什么是文件系统?

2. 什么是文件目录? 文件目录包括哪些具体内容?

3. 比较下面几种文件系统的不同:FAT16、FAT32、NTFS。

4. Linux 系统中可以支持哪些文件系统类型? 其中默认的是什么文件系统类型?

5. 什么是虚拟文件系统?

6. 什么是绝对路径、相对路径?

7. 详细解释 Ubuntu 系统的目录结构中各部分的主要功能。

8. 如何创建、挂载、卸载文件系统?

第5章 Linux 常用命令

Linux 系统提供了一整套十分完备的命令,利用这些命令可以高效地完成所有的操作任务。使用命令方式进行操作,具有比图形化操作更加快捷高效的特点,但是命令方式不够直观,需要用户熟练记忆命令的用法、格式以及选项和参数等内容。只有通过不断地使用才能运用自如。

5.1 Linux 命令

5.1.1 Shell 程序的启动

要使用命令必须先启动 Shell 程序。当用户成功登录字符终端后,Shell 也同时启动。当用户登录到图形桌面后,在系统中找到终端(Terminal)即可启动 Shell。例如,对于 Ubuntu 12.04 桌面系统,用户可以通过使用 Ctrl+Alt+t 键启动 Shell。或者,可以单击桌面左侧 unity 上最上边的 Dash 图标,在搜索栏输入"terminal",单击"搜索"按钮,系统会自动搜出终端来的,然后用户可以把它拖到左侧的 unity 或者桌面工作区上,这样需要使用时,就可以直接点图标而不需要再按快捷键了。

"终端"提供了在图形环境下运行的字符命令行界面。Shell 启动后,显示命令提示符,普通用户默认的提示符是" $ ",root 用户默认的提示符是"♯"。普通用户的 Shell 启动界面,如图 5-1 所示。root 用户的 Shell 启动界面,如图 5-2 所示。

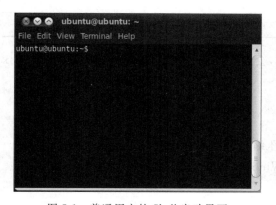

图 5-1　普通用户的 Shell 启动界面

图 5-2　root 用户的 Shell 启动界面

5.1.2 命令的格式

Shell 命令是由命令名和多个选项以及参数组成的命令行。各部分之间用空格分隔,并且 Shell 命令是严格区分大小写的。因此,在使用 Shell 命令时应特别注意。

【格式】 Shell 命令的一般格式如下:

命令名　[-选项]…[参数]…

命令名是命令的名称,通常为小写。选项是以"-"(连字符)作为前缀的,连字符代表选项的开始。一个命令可能会有多个选项,可以单独使用也可以组合使用。

5.2　目录操作基本命令

5.2.1　ls 命令

ls 命令是最常用的命令之一。它与在 MS-DOS 系统下的 dir 命令类似,用户可以利用 ls 命令查看某个目录下的所有内容。默认情况下,显示的条目按字母顺序排列。

【功能】　列出当前目录下的所有内容。ls 即 list 的缩写。

【格式】　ls 命令的格式如下:

ls [选项] [文件名或目录名]

【选项】　各选项的作用如表 5-1 所示。

表 5-1　ls 命令的选项及作用

选　　项	作　　用
-s(小写)	显示每个文件的大小
-S(大写)	按文件的大小排序
-a	显示目录中全部文件,包括隐藏文件
-l	使用长列表格式,显示文件详细信息
-t	按文件修改的时间排序显示
-F	显示文件类型描述符。＊为可执行的普通文件,/为目录文件,等等

在使用 ls 命令显示文件及目录的信息时,会发现文件及目录有多种颜色出现。Linux 中不同的颜色代表不同的含义。

(1) 默认色(黑色)代表普通文件。

(2) 绿色代表可执行文件。

(3) 红色代表 tar 包文件,即 Linux 下的压缩打包文件。

(4) 蓝色代表目录文件,即一个目录,在 Windows 中称为文件夹。

(5) 水红代表图像文件。

(6) 青色代表链接文件。此类文件相当于快捷方式。

(7) 黄色代表设备文件,代表的是某个设备。

【举例】

(1) 参数为普通文件时,显示的是文件的信息。例如:

ls [-l] 文件名

(2) 参数为目录时,显示指定目录下的文件列表信息。例如:

ls 目录名

具体命令执行结果，如图 5-3 所示。

图 5-3　ls 命令的使用

图 5-3 各部分命令的作用如下。

① ls：在单独使用时显示当前目录下的所有文件及子目录。

② ls hello.txt：显示文件 hello.txt 的信息。

③ ls -l hello.txt：显示文件 hello.txt 的详细信息。

④ ls /home：显示/home 目录下的内容。

（3）参数为空，即没有指定文件或目录时，显示当前目录中的文件列表信息。例如命令 ls [-a/-s/-l/-t]等。下面以命令 ls -l 为例，进行演示说明，如图 5-4 所示。

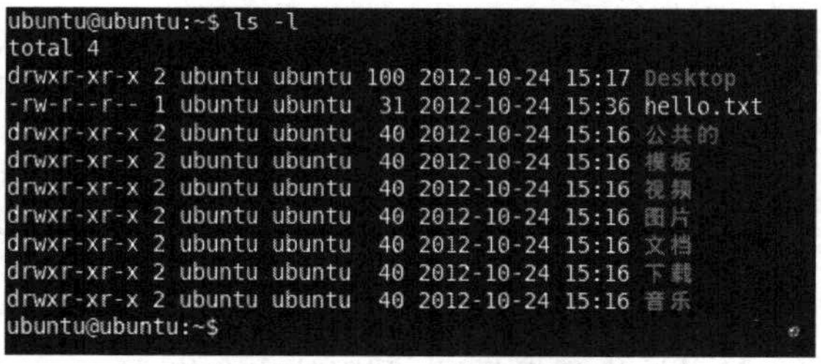

图 5-4　命令 ls -l 的执行效果

图 5-4 执行结果各部分的含义如下。

① 第 1 行的 total 4 代表当前目录下文件大小的总和为 4KB。

② 以第 2 行为例，说明各个部分的详细含义。这一行共可以分为 7 个部分来解释。

drwxr-xr-x　2　ubuntu　ubuntu　100　2012-10-24 15:17　Desktop
　①　　　②　　③　　④　　⑤　　⑥　　　⑦

第①部分"drwxr-xr-x"：这一部分共有 10 个字符组成，第一个字符有 3 种情况："-"表示普通文件，d 代表目录，l 代表链接文件，b 代表设备文件。后面的 9 个字符每 3 个字符为一组，分别代表文件所有者、文件所有者所在用户组、其他用户对文件拥有的权限。每组中 3 个字符分别代表读、写、执行的权限，若没有其中的任何一个权限则用"-"表示。执行的权限有两个字符可选 x 代表可执行，s 代表套接口文件。

第②部分数字"2"：代表当前这个目录下的目录文件数目，这个数目＝隐藏目录数目＋普通目录数目。

第③部分"ubuntu"：代表这个文件（目录）的属主为用户 ubuntu。

第④部分"ubuntu"：代表这个文件（目录）所属的用户组为组 ubuntu。

第⑤部分"100"：代表文件（目录）的大小（即字节数）为 100B。

第⑥部分"2012-10-24 15:17"：代表文件(目录)的修改时间。

第⑦部分"Desktop"：代表文件(目录)的名字。

5.2.2 cd 命令

【功能】 转换用户所在的目录。cd 即 change directory(转换目录)的意思。

【格式】 cd 命令的格式如下：

cd [路径名]

每个文件都存在一条从根目录(/)开始的路径。即文件在系统中所处的逻辑位置。路径可分为相对路径和绝对路径。绝对路径就是从根(/)开始,循序到文件所在的目录。用户在任何时刻的工作都是从属于某一个目录的,即在某个目录下的工作。相对路径是从当前目录开始,到它的子目录。

例如,在 Linux 系统中,文件系统的目录结构如图 5-5 所示。

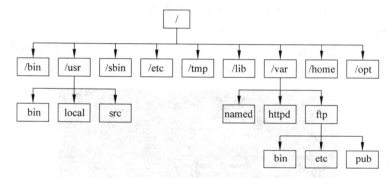

图 5-5 Linux 文件系统的目录结构图

【举例】 从当前工作目录转换到根目录,采用的命令格式：

cd /

注意：在 cd 和"/"中间一定要用空格分隔。如果没有空格就会出错。

【特殊用法举例】 "."代表当前目录,".."代表上层目录,不带路径名直接回到用户的主目录中,"～"代表当前用户的宿主目录,"～用户名"代表进入～后用户的宿主目录,"/"代表回到根目录,"-"代表前一目录,即进入当前目录之前操作的目录。cd 命令使用方法,如图 5-6所示。

图 5-6 cd 命令的使用

图 5-6 中各行命令的含义如下。

第 1 行"cd .."代表回退到上一层,可以看到上一层的目录是"/home"。

第 2 行"cd .."代表继续回退一层,可以看到,结果是回到了"/",即根目录。

第 3 行"cd /home/ubuntu"代表进入到目录"/home/ubuntu"中。因此,又回到了起始操作的目录中,使用的是绝对路径。

注意：一定要用空格把命令的各个部分进行分隔。不加空格就会报错。

4.2.3　pwd 命令

Linux 的目录结构很复杂,层次相当多。用户可以在任何被授权的目录下进行新目录的创建,以及利用 cd 命令在各目录中跳转来跳转去,就好像漫游广袤的森林,很容易迷失方向。因此,随着各种命令的执行,在不知不觉中,用户就会遗忘当前所处的位置,即当前是处于哪个目录中。这时候,用户可以利用 pwd 命令显示整个的路径名,告知用户当前所处的目录层次。用户在执行一些特别的和重要的操作之前(例如删除操作),使用 pwd 命令来获得用户当前所在的工作目录的绝对路径也是十分必要的,这样可以避免误操作。

【功能】　显示当前工作目录的绝对路径。

【格式】　pwd 命令的格式如下:

```
pwd
```

【举例】　如图 5-7 所示,列出当前目录的绝对路径。

5.2.4　mkdir 命令

Linux 下的目录相当于 Windows 下的文件夹,目录里可以包含文件和子目录。正由于每一级目录中都可以创建子目录,所以形成了

图 5-7　pwd 命令的使用

Linux 的文件系统的目录树结构。可理解为它是一棵以"/"(根)为起始的向下倒长的目录树。

【功能】　创建一个新目录。mkdir 即 make directory 的缩写。

【格式】　mkdir 命令的格式如下:

```
mkdir [选项] 目录名
```

【选项】　各选项的作用如表 5-2 所示。

表 5-2　mkdir 命令各选项作用

选　　项	作　　用
-m 权限	对新建目录设置存取权限。权限 777,744,755 等
-p	一次性建立多级目录,即以递归形式建立目录

【举例】　使用 mkdir 命令在当前目录下创建一个子目录,子目录名为 mydir。如图 5-8 所示。

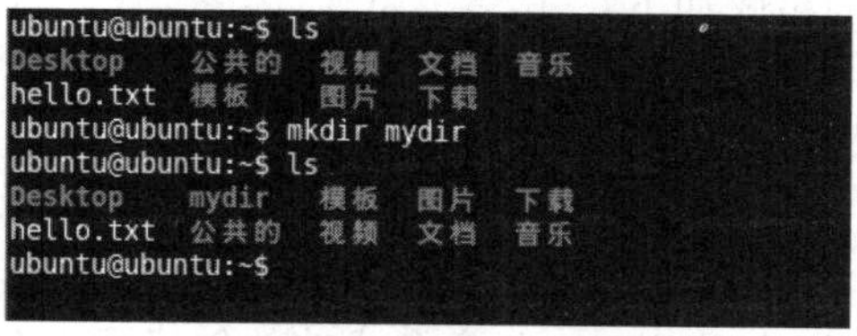

图 5-8　mkdir 命令的使用

5.2.5 rmdir 命令

该命令只能用来删除一个空目录,即目录中没有任何文件和子目录。如果要删除的目录不空,可以使用 rm 命令来执行删除操作。rm 命令的说明请参看第 4.3.4 节的内容。

【功能】 删除一个空目录。

【格式】 rmdir 命令的格式如下:

```
rmdir [-p] 目录名
```

【说明】 -p 代表递归删除各级空目录。

【举例】 已知在/home/ubuntu 下有两个目录 mydir 和 dir1,mydir 为空目录,dir1 目录非空。观察 rmdir 命令的执行情况,如图 5-9 所示。

图 5-9 rmdir 命令的使用情况

图 5-9 中各命令的作用如下。

第 1 行命令 ls,显示当前目录下的内容,其中包含两个目录 dir1 和 mydir。且 dir1 为非目录,mydir 为空目录。

第 2 行命令,使用 rmdir mydir ,成功的删除了 mydir 这个空目录。

最后一个命令,使用 rmdir dir1 ,可以看到操作出错了。

提示:dir1 目录不是空目录。即利用 rmdir 命令只能删除空目录,不能删除非空目录。

5.3 文件操作的基本命令

5.3.1 touch 命令

touch 命令用来创建文件,如果文件名不存在则创建一个新的空文件,且该空文件不包含任何格式,大小为 0 字节。

【功能】 创建一个空文件。

【格式】 touch 命令的格式如下:

```
touch 文件名
```

【举例】 在当前目录下,利用 touch 命令创建一个新文件,文件名为 myfile,如图 5-10 所示。

如图 5-10 所示,可以看到,使用 touch 命令成功的创建了一个新文件 myfile。

图 5-10　touch 命令创建新文件

5.3.2　cat 命令

cat 命令的用法很多。cat 是英文单词 concatenate（连锁）的简写。基本作用是合并文件，并在屏幕上显示整个文件的内容。

用法 1：

【功能】　显示某文件的内容。

【格式】　cat 命令的第 1 种格式如下：

cat [选项] [文件名]…

【选项】　cat 命令各选项的作用如表 5-3 所示。

表 5-3　cat 命令各选择的作用

选　　项	作　　用
-a	显示所有字符，包括换行符、制表符及其他非打印字符
-n	对文件中所有的行进行编号并显示行号
-b	除了空行不编号外，文件中其他行都进行编号并显示行号
-s	将连续的空行压缩为一个空行

【举例】

（1）利用 cat 命令显示某文件的内容。例如，在当前目录下，显示文件 hello.txt 文件的内容。输入命令：

cat hello.txt

结果如图 5-11 所示。

图 5-11　cat 命令显示文件内容

（2）cat 命令中"-n"选项的作用。在当前目录下，输入命令

cat -n hello.txt

显示结果，如图 5-12 所示。可以看到，增加"-n"选项后，对文件中所有的行进行编号并显示了行号。

图 5-12 cat 命令中"-n"选项的使用

【说明】

如果要按页显示，可输入命令

```
cat filename.txt | ls
```

在一个命令行中执行显示多个文件内容，可以用";"(分号)隔开。命令的格式如下：

```
cat 文件名 1;cat 文件名 2
```

用法 2：

【功能】 重复刚刚输入的行，即显示标准输入内容。

【格式】 cat 命令的第 2 种格式如下：

```
cat
```

【举例】 该用法 cat 命令后没有任何选项和参数，即 cat 的单独使用。在开始执行时，光标停留在下一行，等待键盘输入。用户输入一行，回车后，cat 就显示一行相同的内容。当用户结束输入时，可以按 Ctrl+D 键退出，回到命令提示符下。

用法 3：

【功能】 制作一个新文件。使用重导向。

【格式】 cat 命令的第 3 种格式如下：

```
cat >新文件名
```

【说明】 ">"(大于号)是重导向的符号。代表把键盘输入的信息重导向输入到新文件中。内容输入结束后，按 Ctrl+D 键，退出新文件的制作。

【举例】 利用 cat 命令新创建一个文件，文件名为 username，如图 5-13 所示。

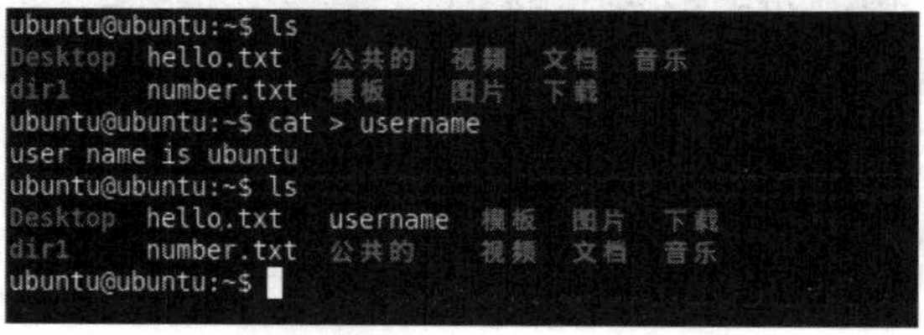

图 5-13 cat 命令创建文件 username

用法 4：

【功能】 cat 实现文件的合并。

【格式】 cat 命令的第 4 种格式如下：

```
cat 文件名 1 文件名 2 >文件名 3
```

【说明】 该用法实现了把文件 1 和文件 2 的内容合并输入到文件 3 中。文件 3 中的内容是按文件 1 至文件 2 的顺序排列的。

【举例】 已知当前目录下存在文件 username，以及 hello.txt，现在把这两个文件的内容合并输入到另一个文件中，该文件名为 userhello。如图 5-14 所示。

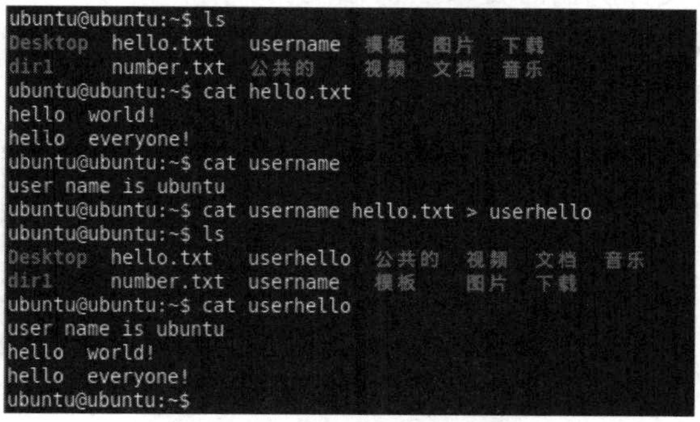

```
ubuntu@ubuntu:~$ ls
Desktop  hello.txt   username  模板  图片  下载
dir1     number.txt  公共的    视频  文档  音乐
ubuntu@ubuntu:~$ cat hello.txt
hello  world!
hello  everyone!
ubuntu@ubuntu:~$ cat username
user name is ubuntu
ubuntu@ubuntu:~$ cat username hello.txt > userhello
ubuntu@ubuntu:~$ ls
Desktop  hello.txt   userhello  公共的  视频  文档  音乐
dir1     number.txt  username   模板    图片  下载
ubuntu@ubuntu:~$ cat userhello
user name is ubuntu
hello  world!
hello  everyone!
ubuntu@ubuntu:~$
```

图 5-14 cat 命令实现两文件内容的合并

用法 5：

【功能】 给文件追加内容。

【格式】 命令的第 5 种格式如下：

```
cat 文件名 2 >>文件名 1
```

【说明】 该命令用于把文件 2 的全部内容追加到文件 1 的末尾。

【举例】 已知当前目录下存在文件 username，以及 hello.txt，现利用 cat 命令实现把 hello.txt 的内容追加到 username 文件的内容后面。如图 5-15 所示。

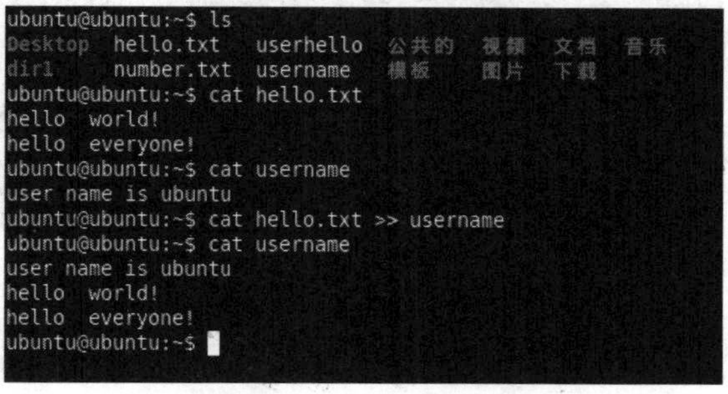

```
ubuntu@ubuntu:~$ ls
Desktop  hello.txt   userhello  公共的  视频  文档  音乐
dir1     number.txt  username   模板    图片  下载
ubuntu@ubuntu:~$ cat hello.txt
hello  world!
hello  everyone!
ubuntu@ubuntu:~$ cat username
user name is ubuntu
ubuntu@ubuntu:~$ cat hello.txt >> username
ubuntu@ubuntu:~$ cat username
user name is ubuntu
hello  world!
hello  everyone!
ubuntu@ubuntu:~$
```

图 5-15 cat 命令给文件追加内容

5.3.3 cp 命令

【功能】 实现文件的复制。是英文单词 copy 的缩写。功能类似于 Windows 中的 copy 命令。

【格式】 命令的格式如下：

cp ［选项］＜源文件＞＜目标＞

【选项】 -i 表示以安全询问的方式进行源文件的复制。

【说明】 cp 命令格式中的目标可以是目标路径,也可以是目标路径下的文件名。如果为目标路径,即把源文件复制到目标路径中,文件名不变。如果为目标路径下的文件名,即以文件的重命名方式实现文件的复制。

【举例】

（1）当前待复制的文件所在的目录层次结构为/home/ubuntu/number.txt。现在要把number.txt 文件复制到/home/ubuntu/dir1 目录下,且复制后的文件名不变,仍为 number.txt。执行过程如图 5-16 所示。

图 5-16 cp 命令复制文件

在图 5-16 的例子中,采用了相对路径的表示方法,由于 dir1 目录正是/home/ubutnu 目录下的子目录,所以,复制的过程中使用了

cp number.txt dir1

的命令表示方式。当然,也可以改为绝对路径的表示方式,即

cp number.txt /home/ubuntu/dir1

（2）要求把目录结构中/home/ubuntu 下的 number.txt 文件,复制到/home/ubuntu/dir1 目录下,并且复制后的文件重新命名为 newnumber.txt。执行过程如图 5-17 所示。

图 5-17 cp 命令复制文件并重命名

在图 5-17 的例子中,cp 命令复制文件并重命名时,采用了绝对路径的表示方式。

（3）以安全询问的方式进行文件复制。把目录结构中/home/ubuntu 下的 number.txt 文件以安全询问的方式复制到/home/ubuntu/dir1 目录中。命令执行过程如图 5-18 所示。

图 5-18 以安全询问方式复制文件

在安全询问时输入 y,即覆盖重名文件。输入 n,则不覆盖,取消复制。

5.3.4　rm 命令

【功能】　rm 命令的作用是删除指定的文件。

【格式】　命令的格式如下:

rm [选项] [文件名或目录名]

【说明】　rm 命令各选项的作用如表 5-4 所示。

表 5-4　rm 命令各选项的作用

选　　项	作　　用
-i	以安全询问的方式进行删除操作
-r 或-R	递归处理,将指定目录下的所有文件及子目录一并处理
-f	强制删除文件或目录
-v	显示指令执行过程
-d	直接把欲删除的目录的硬连接数据删成 0,删除该目录

rm 命令使用时,选项为空时,可以进行文件的删除。

【举例】

(1) 删除指定文件。把目录结构中/home/ubuntu/dir1 下的 number.txt 文件删除掉。执行过程如图 5-19 所示。

图 5-19　rm 命令删除文件

(2) 删除目录。设在/home/ubuntu/mydir 是一个空目录,/home/ubuntu/dir1 是一个非空目录,利用 rm 命令,把它们删除掉。执行过程如图 5-20 所示。

图 5-20　rm 命令删除目录

在图 5-20 的执行过程中,可以看到,rm 命令通过"-r"选项可以实现空目录及非空目录的删除操作。

使用 rm 命令删除目录应特别小心。最好以安全询问的方式进行删除操作。因此,rm命令的功能比较强大,无论要删除的目录为空目录还是非空目录全都一次性删除。安全询问的方式可以避免直接的误操作。

（3）以安全询问方式删除目录。在/home/ubuntu/目录下新建一个子目录 newdir,以安全询问的方式进行该目录的删除。执行过程如图 5-21 所示。

图 5-21　以安全询问方式删除目录

（4）结合使用通配符" * ",可以删除一类文件。例如,要删除当前目录下所有的以 tx为首的文件。执行过程如图 5-22 所示。

图 5-22　删除以 tx 为首的所有目录

（5）利用一条 rm 命令一次性删除多个文件或者目录。文件名（目录名）之间要用空格隔开。设在/home/ubuntu/目录下有 3 个目录 mydir1、mydir2、mydir3,利用一条 rm 命令把这 3 个目录同时删除。执行过程如图 5-23 所示。

图 5-23　一条 rm 命令删除多个目录

5.3.5 mv 命令

【功能】 mv 是英文单词 move 的缩写。mv 命令可以实现文件的移动。即相当于 Windows 系统中的"剪切＋复制"功能。

【格式】 命令的格式如下：

mv 文件名 路径名

【举例】 当前 number. txt 文件所在的目录层次结构为/home/ubuntu/number. txt。现在要把 number. txt 文件移动到/home/ubuntu/mydir 目录下。执行过程如图 5-24 所示。

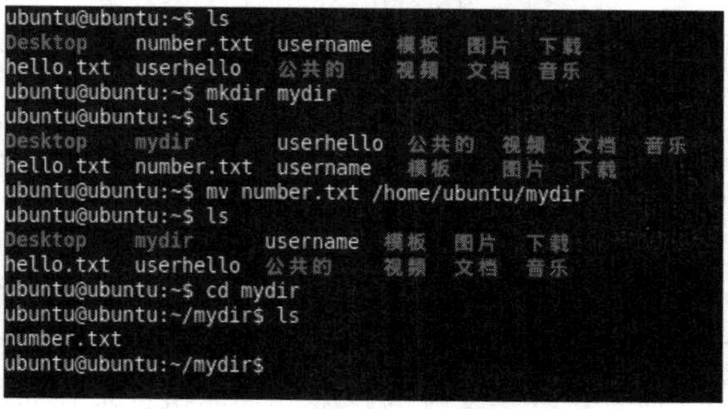

图 5-24　mv 命令实现文件的移动

5.3.6 chmod 命令

【功能】 chmod 命令是在 Linux 系统中一个非常重要的命令。它可用于修改文件的权限和文件的属性。chmod 是英文单词 change modify 的缩写。

在 Linux 中,可以通过 ls -l 命令查看某路径下的所有内容的详细信息。具体内容请参看第 4.2.1 节。可以发现该命令把文件的详细信息显示出来。如果要对文件的权限进行修改,就需要利用 chmod 命令。

【格式】 命令的格式如下：

chmod [<文件使用者>+/-/=<权限类型>] 文件名 1 文件名 2…

【说明】 该命令中[<文件使用者>＋/－/＝<权限类型>]作为一个部分,中间不加空格进行分隔。

* 文件使用者有 4 种类型,包括 u、g、o、a。使用方式可以采用其中任何一个或者它们的组合。

u：表示 user(文件主),即文件或目录的所有者。

g：表示 group,文件主所在组群的用户。

o：表示 others,其他用户。

a：表示 all,所有用户。

* 操作符号包括 3 种类型,包括＋、－、＝。

＋：代表增加权限。

－：代表删除权限、取消权限。

＝：代表赋予给定的权限，并取消其他权限（如果有的话）。

• 权限类型包括 3 种基本类型：r、w、x，使用时并可采用这些类型的组合。

r：代表只读权限。

w：代表写权限。

x：代表可执行权限。

chomd 命令中选项的几种常用的应用方式，如表 5-5 所示。

表 5-5　chomd 命令中选项的几种常用的应用方式

选 项 值	作 用
a＋rw	为所有用户增加读、写的权限
a-rwx	为所有用户取消读、写、执行的权限
g＋w	为组群用户增加写权限
o-rwx	取消其他人的所有权限（读、写、执行）
ug＋r	为所有者和组群用户增加读权限
g＝rx	只允许组群用户读、执行。并删除其写的权限

【举例】　利用 chomd 命令修改某文件的权限。具体执行步骤如下说明。

先用 ls -l 命令查看当前目录下文件 username 的详细信息。

对于该文件，为所有用户取消读写执行的权限。

为文件主用户增加读写执行权限。由于该文件是由文件主用户创建的，所以只有文件主用户才拥有恢复文件权限的权利。

为组群用户增加只读权限。

为其他用户赋予只读权限。

以上步骤的执行过程和效果如图 5-25 所示。

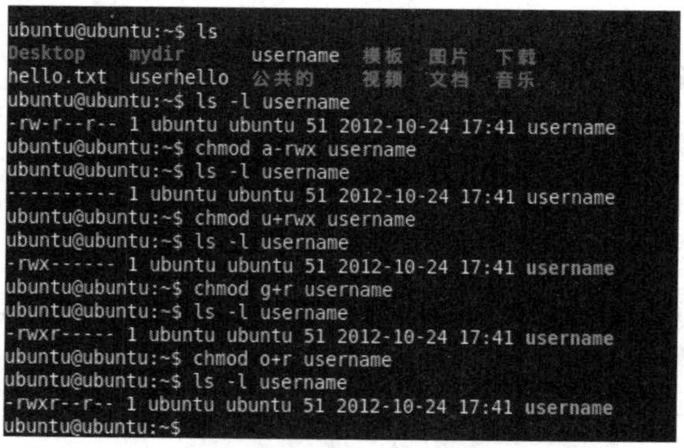

图 5-25　chmod 命令进行文件权限的增删操作

也可以用数字表示权限。其中 4 表示读权限，2 表示写权限，1 表示执行权限，0 表示没有权限。例如，rwx 权限＝4＋2＋1＝7，rw 权限＝4＋2＝6，rx 权限＝4＋1＝5。

【格式】　命令的格式如下：

```
chmod [mode] 文件名
```

【说明】 mode 是 3 个从 0～7 范围的八进制数值，分别代表 user、group、others 的权限。

【举例】

（1）

```
chmod a=rwx filename
```

和

```
chmod 777 filename
```

效果相同。

（2）

```
chmod ug=rwx,o=x filename
```

和

```
chmod 771 filename
```

效果相同。

5.4　文件处理命令

5.4.1　grep 命令

【功能】 grep 命令可以实现在指定的文件中查找某个特定的字符串。

【格式】 grep 命令的格式如下：

```
grep [选项] 关键字 文件名
```

【说明】 当选项为-i 时，则不区分大小写。

【举例】 grep 命令进行文件中字符串的查找。

（1）已知在当前目录下有普通文件 hello.txt，利用 grep 命令查找该文件中的字符串"hello"。执行过程如图 5-26 所示。

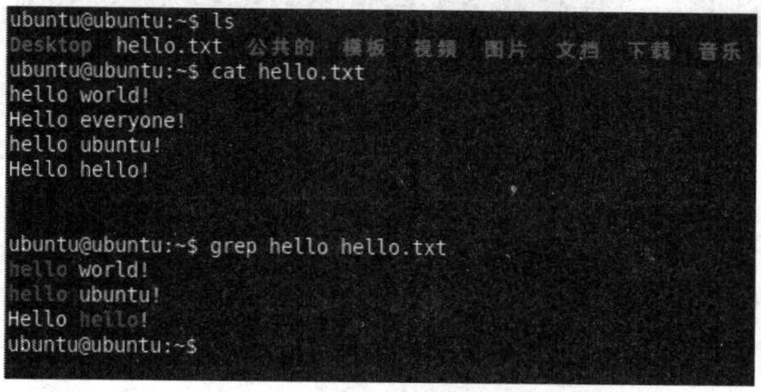

图 5-26　grep 命令查找文件中的字符串"hello"

说明：利用 grep 命令进行的查找是区分大小写的。grep 命令的执行结果是显示含有要查找的字符串的每一行原文。

（2）要使 grep 的查找不分区大小写，可以加上-i 的选项。假设已知在当前目录下有普通文件 hello.txt，以不区分大小写的方式查找字符串"hello"。执行过程如图 5-27 所示。

图 5-27　grep 命令中-i 选项的使用

5.4.2　head 命令

【功能】　查看文件的开头部分的内容。

【格式】　命令的格式如下：

head [数字选项] 文件名

【说明】　其中数字选项指定要显示的行数。如,-5,指定要显示 5 行。如果不加数字选项，则默认只显示文件最初的 10 行。

【举例】　假设已知在当前目录下有普通文件 hello.txt，显示该文件的最初 2 行内容。执行过程如图 5-28 所示。

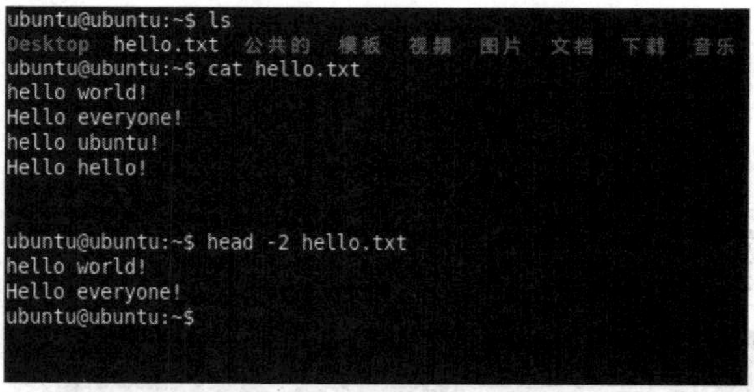

图 5-28　head 命令显示文件的前 2 行内容

5.4.3　tail 命令

【功能】　查看文件的结尾部分。

【格式】　命令的格式如下：

tail [数字选项] 文件名

【说明】 其中,数字选项指定要显示的行数。例如,当数字选项为－5时指定要显示5行。如果不加数字选项,则默认只显示文件结尾的10行。

【举例】 显示当前目录下hello.txt文件的结尾1行的文件内容。执行过程如图5-29所示。

图5-29 tail命令显示文件的结尾1行内容

5.4.4 wc命令

【功能】 对文件的行数、单词数、字符数进行统计。wc命令是一个对文件进行统计的相当实用的命令。

【格式】 命令的格式如下:

wc [选项] 文件名

【说明】 wc命令中各选项为不同字母时,作用如表5-6所示。

表5-6 wc命令中各选项的作用

选 项	作 用	选 项	作 用	选 项	作 用
-l	显示行数	-w	显示单词数	-m	显示字符数

【举例】 利用wc命令统计当前目录下hello.txt文件的行数、单词数以及字符数。执行过程如图5-30所示。

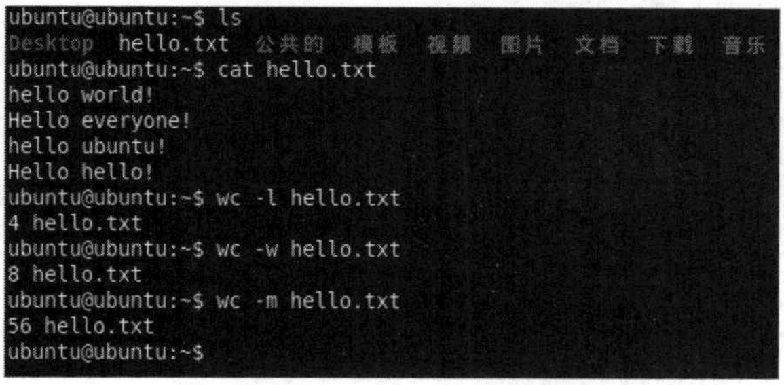

![wc命令统计文件的行数、单词数、字符数]

图5-30 wc命令统计文件的行数、单词数、字符数

执行过程表明,hello.txt文件共4行,单词数为8个,字符数为56个。

5.4.5 sort命令

【功能】 对文件内容或者查询结果进行排序。

【格式】 命令的格式如下：

sort [选项] 文件名

【选项】 sort 命令的选项很多，部分选项的作用如表 5-7 所示。

表 5-7   sort 命令中部分选项的作用

选项	作　　用	选项	作　　用
-f	忽略大小写	-t	指定分隔符
-r	反向排序	-i	只考虑可以打印的字符，忽略任何非显示字符

【说明】 sort 命令可以对指定文件中所含内容进行排序，它是根据从指定的行抽取的一个或者多个关键字来进行排序的。

【举例】 已知当前目录下有文件 hello. txt，根据文件中的第 2 列将 hello. txt 文件进行排序后输出。用 sort 命令进行文件内容的排序，显示结果如图 5-31 所示。

图 5-31   sort 命令进行文件内容的排序显示

其中，sort 命令中-t":"指定了每列的分隔符为冒号，-k2 选项指定了以第 2 列进行排序显示。

5.4.6 find 命令

【功能】 查找文件或目录。

【格式】 命令的格式如下：

find 文件名(或目录名)

【举例】 用 find 命令查找当前目录下的文件 hello. txt，查找当前目录下的子目录 desktop。执行过程如图 5-32 所示。

可以看到，利用 find 命令进行目录的查找时，把目录下的内容也都进行了显示。清晰的展示了待查找目录下的所有内容。

5.4.7 which 命令

在 Windows 中，强大的搜索功能可以使用户方便地找到自己需要的文件。在 Ubuntu 中也提供了强大的查找命令。其中 which 命令就提供了按路径进行查找的功能。

【功能】 按 PATH 变量所规定的路径进行查找相应的命令，显示该命令的绝对路径。

【格式】 命令的格式如下：

图 5-32 find 命令查找文件和目录

which 命令名

【举例】 若想知道 ls 命令、cp 命令，以及 which 命令本身的绝对路径，可以利用 which 命令进行查找。执行结果如图 5-33 所示。

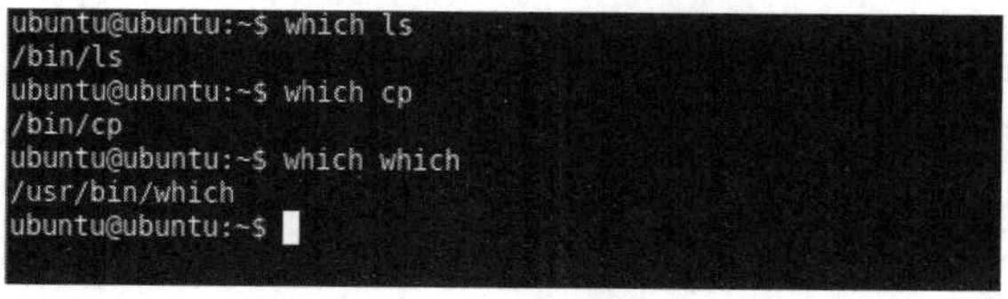

图 5-33 which 命令显示某命令的绝对路径

【说明】 通过图 5-33 的执行过程可以看到，which 命令显示了 ls 命令、cp 命令、which 命令自身的绝对路径。which 的查找方式是按 PATH 变量规定的路径来找的，所以，which 主要是用来查找命令的，并且查找到后显示该目录的绝对路径。

PATH 变量是系统默认的众多系统变量之一。它定义了执行命令时目录所要查找的路径。例如，执行 passwd 命令给用户修改密码时，系统会自动去 PATH 变量所规定的路径下去查找是否有此命令。如果找到了，就执行该命令，否则将提示命令不存在。Linux 下要查看 PATH 变量的值，可以使用命令 echo "$PATH"，来显示 PATH 变量的值。执行过程如图 5-34 所示。

图 5-34 显示 PATH 变量的值

由图 5-34 的执行结果可以看到，PATH 是路径的含义。PATH 环境变量中存放的值，就是一连串的路径。不同的路径之间用冒号（:）进行了分隔。which 命令一般只查询到第一个匹配的结果，如果想将所有匹配的结果全部显示出来可以加上选项-a。

其实，在 Windows 中也存在 PATH 变量。具体的查看方法是右击"我的电脑"图标，从弹出的快捷菜单中选择"属性"命令，在弹出的"系统属性"对话框中选择"高级"选项卡，单击"环境变量"按钮，在弹出的"环境变量"对话框中可以看到 Windows 下的 PATH 变量，如图 5-35 所示。在 Windows 下的 Java 编程学习中，必须要学会配置 PATH 环境变量，否则无法编译、运行 Java 程序。

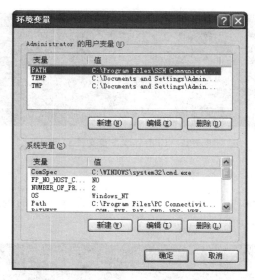

图 5-35　Windows 下的 PATH 变量

5.4.8　whereis 命令

【功能】　不但能查询出命令,而且还能查询出 Ubuntu 数据库里记载的文件。

【格式】　命令的格式如下:

whereis [选项] 文件名

【选项】　各选项的作用如表 5-8 所示。

表 5-8　whereis 命令中各选项的作用

选项	作　　用	选项	作　　用
-b	只查找二进制的文件	-w	只查找说明文件在 manual 路径下的文件

【说明】　与 which 不同的是,whereis 不但能找到可执行的命令,而且将所有包含文件名字符串的文件全部查找出来,而且速度很快。这是因为 Ubuntu 会将它里面所有数据都记录在一个数据库里,而 whereis 命令查找时并不会在整个磁盘上进行查找,只是在此数据库里进行查找。

【举例】　使用 whereis 命令执行查找 passwd 命令,执行过程如图 5-36 所示。

图 5-36　whereis 命令的执行过程

可以看到,whereis 命令不但找到了 passwd 命令,也找到了 passwd 文件。

5.4.9 locate 命令

【功能】 将所有与被查询的文件名相同的文件查找出来。

【格式】 命令的格式如下：

```
locate 文件名
```

【说明】 locate 命令的使用方式很简单，直接加上要查询的文件名即可。因为它也是从数据库里进行的查询，所以速度也比较快。

5.5 压缩备份基本命令

5.5.1 bzip2 命令和 bunzip2 命令

1. bzip2 命令

【功能】 bzip2 是压缩命令。

【格式】 命令的格式如下：

```
bzip2 文件名 1 [文件名 2]…
```

【说明】 在利用 bzip2 进行文件的压缩后，压缩前的原始文件消失，系统会生成一个新的压缩文件，文件名的后缀为.bz2。另外，利用 bzip2 压缩后的压缩文件必须利用 bunzip2 命令才能实现解压，恢复为原始文件。

2. bunzip2 命令

【功能】 bunzip2 是解压命令。

【格式】 命令格式如下：

```
bunzip2 文件名 [文件名 2]…
```

【举例】 bzip2 命令和 bunzip2 命令进行文件的压缩和解压。

(1) 利用 bzip2 命令和 bunzip2 命令对当前目录下的文件 hello.txt 进行压缩和解压操作。执行过程如图 5-37 所示。

```
ubuntu@ubuntu:~$ ls
Desktop     公共的   视频   文档   音乐
hello.txt   模板     图片   下载
ubuntu@ubuntu:~$ bzip2 hello.txt
ubuntu@ubuntu:~$ ls
Desktop         公共的   视频   文档   音乐
hello.txt.bz2   模板     图片   下载
ubuntu@ubuntu:~$ bunzip2 hello.txt.bz2
ubuntu@ubuntu:~$ ls
Desktop     公共的   视频   文档   音乐
hello.txt   模板     图片   下载
ubuntu@ubuntu:~$
```

图 5-37 文件的压缩和解压

另外，也可以在一条命令中实现同时对多个文件的压缩操作。多个文件之间用空格隔开。

(2) 利用 bzip2、bunzip2 命令对当前目录下的两个文件 hello.txt、number.txt 进行压缩和解压操作。执行过程如图 5-38 所示。

图 5-38　多个文件的同时压缩和解压操作

5.5.2　gzip 命令

【功能】　gzip 命令是在 Linux 系统中较为常用的压缩解压命令之一。它不仅能够压缩文件也能够实现文件的解压操作。

【格式】　命令的格式如下：

gzip [-选项] 文件名

【选项】　gzip 命令中各选项的作用如表 5-9 所示。

表 5-9　gzip 命令中各选项的作用

选　项	作　　用	选　项	作　　用
-d	解压	-n	指定压缩级别。其中 n 的范围是 1~9

【说明】　利用 gzip 命令可以把普通文件压缩成.gz 为后缀的压缩文件。压缩完成后，原始文件消失。在压缩时还可以指定压缩级别，该命令的压缩级别范围是 1~9 级，默认的级别是 6。另外，1 的压缩比最差，速度最快；9 的压缩比最好，速度较慢。

gzip 命令的解压功能是针对后缀为.gz 的压缩文件进行的。可以把.gz 的压缩文件解开，还原为普通文件。

【举例】　利用 gzip 命令对当前目录下的文件 hello.txt 进行文件压缩和解压。执行过程如图 5-39 所示。

图 5-39　gzip 命令进行文件的压缩和解压

5.5.3　unzip 命令

【功能】　解压.zip 文件。unzip 命令能够将经过 winzip 压缩的文件进行解压操作。

【格式】　命令的格式如下：

unzip [选项] 文件名.zip

【选项】 unzip 命令中各选项的作用，如表 5-10 所示。

表 5-10 unzip 命令中各选项的作用

选 项	作 用	选 项	作 用
-d	将文件解压到指定目录中	-n	不覆盖原来已经存在的文件
-v	查看文件目录列表但不解压	-o	以默认方式覆盖已经存在的文件

【举例】

（1）将当前目录的 file.zip 文件进行解压。执行命令：

```
unzip file.zip
```

（2）只查看压缩文件里的文件目录，但不解压，执行命令：

```
unzip -v file.zip
```

（3）将 file.zip 文件在/home/ubuntu/yasuo 目录中进行解压。执行命令：

```
unzip -n file.zip -d /home/ubuntu/yasuo
```

5.5.4 zcat 命令和 bzcat 命令

【功能】 zcat 命令和 bzcat 命令都是用来查看压缩文件内容的，即不用解压压缩文件就可以查看里面的内容。

【格式】 命令的格式如下：

```
zcat 文件名
bzcat 文件名
```

【说明】 zcat 命令和 bzcat 命令的不同之处，zcat 命令专门针对.gz 后缀的压缩文件进行查看，而 bzcat 是针对.bz2 后缀的压缩文件进行查看。

【举例】 利用 zcat 和 bzcat 命令对当前目录下的压缩文件 hello.txt.gz、number.txt.bz2 查看文件的内容。执行过程如图 5-40 所示。

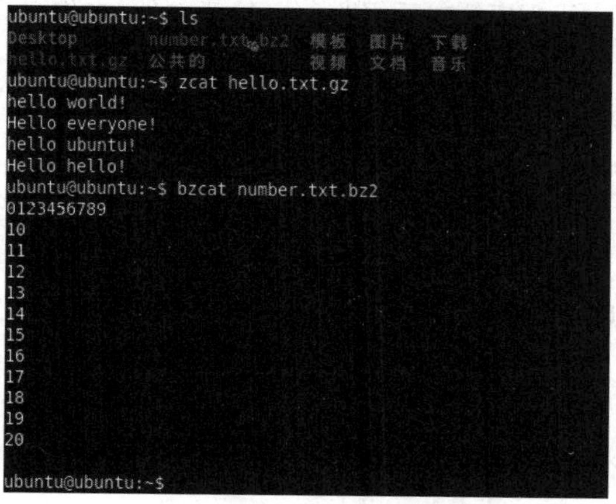

图 5-40 zcat 和 bzcat 命令查看压缩文件的内容

5.5.5 tar 命令

【功能】 对文件或者目录进行打包备份或者解包操作。

【格式】 命令的格式如下：

tar [-选项] [备份包的文件名] [要打包(或要解包)的文件或目录]

【说明】 tar 命令是一个打包备份的命令，常用来对文件或目录进行备份操作。打包备份与压缩的含义不同。打包备份是指把多个不同的文件放在一个大文件里，并没有压缩，这个大文件就是以.tar 为后缀的文件。即 tar 命令是对多个零散文件的整理打包。利用 tar 命令打包后原始文件并没有消失。

而压缩是对单一文件进行的压缩，无论 gzip 命令还是 bzip2 命令都只能生成单个文件的压缩文件。当然，tar 命令也可以通过选项参数的设置，将打包和压缩操作一次性完成。另外，也可以实现解包解压操作。

【选项】 tar 命令的选项很多，常用的选项如下表 5-11 所示。

表 5-11　tar 命令的常用选项及作用

选　　项	作　　用
-c	创建新的打包文件
-x	抽取.tar 文件里的内容
-z	打包后直接用 gzip 命令进行压缩，或者解压文件
-j	打包后直接用 bzip2 命令进行压缩，或者解压文件
-t	查看一个打包文件里的文件目录
-f	使用文件或设备
-v	在打包压缩或解包解压后将文件的详细清单显示出来

常用的操作有如下几种：

- tar -cf filename. tar file1 file2 file3

功能：把 file1、file2、file3 打包成后缀为.tar 的新文件，文件名为 filename. tar。

- tar -tf filename. tar

功能：查看 filename. tar 打包文件里的内容。

- tar -xf filename. tar

功能：抽取 filename. tar 打包文件里的内容，filename. tar 文件保持不变，不会消失。

【举例】

（1）将当前目录下的文件 hello. txt、number. txt 打包后压缩成 new. tar. gz 文件。执行过程如图 5-41 所示。

（2）查看当前目录下 new. tar 打包文件里的内容，然后删除当前目录下的两个普通文件 hello. txt、number. txt。再利用 tar 命令抽取 new. tar 打包文件里的内容。执行过程如图 5-42 所示。

图 5-41 tar 命令打包文件

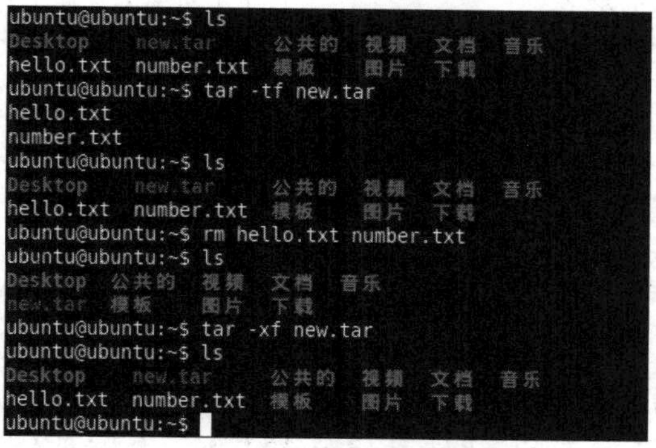

图 5-42 tar 命令查看包内容以及抽取包内容

5.6 磁盘操作命令

5.6.1 mount 命令

【功能】 挂载。现在许多企业的计算机系统都是由 UNIX 系统、Linux 系统和 Windows 系统组成的混合系统,不同系统之间经常需要进行数据交换。这就需要经常在 Linux 系统下挂接光盘镜像文件、移动硬盘、U 盘等。因此,需要利用 mount 命令进行设备的挂载。

【格式】 命令的格式如下:

mount [-t vfstype] [-o 选项] device dir

【选项】 各选项的详细说明如下所示。

(1)［-t vfstype］:用于指定文件系统的类型,通常不必指定。mount 命令会自动选择正确的类型。vfstype 中常用选项类型说明如表 5-12 所示。

表 5-12 vfstype 中的各个选项的作用

选　项	作　　用	选　项	作　　用
iso9660	光盘或光盘镜像	ntfs	Windows NT NTFS 文件系统
msdos	DOS FAT16 文件系统	smbfs	Mount Windows 文件网络共享
vfat	Windows 9x FAT 32 文件系统	nfs	UNIX(Linux) 文件网络共享

(2)［-o 选项］:主要用来描述设备或文档的挂接方式。常用的选项参数如表 5-13

所示。

表 5-13 ［-o 选项］中各选项的作用

-o 选项	作　　用	-o 选项	作　　用
loop	用来把一个文件当成硬盘分区挂接上系统	iocharset	指定访问文件系统所用字符集
ro	采用只读方式挂接设备	device	要挂接(mount)的设备
rw	采用读写方式挂接设备	dir	设备在系统上的挂接点(mount point)

【举例】

(1) 挂接 U 盘。

① 对 Linux 系统而言,U 盘被当作 SCSI 设备对待的。插入 U 盘之前,应先用 fdisk -l 或 more /proc/partitions 命令查看系统的硬盘和硬盘分区情况。命令如下所示:

```
[root@haut-ubuntu]#  fdisk -l
```

② 插入 U 盘后,再用 fdisk -l 或 more /proc/partitions 命令查看系统的硬盘和硬盘分区情况。会看到系统多了一个 SCSI 硬盘/dev/sdd 和一个磁盘分区/dev/sdd1,/dev/sdd1 就是即将要挂接的 U 盘。

③ 建立一个目录用来作挂接点(mount point)。命令如下:

```
[root@haut-ubuntu]#mkdir -p /mnt/usb
```

④ 使用挂载命令如下:

```
[root@haut-ubuntu]#mount -t vfat /dev/sdd1 /mnt/usb
```

现在可以通过/mnt/usb 来访问 U 盘了。

(2) 挂载光盘镜像文件。

① 从光盘制作光盘镜像文件。将光盘放入光驱,执行下面的命令。

```
[root@haut-ubuntu]#cp /dev/cdrom /home/sunky/mydisk.iso
```

或

```
[root@haut-ubuntu]#dd if=/dev/cdrom of=/home/sunky/mydisk.iso
```

执行上面的任何一条命令都可将当前光驱里的光盘制作成光盘镜像文件/home/sunky/mydisk.iso。

② 将文件和目录制作成光盘镜像文件,执行下面的命令:

```
[root@haut-ubuntu]#mkisofs - r - J - V mydisk - o /home/sunky/mydisk.iso /home/sunky/mydir
```

这条命令将/home/sunky/mydir 目录下所有的目录和文件制作成光盘镜像文件/home/sunky/mydisk.iso,光盘卷标为 mydisk。

③ 光盘镜像文件的挂接(mount)。

建立一个目录用来作挂接点(mount point)的命令如下:

```
[root@haut-ubuntu]#mkdir /mnt/vcdrom
```

用 mount 命令进行挂接如下所示：

```
[root@haut-ubuntu]#mount -o loop -t iso9660 /home/sunky/mydisk.iso /mnt/vcdrom
```

现在可以使用/mnt/vcdrom，就可以访问盘镜像文件 mydisk.iso 里的所有文件了。

（3）挂接移动硬盘。

① 对 Linux 系统而言，USB 接口的移动硬盘也被当作 SCSI 设备对待。插入移动硬盘之前，应先用

```
fdisk -l
```

或

```
more /proc/partitions
```

查看系统的硬盘和硬盘分区情况：

```
[root@haut-ubuntu]#fdisk -l
```

② 接好移动硬盘后，再用命令

```
fdisk -l
```

或

```
more /proc/partitions
```

查看系统的硬盘和硬盘分区情况：

```
[root@haut-ubuntu]#fdisk -l
```

此时，可以发现多了一个 SCSI 硬盘/dev/sdc 和它的两个磁盘分区/dev/sdc1、/dev/sdc2，其中/dev/sdc5 是/dev/sdc2 分区的逻辑分区。使用下面的命令挂接/dev/sdc1 和/dev/sdc5。

③ 建立目录用来作挂接点（mount point）：

```
[root@haut-ubuntu]#mkdir -p /mnt/usbhd1
[root@haut-ubuntu]#mkdir -p /mnt/usbhd2
```

④ 用 mount 命令建立挂接：

```
[root@haut-ubuntu]#mount -t ntfs /dev/sdc1 /mnt/usbhd1
[root@haut-ubuntu]#mount -t vfat /dev/sdc5 /mnt/usbhd2
```

注意：对 NTFS 格式的磁盘分区应使用-t ntfs 参数，对 fat32 格式的磁盘分区应使用-t vfat 参数。若汉字文件名显示为乱码或不显示，可以使用下面的命令格式：

```
[root@haut-ubuntu]#mount -t ntfs -o iocharset=cp936 /dev/sdc1 /mnt/usbhd1
[root@haut-ubuntu]#mount -t vfat -o iocharset=cp936 /dev/sdc5 /mnt/usbhd2
```

Linux 系统下使用 fdisk 分区命令和 mkfs 文件系统创建命令,可以将移动硬盘的分区制作成 Linux 系统所特有的 ext2、ext3 格式。这样,在 Linux 下使用就更方便了。使用命令

```
[root@haut-ubuntu]#mount /dev/sdc1 /mnt/usbhd1
```

直接挂接即可。

5.6.2　umount 命令

【功能】　卸载一个文件系统,它的使用权限是超级用户或/etc/fstab 中允许的使用者。

【格式】　命令的格式如下:

```
umount <挂载点|设备>
```

【说明】　umount 命令是 mount 命令的逆操作,它的参数和使用方法和 mount 命令是一样的。

【举例】　卸载 USB 设备,使用命令如下:

```
[root@haut-ubuntu]#umount /mnt/usb
```

5.6.3　df 命令

【功能】　查看当前硬盘的分区信息。

【格式】　命令的格式如下:

```
df [选项]
```

【选项】　df 命令中各选项的作用如表 5-14 所示。

表 5-14　df 命令中各选项的作用

选　项	作　用
-a	把全部的文件系统和各分区的磁盘使用情况列出来
-i	列出 i-nodes(i 结点)的使用量
-k	把各分区的大小和挂上来的文件分区的大小以千字节(KB)为单位显示
-h	把各分区的大小和挂上来的文件分区的大小以兆字节(MB)或者吉字节(GB)为单位显示
-t	列出某一个文件系统的所有分区磁盘空间使用量
-x	列出不是某个文件系统的所有分区的使用量(和-t 选项相反)
-t	列出每个分区所属文件系统的名称

【举例】　写出全部文件系统和各分区的磁盘使用情况。输入命令及执行过程如图 5-43 所示。

5.6.4　du 命令

【功能】　查看当前目录下所有文件及目录的信息。

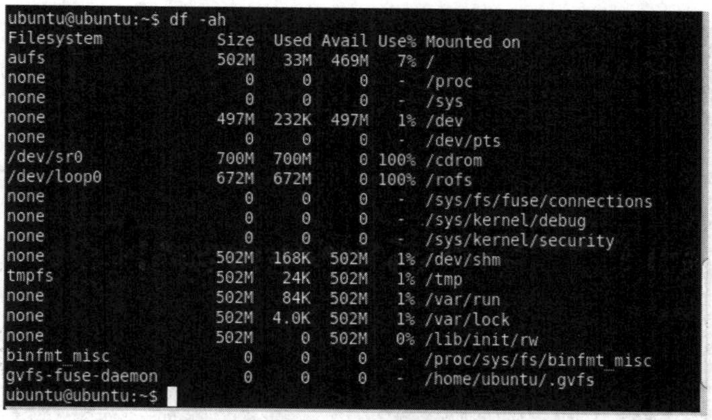

```
ubuntu@ubuntu:~$ df -ah
Filesystem            Size  Used Avail Use% Mounted on
aufs                  502M   33M  469M   7% /
none                     0     0     0    -  /proc
none                     0     0     0    -  /sys
none                  497M  232K  497M   1% /dev
none                     0     0     0    -  /dev/pts
/dev/sr0              700M  700M     0 100% /cdrom
/dev/loop0            672M  672M     0 100% /rofs
none                     0     0     0    -  /sys/fs/fuse/connections
none                     0     0     0    -  /sys/kernel/debug
none                     0     0     0    -  /sys/kernel/security
none                  502M  168K  502M   1% /dev/shm
tmpfs                 502M   24K  502M   1% /tmp
none                  502M   84K  502M   1% /var/run
none                  502M  4.0K  502M   1% /var/lock
none                  502M     0  502M   0% /lib/init/rw
binfmt_misc              0     0     0    -  /proc/sys/fs/binfmt_misc
gvfs-fuse-daemon         0     0     0    -  /home/ubuntu/.gvfs
ubuntu@ubuntu:~$
```

图 5-43　df 命令的执行过程

【格式】　命令的格式如下：

```
du [选项]
```

【选项】　各选项的作用如表 5-15 所示。

表 5-15　du 命令各选项的作用

选　　项	作　　用
-a	列出所有文件及目录的大小
-h	以兆字节(MB)或吉字节(GB)等形式显示文件或目录的大小
-b	显示目录和文件的大小,以字节(B)为单位
-c	最后加上一个总计
-s	只列出各文件大小的总和
-x	值计算属于同一个文件系统的文件

【举例】　在终端下输入命令：

```
du -ab
```

执行的结果如图 5-44 所示。

5.6.5　fsck 命令

【功能】　硬盘检测。该命令只能由 root 用户来执行,通过命令执行来检测硬盘是否有问题。

【格式】　命令的格式如下：

```
fsck 分区名
```

【举例】　在终端下输入命令：

```
fsck /dev/sda1
```

观察执行的结果。

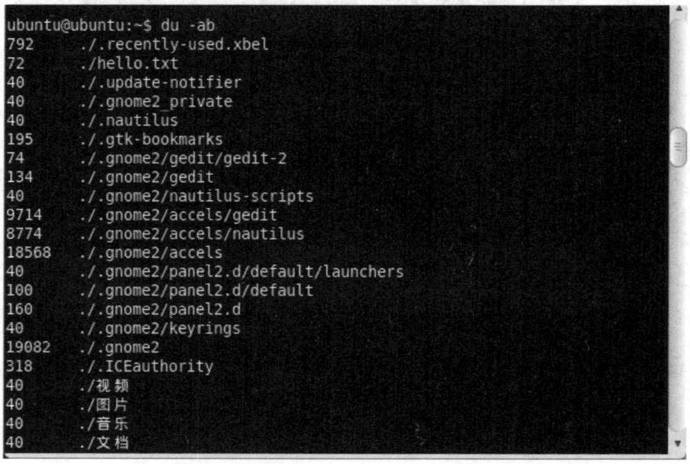

图 5-44 du 命令的执行过程

5.7 关机重启命令

5.7.1 shutdown 命令

【功能】 安全关机。

【格式】 命令的格式如下：

shutdown [选项] [时间] [警告信息]

【选项】 shutdown 命令中各选项的作用如表 5-16 所示。

表 5-16 shutdown 命令中各选项的作用

选　项	作　　　用	选　项	作　　　用
-h	将系统服务停掉然后安全关机	-k	不真正关机，只是发出警告信息
-r	将系统服务停掉然后安全重启	-t	在规定的时间后关机

【说明】 要使用这个命令关闭系统，必须首先保证是 root 用户，否则使用 su 命令改变为 root 用户，再使用该命令。

【举例】

（1）让系统在 2 分钟后关机。输入命令：

shutdown -h +2

（2）让系统在 22:00 准时关机。输入命令：

shutdown -h 22:00

（3）让系统在 1 分钟后重启，并通知用户进行保存操作。输入命令：

shutdown -r +1 "system will be reboot after 1 minuter."

5.7.2 halt 命令

【功能】 关机。

【格式】 命令的格式如下：

```
halt [选项]
```

【选项】 常用的选项-f,用于控制强行关机。

【说明】 halt 命令单独使用,就等于执行了 shutdown － h 命令。停掉系统服务后安全关机。执行-f 选项时,不调用 shutdown 命令直接进行强行关机。

【举例】 观察 halt 命令和 halt -f 命令的执行效果。分别在终端下输入命令：

```
halt
halt － f
```

5.7.3 poweroff 命令

【功能】 关机。

【格式】 命令的格式如下：

```
poweroff
```

【说明】 poweroff 命令比较简单,直接使用该命令就可以实现关机操作。

5.7.4 reboot 命令

【功能】 重新启动系统。

【格式】 命令的格式如下：

```
reboot
```

【说明】 reboot 命令比较简单,直接使用该命令就可以实现系统的重启。

5.7.5 init 命令

【功能】 切换 Ubuntu 的运行级别。

【格式】 命令的格式如下：

```
init [运行级别]
```

【说明】 init 命令中的"运行级别"一共有 7 级。分别是从 0～6。其中"0"代表关机,"6"代表重新启动。因此,要使用 init 命令进行关机操作或系统重启操作。另外,前面介绍的 shutdown 命令实际上也是利用 init 进行关机的。shutdown 命令的执行向系统发出一个信号,该信号能够通知 init 进程改变系统的运行级别,也就是说,init 进程接收到信号后把系统运行级别转换到 0 级,实现系统关机。init 进程是系统的启动进程,它是系统启动后由系统内核创建的第一个进程,进程号为 1,在系统的整个运行期间具有相当重要的作用。

【举例】

（1）输入命令：

init 0

实现关机操作。

（2）输入命令：

init 6

实现计算机的重新启动。

5.8 其他常用命令

5.8.1 echo 命令

【功能】 显示命令行中的字符串。主要用于输出提示信息。

【格式】 命令的格式如下：

echo [选项] [字符串]

【选项】 -n：表示输出字符串后，光标不换行。

【举例】 使用 echo 命令输出提示信息。执行过程如图 5-45 所示。

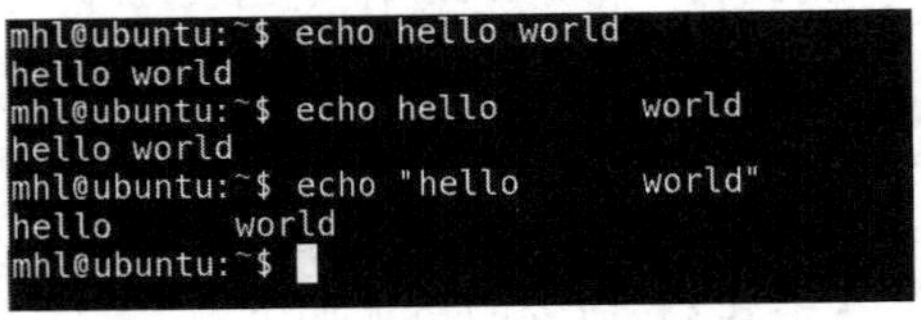

5.8.2 more 命令和 less 命令

【功能】 对文件内容或者查询结果分屏显示。

【格式】 命令的格式如下：

图 5-45　echo 命令输出提示信息

more [选项] 文件名
less [选项] 文件名

【说明】 more 命令可以单独使用，也可以配合其他命令和管道符（｜）使用，将屏幕的信息以分屏的方式一页一页地进行显示，方便使用者逐页阅读，并且可以利用键盘的相关按键进行显示控制。而最基本的指令就是按空格（Space）键下翻一页显示，按 B 键就会往回翻一页显示。按 Q 键退出。如果浏览到最后一页时，会自动退出。

less 命令的功能与 more 十分相似，都是对屏幕信息的分屏显示，都可以用来浏览纯文字文件的内容。不同的是 less 允许使用者往回卷动，即向回翻页。可以使用 Pageup 键、PageDown 键实现上下翻页，利用上下箭头实现上下翻行。与在 Windows 下的使用习惯相同。其他按键与 more 命令相同。

【选项】 more 命令中各选项的作用，如表 5-17 所示。

表 5-17　more 命令中各选项的作用

选　　项	作　　用	选　　项	作　　用
-p	不滚屏，清屏	＋n	从第 n 行开始显示
-s	将连续的空行压缩为一个空行		

【举例】 观察以下命令的执行过程。分析区别。

```
more 文件名
cat 文件名 | more
less 文件名
```

5.8.3 help 命令和 man 命令

【功能】 显示某个命令的格式用法。

【格式】 命令的格式如下：

```
help 命令名
man 命令名
```

【说明】 help 命令专门用于显示内建命令的格式用法。内建命令是在 Shell 的内部来实现的，而不能为外部程序所调用。然而大多数的内部命令也会作为相对独立的单一程序来提供，而这也是 POSIX 标准所要求的一部分。常用的内建命令包括 cd 命令、pwd 命令、ls 命令等。

man 命令可以显示系统手册页中的内容，这些内容大多数都是对命令的解释信息。man 是非常实用的一种工具，当在使用到某一个并不熟悉的命令时，需要了解该命令更为详细的信息和用法时，可以使用 man 命令来实现。man 命令的使用范围很广，无论是 Shell 的内建命令还是外部命令均可以利用 man 命令来查看其用法。

【举例】 分别使用 man 命令和 help 命令查看 pwd 命令的用法。分别执行下面的命令，观察执行结果。

```
man pwd
help pwd
```

5.8.4 cal 命令

【功能】 显示日历。

【格式】 命令的格式如下：

```
cal [选项 [月份 [年份]]]
```

【选项】 cal 命令中各选项的作用如表 5-18 所示。

表 5-18　cal 命令中各选项的作用

选项	作　　用	选项	作　　用
-m	以星期一为每周的第一天方式显示	-y	显示今年年历
-j	以凯撒历显示，即以一月一日起的天数显示		

【说明】 cal 命令的[月份［年份］]部分中，如果命令中只标出一个参数，则代表年份（1～9999），显示该年的年历。使用两个参数，则表示月份及年份。第一个参数代表月份，第二个参数代表年份。cal 命令也可以不带任何选项和参数，单独使用，则表示显示当前月的月历。

【举例】 观察以下命令的执行过程。

（1）输入：

```
cal
cal 2000
```

显示 2000 年的年历。

（2）输入：

```
cal 5 2000
```

显示 2000 年 5 月份的月历。

（3）输入：

```
cal -m
```

以星期一为每周的第一天方式，显示本月的月历。

（4）输入：

```
cal -jy
```

以一月一日起的天数显示今年的年历。

（5）输入命令：

```
cal 2000
```

显示执行过程如图 5-46 所示。

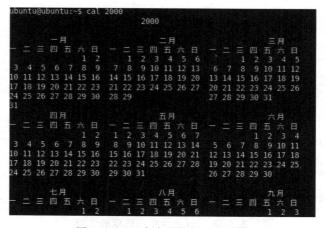

图 5-46　cal 命令的执行过程举例

5.8.5　date 命令

【功能】 显示及设定系统的日期和时间。

【格式】 命令的格式如下：

```
date [选项] 显示时间格式 (以 + 号开始，后边加格式)
date 设定时间格式
```

【选项】 date命令中各选项的作用,如表5-19所示。

表 5-19 date 命令中各选项的作用

选 项	作 用	选 项	作 用
-u	使用格林尼治时间	-r	最后一次修改文件的时间

date 命令常用的几种时间格式,如表 5-20 所示。

表 5-20 date 命令常用的几种时间格式

选项	作 用	选项	作 用
%a	星期几的简称。例如一、二、三	%y	年的最后两个数字
%A	星期几的全称。例如星期一、星期二	%Y	年(例如 2010、2011)
%D	日期(mm/dd/yy)格式	%r	时间(hh:mm:ss 上午或者下午)
%T	显示时间格式(24 小时制)(hh:mm:ss)	%p	显示上午或者下午
%x	显示日期的格式(mm/dd/yy)		

【说明】 date 命令单独使用可以显示系统时间。如果要修改系统时间,必须取得 root 权限才能设定系统时间。设置时间以"月(2 位)日(2 位)时(2 位)分(2 位)年(4 位).秒(2 位)"的格式来设置。如命令 date 122110322011.00。代表设置当前系统的日期是 2011.12. 21,时间是 10:32:00。

当用户以 root 身份更改了系统时间之后,需要执行 clock -w 命令来将系统时间写入 CMOS 中,这样下次重新开机时系统时间才会保持最新的正确时间。

【举例】 date 命令的使用。

(1) 查看当前的日期和时间。执行过程如图 5-47 所示。

```
ubuntu@ubuntu:~$ date
2012年 10月 26日 星期五 16:26:40 UTC
ubuntu@ubuntu:~$ date "+%x,%r"
2012年10月26日,下午 04时27分03秒
ubuntu@ubuntu:~$
```

图 5-47 date 命令查看当前的日期和时间

(2) 修改当前的日期和时间。转换到 root 用户后,设置当前的日期是 2011.12.21,时间 10:32:00。执行过程如图 5-48 所示。

```
root@ubuntu:/home/ubuntu# date 122110322011.00
2011年 12月 21日 星期三 10:32:00 UTC
root@ubuntu:/home/ubuntu#
```

图 5-48 date 命令设置系统时间和日期

本 章 小 结

本章介绍了 Linux 操作系统的常用命令,主要包括管理文件和目录的命令、权限设置命令、管理磁盘空间的命令、其他关于文件备份和压缩命令、有关关机和查看系统信息的命令

等。通过这些常用命令的练习,可以为使用 Linux 操作系统打下坚实的基础。

实　验　5

题目：Linux 下常用命令的操作。

要求：

(1) 写出以下管理文件和目录命令的作用,抓图显示执行的结果。

pwd cd ls cat grep cp

(2) 写出利用 mount 和 umount 命令挂载光驱和卸载光驱的过程。

(3) 写出利用 gzip、bzip2 命令进行某文件的压缩以及解压操作的过程。并练习 tar 命令打包某些文件的操作。抓图显示执行的结果。

(4) 写出利用 find 命令对某文件进行查找的过程。并练习用 sort 命令对某文件的内容进行排序显示。抓图显示执行的结果。

习　题　5

1. Linux 操作系统有哪些常用的基本命令？
2. 练习常用的目录操作命令。
3. 练习文件操作的基本命令。
4. 练习文件的处理命令。
5. 练习压缩和解压操作命令。
6. 练习磁盘操作命令。
7. 练习关机重启命令。

第 6 章 Linux 常用应用软件

Ubuntu 包含了日常所需的常用程序,集成了跨平台的办公套件 LibreOffice 和 Mozila Firefox 浏览器等。主要包括了文本处理工具、图片处理工具、电子表格、演示文稿、电子邮件、多媒体播放、网络服务和日程管理等。

6.1 LibreOffice

LibreOffice 是一套自由的办公软件,它可以在 Windows、Linux、Macintosh 平台上运行,本套软件共有 6 个应用程序,包括 Writer (文本文档)、Calc (电子表格)、Impress (演示文稿)、Draw (绘图)、Math (公式)、Base (数据库)。在 Ubuntu 11.04 版本以前,集成的办公软件套件是 OpenOffice.org。OpenOffice.org 是一套跨平台的办公室软件套件,能在 Windows、Linux、Mac OS X(X11)、Solaris 等操作系统上执行。它与各个主要的办公软件套件兼容。OpenOffice.org 是自由软件,任何人都可以免费下载、使用和推广。OpenOffice.org 的主要模块包括 Writer 文本文档、Calc 电子表格、Impress 演示文稿、Math 公式、Draw 绘图、Base 数据库等。

LibreOffice 是 OpenOffice.org 办公套件衍生版,同样免费开源,以 GPL 许可证分发源代码,但相比 OpenOffice 增加了很多特色功能。LibreOffice 的版本号码被设置为与 OpenOffice.org 一致,故初始发布(2010 年)即为第 3 版,并不存在第 2 版、第 1 版。LibreOffice 第 3 版默认的文件格式是国际标准化组织(ISO)的 Open Document Format (.odt,.odp,.ods,.odg)。LibreOffice 拥有强大的数据导入和导出功能,能直接导入 PDF 文档、微软 Works、LotusWord,支持主要的 Open XML 格式。软件本身并不局限于 Debian 和 Ubuntu 平台,支持 Windows、Mac、PRM package Linux 等多个系统平台。目前 LibreOffice 的最高版本是 LibreOffice 4.2.1,在 Ubuntu 12.04 中集成的是 LibreOffice 3.5.7。

LibreOffice 能够与 Microsoft Office 系列以及其他开源办公软件深度兼容,且支持的文档格式相当全面。支持的文件格式如表 6-1 所示。

表 6-1 LibreOffice 支持的文件格式

文档类型	扩 展 名
文本文档	*.txt、*.rft,*.doc、*.dot、*.docx,*.docm、*.dotx、*.dotm、*.wps、*.wpd、*.html、*.htm、*.xml、*.odm、*.sgl、*.odt、*.ott、*.sxw、*.stw、*.fodt、*.pdb、*.hwp、*.lwp、*.psw、*.sdw、*.vor、*.oth
电子表格	*.xls、*.xlc、*.xlm、*.xlw、*.xlk、*.xlsx、*.xlsm、*.xltm、*.xltx、*.xlsb、*.xml、*.csv *.ods、*.ots、*.sxc、*.stc、*.fods、*.sdc、*.vor、*.dif,*.wk1、*.wks、*.123、*.pxl、*.wb2
演示文稿	*.ppt、*.pps、*.pptx、*.pptm、*.ppsx、*.potm、*.potx、*.pot,*.odp、*.otp、*.sti、*.sxd、*.fodp、*.xml、*.sdd、*.vor、*.sdp

文档类型	扩 展 名
绘图	＊.odg、＊.otg、＊.sxd、＊.std、＊.sgv、＊.sda、＊.vor、＊.sdd、＊.cdr、＊.svg、＊.vsd、＊.vst
网页	＊.html、＊.htm、＊.stw
公式	＊.odf、＊.sxm、＊.smf、＊.mml

Ubuntu 将 LibreOffice 作为一个标准内置软件提供,LibreOffice 的安装是在系统级完成的,这意味着所有的用户都可以访问它。在 Unity 桌面集成了 LibreOffice Writer(类似 MS Offic Word)、LibreOffice Calc(类似 MS Office Excel)、LibreOffice Impress(类似 MS Office PowerPoint)3 个组件模块。

6.1.1　LibreOffice Writer

LibreOffice Writer 是 LibreOffice 的一个组件,是与 Microsoft Word 或 WordPerfect 有着类似功能和文件支持的文字处理器。它包含大量所见即所得的文字处理能力,但也可作为一个基本的文本编辑器来使用。LibreOffice Writer 是 LibreOffice 最常用的 LibreOffice 办公组件。它既可以方便地制作一份备忘录,也可以制作出包含目录、图表、索引等内容组成的一部完整的书籍。用户可以只专心制作文件的内容,而 Writer 软件可以负责把文件修饰得美轮美奂。"向导"功能包含了信函、传真、会议议程和备忘录等标准文件的模板,也能执行邮件合并等较复杂的任务。当然,也可随意创建自己的模板。

LibreOffice Writer 中各项功能的存在位置,与 MS Office Word 有细微的差别,因此用户可能需要花点时间寻找类似的功能。在 Writer 中内置了拼写检查、词典、宏、样式和帮助等工具,并且其工作方式与其他字处理软件和应用程序是一致的。

用户可以通过单击 Unity 桌面 LibreOfficeWriter 快捷按钮![icon]来启动软件。运行后,Writer 程序新建并打开一个空白文档,可以看到光标在闪动,一切就绪,等待用户在文档中输入内容。可以看出,LibreOffice Writer 启动后的界面与 MS Word 比较相似,熟悉 MS Word 的用户几乎不需要过多地进行软件使用的学习和培训就能开始工作。LibreOffice Writer 主界面如图 6-1 所示。Writer 的界面很具有代表性,熟练地掌握 Writer 的使用对于其他模块的学习会有很大的帮助。

Writer 程序如同其他的 Ubuntu 程序一样,关闭程序和最大化、最小化按钮在程序的左上角(需要将鼠标光标移动到左上角),而不是 MS Windows 的右上角。程序最上方是标题栏,指明当前打开的文档名称和程序名。在标题栏下面是一行菜单栏,菜单栏下面是一些快捷按钮区域和选择列表区域。在下方是纵向和横向的标尺线,以及空白的文档书写区域。底部和右侧有横向和纵向滚动条,最底部是一些状态提示信息,如页码数、输入法状态、插入标记状态等。

在 LibreOffice Writer 中输入"LibreOffice Writer",即字号由小到大的文字,如图 6-2 所示。

当在 Writer 中完成了编辑工作,需要存盘的时候,可以选择"文件"|"保存"菜单命令,

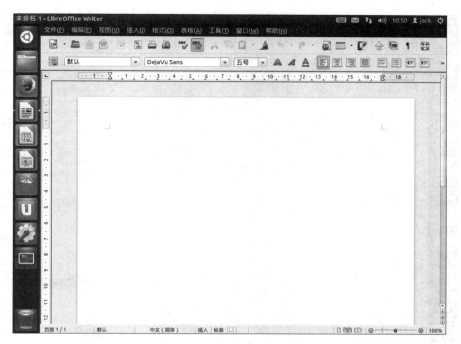

图 6-1 LibreOfficeWriter 主界面

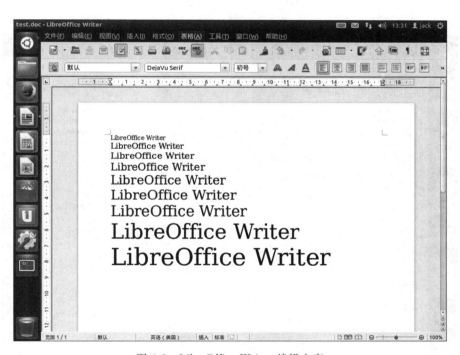

图 6-2 LibreOffice Writer 编辑文字

或者按 Ctrl＋S 键,此时会弹出"保存"对话框,如图 6-3 所示。

在"保存"对话框中,可以选择保存格式,单击格式选择列表可以列出所支持的文件格式
如图 6-4 所示。

图 6-3　LibreOffice Writer 保存文件对话框

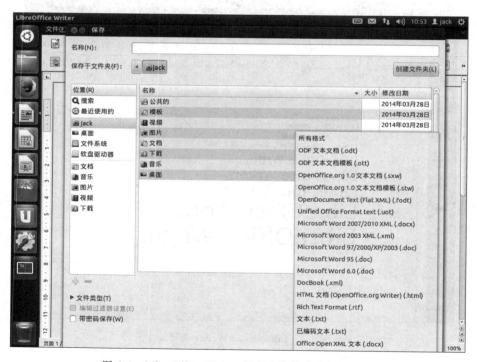

图 6-4　LibreOffice Writer 保存文件格式选择对话框

选择保存为 MS Word97/2000/XP/2003(.doc)格式,单击保存后会出现如图 6-5 所示对话框,提示格式选择,包括了 MS Wrod 格式和 ODF 格式两种,其中 ODF 格式,即开放文档格式(OpenDocument Format,ODF)。它是一种规范,基于 XML(标准通用标记语言的子集)的文件格式,因此是为图表、演示稿和文字处理文件等电子文件而设置。它的规格原本由 Sun 公司开发,标准则由结构化信息标准促进组织 OASIS 所开发。

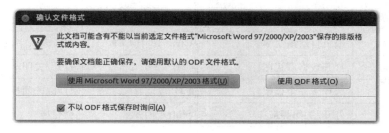

图 6-5　确认文件格式对话框

此处,单击"使用 M ICROSOFT Word97/2000/XP/2003 格式"按钮,则文件保存为 .doc 格式,可以通过 MS Office Word 打开在 LibreOffice Writer 下编辑的文件,看到显示效果同 LibreOffice Writer 中一样。如图 6-6 所示。

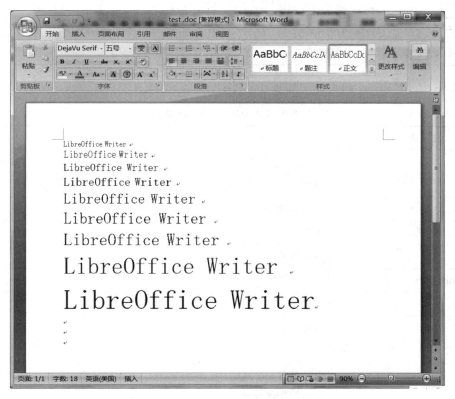

图 6-6　MS Office Word 中显示文件

作为一款办公软件,LibreOffice Writer 具有强大的功能,其中众多的功能键和快捷键为 LibreOffice Writer 提供了丰富的键盘操作。LibreOffice Writer 的功能键如表 6-2 所示。

表 6-2　LibreOffice Writer 的功能键

快捷键	效　　果	快捷键	效　　果
F2	公式编辑栏	F9	更新字段
Ctrl＋F2	插入字段	Ctrl＋F9	显示字段
F3	执行自动图文集	Shift＋F9	计算表格
Ctrl＋F3	编辑自动图文集	Ctrl＋Shift＋F9	更新输入字段和输入列表
F4	打开数据源视图	Ctrl＋F10	打开/关闭非打印字符
Shift＋F4	选择下一个框架	F11	打开/关闭样式和格式窗口
F5	打开/关闭导航	Shift＋F11	创建样式
Ctrl＋Shift＋F5	打开"导航",转到页码	Ctrl＋F11	将焦点设置到"应用样式"框
F7	拼写检查	Ctrl＋Shift＋F11	更新样式
Ctrl＋F7	同义词库	F12	显示编号
F8	扩展模式	Ctrl＋F12	插入或编辑表格
Ctrl＋F8	显示/隐藏字段阴影	Shift＋F12	显示项目符号
Shift＋F8	其他选择模式	Ctrl＋Shift＋F12 键	隐藏编号/项目符号
Ctrl＋Shift＋F8	方块选择模式		

LibreOffice Writer 的快捷键如表 6-3 所示。

表 6-3　LibreOffice Writer 快捷键

快　捷　键	功　　能
Ctrl＋A	全选
Ctrl＋J	两端对齐
Ctrl＋D	双下划线
Ctrl＋E	居中
Ctrl＋F	查找和替换
Ctrl＋Shift＋P	上标
Ctrl＋L	左对齐
Ctrl＋R	右对齐
Ctrl＋Shift＋B	下标
Ctrl＋Y	恢复最后一个操作
Ctrl＋0(数字)	应用默认段落样式
Ctrl＋1	应用标题 1 段落样式
Ctrl＋2	应用标题 2 段落样式
Ctrl＋3	应用标题 3 段落样式

快　捷　键	功　　能
Ctrl＋5	1.5 倍行距
Ctrl＋ ＋（加号）	计算选中的文本,并将其复制到剪贴板上
Ctrl＋－（连字符）	自定义连字符;用户设置的断字
Ctrl＋Shift＋减号（一）	不间断画线(不能当作连字符使用)
Ctrl＋ *（数字小键盘上的星号）	运行宏字段
Ctrl＋Shift＋Space(空格)	不间断空格。不间断空格不能用于断字,在调整文字时也不会扩展
Shift＋Enter	换行不换段
Ctrl＋Enter	手动分页
Ctrl＋Shift＋Enter	在多栏文本中的分栏
Alt＋Enter	在项目符号内插入不带编号字符的新段落
Alt＋Enter	在区域或表格的前面或后面直接插入新的段落
←（向左箭头）	向左移动光标
Shift＋←（向左箭头）	光标和选定内容一起向左移动
Ctrl＋←（向左箭头）	跳至字首
Ctrl＋Shift＋←（向左箭头）	逐字向左选择
→（向右箭头）	向右移动光标
Shift＋→（向右箭头）	光标和选定内容一起向右移动
Ctrl＋→（向右箭头）	转到下一字词的起始位置
Ctrl＋Shift＋→（向右箭头）	逐字向右选中
↑（向上箭头）	将光标上移一行
Shift＋↑（向上箭头）	向上选择行
Ctrl＋↓（向下箭头）	将光标移到上一段落的起始位置
Shift＋Ctrl＋↑（向上箭头）	选定到段落的起始位置。下次击键将选定扩展到上一段落的起始位置
↓（向下箭头）	光标向下移动一行
Shift＋↓（向下箭头）	向下选择行
Ctrl＋↓（向下箭头）	将光标移到下一段落的起始位置
Shift＋Ctrl＋↓（向下箭头）	选定到段落的结尾位置。下次击键将选定扩展到下一段落的结尾位置
Home	转到行首
Shift＋Home	选择当前位置与行首之间的内容,同时将光标转到行首
End	转到行尾
Shift＋End	选择当前位置与行尾之间的内容,同时将光标转到行尾
Ctrl＋Home	转到文档起始位置

快 捷 键	功 能
Ctrl+Shift+Home	和选中的内容一起跳至文档起始位置
Ctrl+End	转到文档结束位置
Ctrl+Shift+End	和选中的内容一起跳至文档结束位置
Ctrl+PageUp	在文字和页眉之间切换光标
Ctrl+PageDown	在文字和页脚之间切换光标
Insert(插入键)	打开或关闭插入模式
PageUp	屏幕上的页面向上
Shift+PageUp	屏幕上的页面和选中的内容一起向上
PageDown	向下移动屏幕页面
Shift+PageDown	屏幕上的页面和选中的内容一起向下移动
Ctrl+Delete	删除至字尾的文字
Ctrl+Backspace	删除至字首的文字,在列表中:删除当前段落前面的一个空段落
Ctrl+Shift+Delete	删除至句末的文字
Ctrl+Shift+Backspace	删除至句首的文字
Ctrl+Tab	在字词自动补充完整时:下一个建议
Ctrl+Shift+Tab	在字词自动补充完整时:上一个建议
Ctrl+双击 或 Ctrl+Shift+F10	使用此组合可以快速固定或取消固定"导航"、"样式和格式"窗口或其他窗口

用于段落级和标题级别的快捷键见表 6-4 所示。

表 6-4　段落标题快捷键

快 捷 键	效 果
Ctrl+Alt+Up Arrow	将活动段落或选定的段落向上移动一个段落
Ctrl+Alt+Down Arrow	将当前段落或选定的段落向下移动一个段落
Tab	格式"标题 X"(X 为 1～9)中的标题在大纲中向下降一级
Shift+Tab	格式"标题 X"($X=2～10$)中的标题在大纲中向上升一级
Ctrl+Tab	标题起始位置:插入一个制表位。针对所用的窗口管理器,可采用 Alt+Tab 键。要使用键盘修改标题级别,首先要将光标置于标题前

用于 LibreOffice Writer 中表格的快捷键如表 6-5 所示。

表 6-5　表格中的快捷键

快　捷　键	效　　　果
Ctrl+A	如果活动单元格是空白的,选择整个表格,否则选择活动单元格的内容,再按一次选择整个表格
Ctrl+Home	如果当前单元格是空白的,跳至表格的起始位置,否则按第 1 次时跳至当前单元格的起始位置,按第 2 次时到当前表格的起始位置,按第 3 次时到文档的起始位置
Ctrl+End	如果当前单元格是空白的,跳至表格的结束位置,否则按第 1 次时跳至当前单元格的结束位置,按第 2 次时到表格的结束位置,按第 3 次时到文档的结束位置
Ctrl+Tab	插入一个制表位(仅在表格中)。针对所用的窗口管理器,可采用 Alt+Tab 键
Alt+方向键	沿着单元格的右/下边缘放大/缩小列/行
Alt+Shift+方向键	沿着单元格的左/上边缘放大/缩小列/行
Alt+Ctrl+方向键	与 Alt 键功能类似,但只能修改活动单元格
Alt+Insert	在"插入"模式中停留 3s。可以使用方向键插入行或列,使用 Ctrl+方向键插入单元格
Alt+Delete	在删除模式中停留 3s。可以使用方向键删除行或列,使用 Ctrl+方向键将单元格与相邻单元格合并
Shift+Ctrl+ Delete	如果没有选定整个单元格,则删除从光标所在位置到当前句子结尾处的文本。如果光标在单元格结尾处,并且没有选定整个单元格,则删除下一个单元格的内容。如果没有选定整个单元格,并且光标在表格的结尾处,则删除此表格以下的句子,段落的剩余部分将被移到表格的最后一个单元格中。如果表格之后是一个空行,则删除此空行。如果选定一个或多个单元格,则删除包含选择内容的整个行。如果完全或部分选定全部行,则删除整个表格

6.1.2　LibreOffice Calc

　　LibreOffice Calc 是 LibreOffice 的一个组件,是最常用的 LibreOffice 办公组件,其作用相当于 Microsoft Excel。从大型企业到家庭办公室,各行各业的专业人员都使用电子表格来保存记录、创建商业图表,以及处理数据。LibreOffice Calc 是一个软件电子表格应用程序,它允许用户在组织成行列的单元格(cell)中输入和处理数据。单元格是单个数据的容器,如数量、标签,或数学公式。用户可以执行一组单元格的计算(如加减一列单元格),或根据包含在一组单元格中的数值来创建图表。甚至可以把电子表格的数据融入文档中来增加专业化色彩。

　　Calc 的启动方法与 Writer 类似,用户可以通过单击 Unity 桌面 LibreOffice Calc 快捷按钮来启动软件。运行后,Writer 程序新建并打开一个空白表格,可以看到光标在闪动。与 Writer 程序相同,Calc 程序最上方是标题栏,指明当前打开的文档名称和程序名。在标题栏下面是一行菜单栏,菜单栏下面是一些快捷按钮区域和选择列表区域,以及单元格计算赋值框。在下方是纵向和横向的单元格区域。底部和右侧有横向和纵向滚动条,和工作表名称选项卡。最底部是一些状态提示信息,如工作表名称、输入法状态、插入标记状态、显示比例等,如图 6-7 所示。

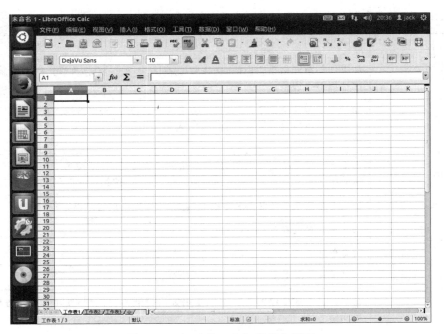

图 6-7　LibreOffice Calc 程序主界面

可以把用 LibreOffice Calc 创建的电子表格保存为多种文件格式,包括 ODF 电子表格的.ods格式和与 Microsoft Office 兼容的.xls 格式,还支持 dBASE 数据库的.dbf 格式、CSV 文本的.csv 格式,以及 xml 等格式。此外,用户可以把绘制的图标和图例导出为多种图像文件格式,并把它们综合到文档文件、网页和演示文稿中。LibreOffice Calc 能将文件保存为多种格式,在其保存界面上选中保存格式列表,即列出所有的支持格式文件类型,如图 6-8 所示。

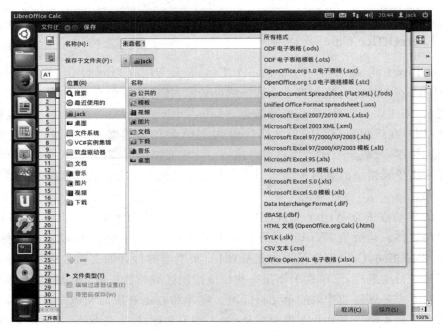

图 6-8　LibreOffice Calc 保存文件选中格式列表界面

与 MS Excel 一样，Calc 可以在表格中插入图表演示，图表类型包括了柱形图、条形图、饼图、面积图、折线图、XY（散点图）、气泡图、网状图、股价图和柱—线图等。可以根据表格中选定的数据显示出相应的图表。图表向导页面如图 6-9 所示。

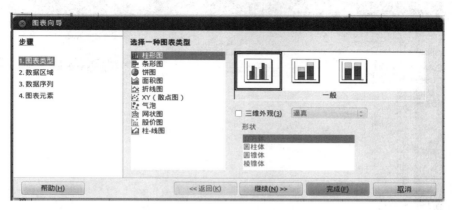

图 6-9　图表向导页面

选中柱形图，三维外观，并采用立方体形状，构造出的图表如图 6-10 所示。

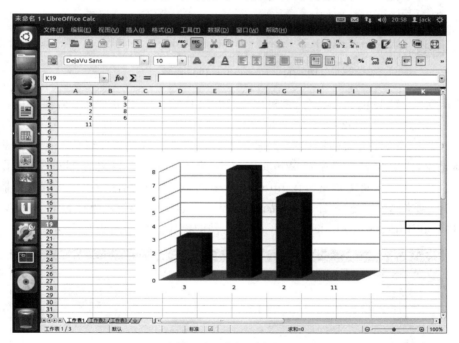

图 6-10　图表示例界面

对于电子表格类软件而言，丰富的计算函数支持是主要特点之一，在 MS Excel 中集成了大量的函数公式。同样的，在 LibreOffice Calc 中也集成了大量的函数公式，方便用户进行各种复杂数据的计算，LibreOffice Calc 中的公式包括了数据库、日期和时间、财务、信息、逻辑、数学、矩阵、统计等几大类，选择“插入”|“函数列单”菜单命令，则列出如图 6-11 所示的函数列表，当单击某一函数名称时，在下方有该函数的简答说明，例如单击了“ABS”函数

名,给出了提示该函数的功能是"一个数字的绝对值"。可以通过该说明了解函数的功能,更好的使用函数。

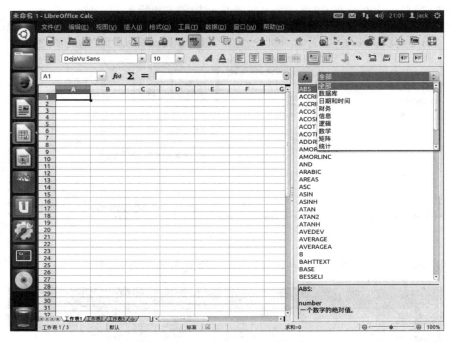

图 6-11　LibreOffice Calc 函数列表

　　LibreOffice Calc 的另一特色,是可以直接将文件输出为 PDF 文件,省去了以往通过虚拟打印机等形式生成 PDF 文件的烦琐操作和另外购买安装软件的成本。PDF(Portable Document Format,便携文档格式)是一种电子文件格式。这种文件格式与操作系统平台无关,也就是说,PDF 文件不管是在 Windows,UNIX 还是在苹果公司的 Mac OS 操作系统中都是通用的。这一性能使它成为在 Internet 上进行电子文档发行和数字化信息传播的理想文档格式。越来越多的电子图书、产品说明、公司文告、网络资料、电子邮件开始使用 PDF 格式文件。在 LibreOffice Calc 中导出 PDF 文件的操作界面如图 6-12 所示。

图 6-12　导出 PDF 文件界面

6.1.3 LibreOffice Impress

LibreOffice Impress 是一个功能与 Microsoft PowerPoint 相近,并且可与 Microsoft PowerPoint 文件格式兼容的演示文稿制作软件。一般说来,视觉辅助会增加演示文稿的冲击力,使演示能够捕捉观众的注意力,并保持他们对演示的兴趣。LibreOffice Impress 是一个能够帮助用户制作更有说服力的演示文稿的图形化工具。

使用 LibreOffice Impress 可以创建专业的演示文稿,其中可以含有图表、绘图对象、文字、多媒体以及其他各种内容。如果需要,甚至还可以导入和修改 Microsoft PowePoint 的演示文稿。对于屏幕上的幻灯片放映,可以使用动画、幻灯片切换和多媒体等技术使演示文稿更加生动。

Impress 的启动方法与 Writer 类似,启动后的主界面如图 6-13 所示。

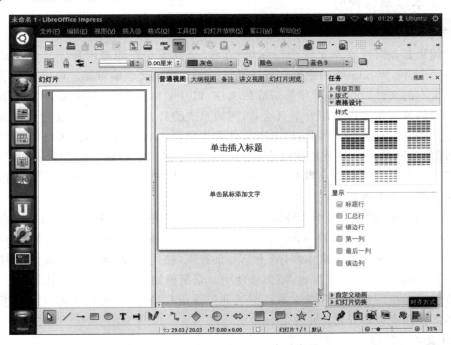

图 6-13　LibreOffice Impress 启动主界面

Impress 界面与 Writer 类似,只是在中间快捷按钮下方分为 3 个部分。左侧是幻灯片缩略图,中间是当前的幻灯片页面,而右侧则是幻灯片版式、切换、动画等的操作界面,底部有字体、文本框、图形等操作快捷键,熟悉 MS PowerPoint 的用户也不会对 Impress 感到陌生。Impress 保存文件的默认格式是 ODF 演示文稿文件,此外还支持 MS Office 的".ppt"和".pps"文件格式。

作为 Ubuntu 默认安装的 Office 办公软件,LibreOffice 集合了文档编辑、电子表格处理、幻灯片制作等常用办公软件,能够满足日常办公的需求。与 MS Office 系列办公软件相比,一般的 Windows 用户几乎可以不用再进行新的学习,就能够方便的使用 LibreOffice 系列组件,这为 LibreOffice 软件的推广和普及提供了便利,也使得 LibreOffice 系列组件成为 Ubuntu 系统下办公软件的首选。关于 LibreOffice 的更多更详细的使用说明,可参考专业的 LibreOffice 使用帮助资料。

6.2 vi 文本编辑

文本编辑器是对纯文本文件进行编辑、查看、修改等操作的应用程序。Linux 下有两种编辑器类型,一个是基于图形化界面的编辑器,另一个是基于文本界面的编辑器。vi 编辑器是 Linux 系统中最基本的文本编辑工具,它不仅应用于 Linux 系统,也适用于 UNIX 系统。vi 编辑器具有文本编辑的所有功能,并且执行速度高效快捷,具有强大的编辑功能、广泛的适用性以及操作的灵活性。熟练掌握 vi 编辑器的使用方法,对用户进行程序开发及系统管理具有重要意义。

6.2.1 文本编辑器简介

1. 文本编辑器

文本编辑器是对纯文本文件进行编辑、查看、修改等操作的应用程序。在大家熟悉的 Windows 系统下,Windows 的记事本程序就是一个典型的文本编辑器。可以在记事本程序里编写纯文本的文件,包括各种字符形成的文件,以及编写小程序,如编写一个 C 语言的小程序等。当然纯文本文件的用处不只这些,例如系统的日志文件、大量的配置文件都是采用纯文本文件的方式形成的。因此,纯文本文件是指包含没有应用字体或风格的普通文本文件,它全部由 ASCII 码字符及某种语言的编码字符构成。在 Linux 系统中,用户可以利用纯文本文件来编写程序和命令脚本、读写电子邮件、配置和管理系统等操作。完成这些操作的基本工具就是文本编辑器。

Ubuntu Linux 包括了多个文件编辑器,其中有图形化的文本编辑器 Gedit,也有基于文本界面的编辑器,如 vi 编辑器、vim 编辑器、emacs 编辑器等。其中图形化的文本编辑器 Gedit 类似于 Windows 的记事本程序,十分形象直观,使用方便,但是它的使用必修依赖于图形化界面,如果没有图形化界面,则无法使用。众所周知,在 Linux 的应用领域中,大部分服务器下的高端应用都是在字符文本界面下进行使用和操作的,所以学习好非图形化的文本编辑器的使用就显得异常重要了。

2. vi 文本编辑器

vi 文本编辑器是 Linux 系统中最基本的文本编辑工具。它不仅应用于 Linux 系统,也适用于 UNIX 系统。vi 是 visual 单词的简写,vi 编辑器最初是为 UNIX 系统而设计的,1978 年由柏克利大学的 Bill Joy 开发完成。时至今日,vi 始终是所有 UNIX 系统和 Linux 系统上默认配置的文本编辑器。甚至在 Macintosh、OS/2、IBM 的 S/390 大型机上也能见到 vi 版本的身影。vi 编辑器虽然不是图形化的软件,但是它出色的灵活性和强大的功能使它仍然深受广大 Linux 用户的喜爱,长期立于不败之地。

vi 编辑器具有文本编辑的所有功能。并且执行起来高效快捷。它具有强大的编辑功能、广泛的适用性以及操作的灵活快捷。突出表现在以下几个方面。

(1) 强大的编辑功能。vi 不仅可以用来创建文本文档,编写脚本程序,编辑文本,而且还具有查找功能,可以在文件中以十分精确的方式进行信息查找。除此之外,vi 还支持高级编辑功能,如正则表达式、宏和脚本命令等。利用这些高级功能,用户可以自己定制并完成十分复杂的编辑任务。另外,vi 还可以和其他 Linux 系统提供的工具软件协同工作。例如排版软件、排序软件、E-mail 软件、编译软件等。这样就可以很方便的进行文件的加工整理工作。

(2) 广泛的适用性。vi 编辑器适用于各种版本的 UNIX、Linux 系统,Linux 安装程序会自动安装附带的 vi 编辑器。另外,vi 还广泛适用于各种类型的终端设备。各种类型的终端设备都可以很好的支持 vi,完成文本编辑的功能。

(3) 操作的灵活快捷。vi 的使用离不开各种命令的使用,正由于有了这些命令,执行起来才会更加高效快捷。并且对于命令的使用可以在不同的应用条件下,选择不同的参数进行操作,因此具有较好的灵活性。vi 的命令都比较简练,较少的几个字符的组合或单个字符构成的命令就可以完成一定的功能。但对于初学者或者习惯于图形化编辑器的用户来说,使用命令并不方便,甚至感到十分烦琐。但对于熟练用户来说,命令的使用具有快捷、高效、灵活的特点,通过命令以及参数的选择带来更加符合用户需要的功能,更加得心应手。因此,广大的 Linux 开发人员和系统管理员更加喜欢使用 vi 进行文本的编辑工作。相信随着学习的不断深入,初学者也会渐渐习惯 vi 的操作方式并喜欢上它。

3. 其他文本编辑器

Linux 下的文本编辑器,除了 Gedit、vi 之外,还有 vim、Emacs、ex、sed 等很多种。这里介绍比较常用的 vim、emacs 编辑器。

vim(vi improved,vim 编辑器)是 vi 编辑器的增强版。vim 是一个开放源代码的软件,它在 vi 的基础上增加了很多新功能,使用起来也更加方便易用。在 Ubuntu Linux 中使用的是改进版的 vim,但通常也称它为 vi。

还有一种应用广泛的文本编辑器是 Emacs。20 世纪 70 年代,Emacs 诞生于美国麻省理工学院的人工智能实验室,它是深受广大程序员和计算机技术人员喜爱的一种强大的文本编辑器。Emacs,即 Editor MACroS(编辑器宏)的缩写。

Emacs 具有广泛的可移植性,能够在大多数操作系统上运行,包括各种类 UNIX 系统(例如,GNU/Linux、各种 BSD、Solaris、AIX、IRIX、Mac OS /X 等)、MS-DOS、Microsoft Windows 以及 OpenVMS 等。

Emacs 既可以在文本终端也可以在图形用户界面(GUI)环境下运行。在类 UNIX 系统中,Emacs 不但可使用 X Window 产生 GUI,或者直接使用"框架"(Widget Toolkit),而且也能够利用 Mac OS/X 和 Microsoft Windows 的本地图形系统产生 GUI,用 GUI 环境下的 Emacs 能提供菜单(Menubar)、工具栏(toolbar)、滚动条(scrollbar),以及文本菜单(Context Menu)等交互方式。

6.2.2 vi 编辑器的启动与退出

1. vi 编辑器的启动

按 Ctrl+Alt+T 键,启动 Linux 下的 Shell 终端。在 Shell 的系统提示符后输入 vi 命令,按 Enter 键,就可以进入 vi 的编辑环境了。

【格式】 命令的格式如下:

vi [文件名]

注意：vi 与文件名之间要保留一个空格。该命令的使用中，"文件名"是可选项。有以下 3 种情况：

- 如果未指定文件名，则创建一个新文件，用户可以随后给文件重新命名。如图 6-14 所示。
- 若指定了文件名，并且该文件不存在，则创建该文件名的新文件。将光标定位在第 1 行第 1 列的位置上。
- 若指定了文件名，并且该文件存在，则直接打开该文件，并默认将光标定位在第 1 行第 1 列的位置上。如图 6-15 所示，利用 vi 编辑器打开一个已存在的文件 myfile。屏幕的最下面一行显示文件的名字、状态、行数和字符数、光标位置等信息。光标处的字符通常采用反显方式显示。需要注意的是，符号"-"用于表示编辑器的空行，并非文件的内容。

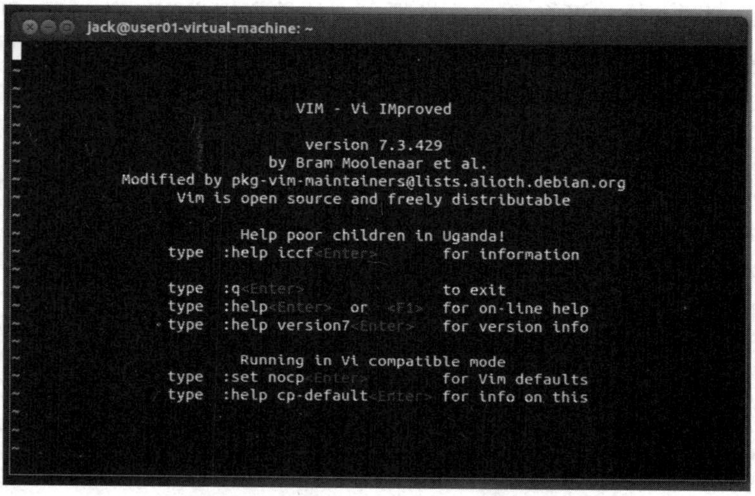

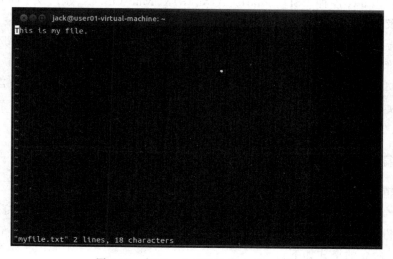

图 6-14　启动 vi 编辑器，打开新文件

图 6-15　打开一个已存在的文件 myfile

另外,可以通过其他参数的设置,在打开 vi 的同时,直接让光标定位到文件指定位置处。

(1) 如果要实现打开"/etc/passwd"文件并直接光标定位到第 5 行,可以采用以下命令方式。在 Shell 中输入如图 6-16 所示命令:

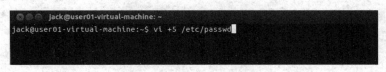

图 6-16   Shell 中输入命令

```
vi +5 /etc/passwd
```

文件打开后光标定位到第 5 行的行首,效果如图 6-17 所示。

```
root:x:0:0:root:/root:/bin/bash
daemon:x:1:1:daemon:/usr/sbin:/bin/sh
bin:x:2:2:bin:/bin:/bin/sh
sys:x:3:3:sys:/dev:/bin/sh
sync:x:4:65534:sync:/bin:/bin/sync
games:x:5:60:games:/usr/games:/bin/sh
man:x:6:12:man:/var/cache/man:/bin/sh
lp:x:7:7:lp:/var/spool/lpd:/bin/sh
mail:x:8:8:mail:/var/mail:/bin/sh
news:x:9:9:news:/var/spool/news:/bin/sh
uucp:x:10:10:uucp:/var/spool/uucp:/bin/sh
proxy:x:13:13:proxy:/bin:/bin/sh
www-data:x:33:33:www-data:/var/www:/bin/sh
backup:x:34:34:backup:/var/backups:/bin/sh
list:x:38:38:Mailing List Manager:/var/list:/bin/sh
irc:x:39:39:ircd:/var/run/ircd:/bin/sh
gnats:x:41:41:Gnats Bug-Reporting System (admin):/var/lib/gnats:/bin/sh
nobody:x:65534:65534:nobody:/nonexistent:/bin/sh
libuuid:x:100:101::/var/lib/libuuid:/bin/sh
messagebus:x:101:102::/var/run/dbus:/bin/false
colord:x:102:107:colord colour management daemon,,,:/var/lib/colord:/bin/false
lightdm:x:103:110:Light Display Manager:/var/lib/lightdm:/bin/false
whoopsie:x:104:113::/nonexistent:/bin/false
"/etc/passwd" [readonly] 36 lines, 1767 characters
```

图 6-17   打开/etc/passwd 文件,定位到第 5 行

(2) 如果要实现打开"/etc/passwd"文件,并直接进入到含有某关键字的行,例如以"root"字串为关键字的行,可以采用以下命令方式。在 Shell 中输入如图 6-18 所示的命令:

```
jack@user01-virtual-machine: ~
jack@user01-virtual-machine:~$ vi +/"root" /etc/passwd
```

图 6-18   Shell 中输入命令

```
vi +/"root" /etc/passwd
```

文件打开后光标定位到整个文件中第一个含有关键字"root"的行,效果如图 6-19 所示。

2. vi 编辑器的退出

退出 vi 编辑器的方式也很简单,只需要在 vi 中输入退出命令即可。例如用命令

```
root:x:0:0:root:/root:/bin/bash
daemon:x:1:1:daemon:/usr/sbin:/bin/sh
bin:x:2:2:bin:/bin:/bin/sh
sys:x:3:3:sys:/dev:/bin/sh
sync:x:4:65534:sync:/bin:/bin/sync
games:x:5:60:games:/usr/games:/bin/sh
man:x:6:12:man:/var/cache/man:/bin/sh
lp:x:7:7:lp:/var/spool/lpd:/bin/sh
mail:x:8:8:mail:/var/mail:/bin/sh
news:x:9:9:news:/var/spool/news:/bin/sh
uucp:x:10:10:uucp:/var/spool/uucp:/bin/sh
proxy:x:13:13:proxy:/bin:/bin/sh
www-data:x:33:33:www-data:/var/www:/bin/sh
backup:x:34:34:backup:/var/backups:/bin/sh
list:x:38:38:Mailing List Manager:/var/list:/bin/sh
irc:x:39:39:ircd:/var/run/ircd:/bin/sh
gnats:x:41:41:Gnats Bug-Reporting System (admin):/var/lib/gnats:/bin/sh
nobody:x:65534:65534:nobody:/nonexistent:/bin/sh
libuuid:x:100:101::/var/lib/libuuid:/bin/sh
messagebus:x:101:102::/var/run/dbus:/bin/false
colord:x:102:107:colord colour management daemon,,,:/var/lib/colord:/bin/false
lightdm:x:103:110:Light Display Manager:/var/lib/lightdm:/bin/false
whoopsie:x:104:113::/nonexistent:/bin/false
"/etc/passwd" [readonly] 36 lines, 1767 characters
```

图 6-19　打开/etc/passwd 文件,定位到 root 字串

　　:wq

进行存盘退出。如果本次的操作中并没有对文本进行修改,则可以用命令

　　:q

退出即可。

　　如果对图 6-15 所示的 myfile 文件未做任何修改,就退出 vi 编辑器。可以使用退出命令:

　　:q

结果如图 6-20 所示。

图 6-20　myfile 文件未修改,直接退出

　　如果 myfile 文件修改后,存盘退出,使用的退出命令如图 6-21 所示。

图 6-21　myfile 文件修改后,存盘退出

6.2.3　vi 编辑器的工作模式

vi 的使用与 Windows 记事本程序不同,它是一种多模式软件,具有 3 种工作模式。在不同的模式下,它对输入的内容有不同的解释,以完成不同的操作。

1. 命令模式

在命令模式中,输入的任何字符 vi 都把它当作相应的命令来执行。因此,输入的字符并不在屏幕上有所显示。命令模式用于完成各种文本的修改工作。例如,可以对文件内容中的字符串进行查找、替换,以及保存、退出等操作。

要注意的是,vi 启动之后首先进入命令模式。用户可以继续使用 vi 的编辑命令转换到插入模式下,进行文本的输入等操作。还可以使用上下左右键或者 k、j、h、l 键进行光标的移动。

2. 插入模式

插入模式下,输入的字符都作为文件的内容显示在屏幕上,插入模式用于添加文本的内容,完成文本的录入工作。

启动 vi 后,进入插入模式的方法是输入不同的命令。插入命令 i(I),追加命令 a(A),开辟空行命令 o(O)。执行这些命令后就可以进行文本的输入操作了。当文本信息输入完毕,完成添加操作后,按 Esc 键就可以回到命令模式了。

3. 转义模式

在转义模式下,光标停留在屏幕最末行,以接受输入的命令并执行。该模式用于执行一些全局性的操作,如文件操作、参数设置、查找与替换、复制与粘贴、执行 Shell 命令等。进入转义模式的方法是,按 Esc 键后,回到命令模式,再输入转义字符,如“:”、“/”、“?”等,就会进入转义模式,执行完相应的命令后,返回命令模式或退出 vi 编辑器。

用户在使用 vi 的过程中,需要不断地在这 3 种模式中进行切换,以完成各种不同的工作。3 种模式之间的转换关系如图 6-22 所示。

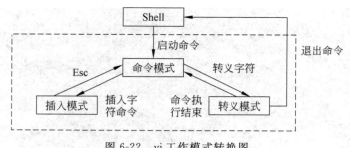

图 6-22   vi 工作模式转换图

6.2.4　vi 编辑器的基本应用

vi 编辑器的文本编辑及修改等操作通过普通键盘就可以完成，不支持鼠标操作。vi 基本通过各种命令来实现文本的处理，因此 vi 命令是相当多的。但对于普通用户而言，掌握一部分常用的 vi 命令就可以在使用 vi 时得心应手，可以应付一般的文本编辑及处理任务。熟练使用键盘操作和使用鼠标操作相比较，前者的效率会更高。

vi 的命令通常是简单的字符，如 a、i、o 等，或字符组合，如 dd、yy 等，还有少数的几个键盘控制键结合简单字符的命令，如 Ctrl＋d 等。因此，对于单击某个键，在不同的模式下，将代表不同的含义，也会出现不同的效果。这些也正是由 vi 的使用方式决定的，即文本的处理和文本的输入都要靠键盘来完成。

另外，需要注意的是，vi 的命令是严格区分大小写的，大写字母和小写字母代表的是不同的命令。

1. 添加文本

在输入文本内容之前，首先要确定光标停留的位置，也就是即将要输入的位置。然后执行插入命令，进入插入模式，才能在屏幕上显示输入的内容。处于插入模式时，会在屏幕底部显示"insert"的提示信息，使用户了解当前所处的模式。信息输入完毕后，按 Esc 键就可以返回命令模式了。因此，在添加文本的工作中，有两点是值得注意的：

- 如何移动光标以及使光标定位？
- 插入的命令有哪些？

下面将对以上两点分别详述。

（1）光标的移动和定位。

① 光标的移动命令。

- h、j、k、l：光标向左、下、上、右移动一个字符。
- w：以单词为单位向后移动光标。
- b：以单词为单位向前移动光标。
- e：光标移动到该单词的词尾。
- （、）：光标移动到句首、句尾。
- ｛、｝：光标移动到段首、段尾。

② 光标定位命令。

- $：光标移至行尾。
- 0：光标移至行首。

注意：这里是数字"零"，而非英文字符 o。

- f 字符：光标移至指定的字符下。
- [n]G：光标定位到第 n 行。其中，n 为可选的数字。未指定 n 时，光标移动到最后一行。注意：[ ]代表可选项，其本身不是需要输入的字符。

③ 在命令模式下，键盘上某些键也可以实现对光标的定位和移动操作。

- Home：光标移动到行首。
- End：光标移动到行尾。
- PageUp：向上翻页。
- PageDown：向下翻页。
- BackSpace：光标前移一个字符。
- Space：光标后移一个字符。
- Enter：光标下移一个字符。
- 小键盘中的箭头键（↑ ↓ ← →）：光标按箭头方向上、下、左、右移动一个字符。

④ 屏幕的滚动。当文件比较大时，想要快速的定位到指定的页时，就需要进行屏幕的滚动操作。除了按 PageUp、PageDown 键进行向上翻页和向下翻页外，还可以使用滚屏命令进行操作。常用的滚屏命令如下。

- Ctrl+u：向上翻半屏。
- Ctrl+d：向下翻半屏。
- Ctrl+b：向上翻一屏，功能与按 PageUp 键相同。
- Ctrl+f：向下翻一屏，功能与按 PageDown 键相同。

(2) 常用的插入命令。

- a：在光标位置后开始接收输入。
- A：在行尾后开始接收输入。
- i：在光标位置前开始接收输入。
- I：在行首前开始接收输入。
- o：在光标所在行之后开辟一个新的空行，并开始接收输入。注意，这里是小写英文字母，而非数字"零"。
- O：在光标所在行之前开辟一个新的空行，并开始接收输入。注意，这里是大写字母，而非数字"零"。

由上述可以看出，插入命令都是单字符命令，可实现在当前光标位置处的前面、后面、行首、行尾、上一行、下一行等不同的位置接收用户的输入。另外，键盘上的 Insert 键也可以实现进入插入模式，它的功能与 i 命令相同，都实现在光标位置前开始接收用户输入。

以图 6-21 所示的 myfile 文件为基础进行文本输入命令演示。

图 6-23 所示为使用 i 命令的插入命令用法：光标定位第 2 行首，输入 i 命令后，添加文本"Content："后的效果。

图 6-24 所示为使用 a 命令的插入命令用法：仍以图 6-21 所示的 myfile 文件为基础，光标定位第 2 行首，输入 a 命令后，添加文本"123456"后的效果。

图 6-25 所示为使用 o 命令的插入命令用法：仍以图 6-21 所示的 myfile 文件为基础，光标定位第 2 行首，输入 o 命令后，添加文本"123456"后的效果。

jack@user01-virtual-machine: ~
Title:myfile
Content:This is my file.

图 6-23　光标定位第 2 行首，输入 i 命令后，添加文本“Content：”

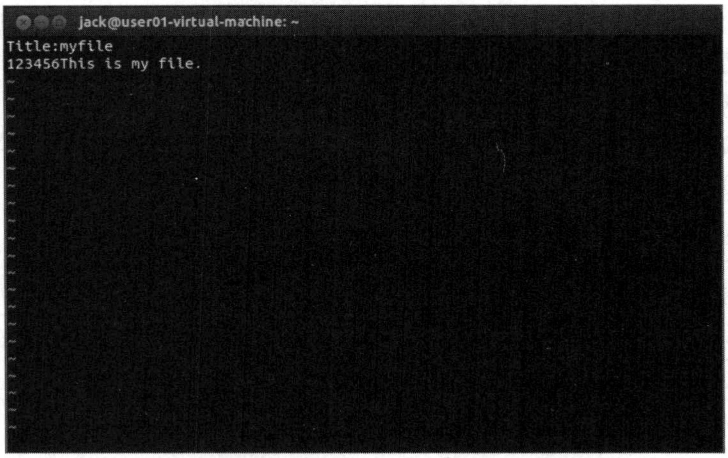
jack@user01-virtual-machine: ~
Title:myfile
123456This is my file.

图 6-24　光标定位第 2 行首，输入 a 命令后，添加文本“123456”

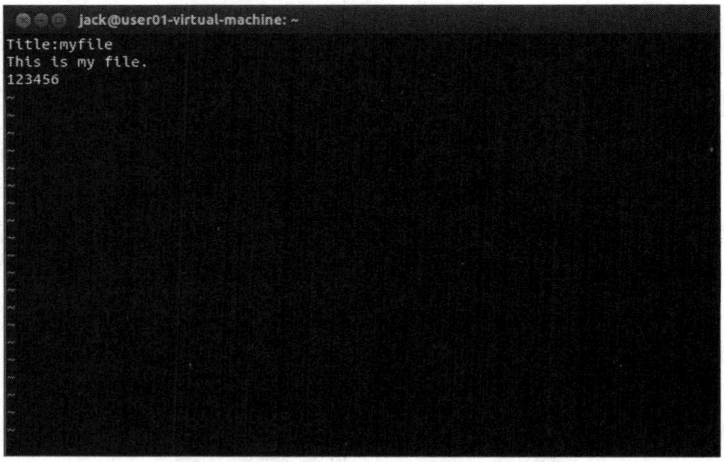
jack@user01-virtual-machine: ~
Title:myfile
This is my file.
123456

图 6-25　光标定位第二行首，按 O 键后，添加文本“123456”

2. 删除文本

删除文本时,一般情况下,要保证当前处于命令模式下。也就是说,当用户在插入模式下进行文本录入的时候,如果要删除某个字符时,要先按 Esc 键,保证处于命令模式之后,才能使用相关的删除命令进行字符的删除操作。具体步骤如下:按 Esc 键;移动光标到要删除的字符上;输入删除命令。

常用的删除命令如下所示。

① x(小写):删除光标处的单个字符。

② X(大写):删除光标左边的单个字符。

③ D:删除一行文本。如果光标在文本的中部,则删除此行光标右边的文本。

④ dd:删除光标所在行的文本,包括硬回车。

⑤ J(大写):当前行与下一行合并为一行,光标置于第二行,即删除当前行的行尾处的换行符。

⑥ d+定位符:删除从光标位置到指定位置范围内的字符。常用的有:

d0:删除光标左边的文本。

d$:删除光标右边的文本。

dG:删除光标所在行之后的所有行。

注意:以上命令前带数字时,表示删除的范围扩大相应的倍数。例如:

2x 表示删除光标处的两个字符;

5dd 表示删除 5 行。

在命令模式下,还可以按 Delete 键实现删除光标处的字符,与 x 命令相同。

在插入模式下,键盘上的某些功能键也具有一定的操作意义,下面列出几种常用的功能键及其含义。

① Inset:实现替换与插入的转换功能。

② Backspace:删除光标前的字符。

③ Space:空格。

④ Enter:换行。

⑤ 小键盘的箭头键(上、下、左、右):光标按箭头方向上、下、左、右移动。

以图 6-25 所示的 myfile 文件为基础进行文本删除命令演示。

图 6-26 所示为输入删除命令 x 的用法。它是光标定位在第 3 行的行首,输入删除命令 x,删除光标处的字符后的效果。

图 6-27 所示为输入删除命令 D 的用法。它仍是以图 6-25 所示的 myfile 文件为基础,光标定位在第 3 行的行首,输入删除命令 D,删除一整行的字符后的效果。

3. 文本的替换与修改

文本的替换是用一个字符替换另一个字符,或用多个字符替换一个字符或一行,是一种先删除后插入的操作。用 Esc 键结束插入过程。

文本的修改是改写一部分文本的内容,先删除指定范围内的文本,然后插入新文本。用 Esc 键结束插入过程。

使用替换命令或修改命令,都要在命令模式下进行。因此,在操作前保证处于命令模式是十分必要的。回到命令模式的方式,仍然是按 Esc 键。这些命令的具体使用步骤如下:

图 6-26　光标定位第 3 行首,输入删除命令 x,删除光标处的字符

图 6-27　光标定位第 3 行首,输入删除命令 D,删除一整行的字符

按 Esc 键;光标移动到要替换或修改的位置;输入替换或修改命令;输入新文本内容;按
Esc 键。

(1) 常用的替换命令。

- s(小写):用输入的新文本替换光标处的字符。新文本可以为一个或多个字符。
- S(大写):用输入的新文本替换光标所在的行。如果不输入新文本,则执行效果就
  是整行文本都被删除掉,变成一个空白行。
- r(小写):用输入的新字符替换光标处的字符。新字符指的是一个字符,因此是用一
  个新字符替换一个旧字符的,这与 s 命令不同。
- R(大写):用输入的新文本逐个替换从光标处开始的各个字符。

以图 6-27 所示的 myfile 文件为基础进行文本替换命令演示。

图 6-28 所示为替换命令 s 的用法:光标定位在第 1 行的行首,输入替换命令 s,输入一
串数字替换字母"t"后的效果。

图 6-28　光标定位第 1 行首,输入替换命令 s,输入一串数字替换字母 t

图 6-29 所示为以图 6-27 所示的 myfile 文件为基础的替换命令 r 的用法。光标定位在第 1 行的行首,输入替换命令 r,输入字母 T 替换字母 t 后的效果。

图 6-29　光标定位第 1 行首,输入替换命令 r,输入字母 T 替换字母 t

(2) 常用的修改命令。

- c0:修改光标左边的字符。命令中包含的是数字 0(零),而不是字母。
- c$:修改光标右边的字符。
- Cl:修改光标处的字符。命令中包含的是数字 1,而不是字母。
- cG:修改光标所在行之后的所有行。

以图 6-27 所示的 myfile 文件为基础进行文本修改命令演示。

图 6-30、图 6-31 所示为使用修改命令 c0 修改光标左边字符的效果。其中,图 6-30 所示为光标定位到第 1 行的字母 f 处。输入修改命令 c0,执行后的效果。图 6-31 所示为把第 1 行字母 f 前的 my 改成大写字母 MY 后的效果。

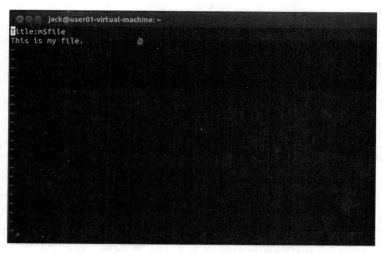

图 6-30　按 c0 键，执行后的效果图

图 6-31　把 my 改成 MY 后的效果图

4. 文本的剪切、复制、粘贴

在插入模式下，不允许剪切、复制、粘贴文本。因此，要实现这些操作应先按 Esc 键，保证处于命令模式下。然后再使用相关命令进行操作。

相关的常用命令如下：

- yy：复制光标所在的行。
- y0：复制光标左边的文本内容。命令中包含的是数字 0(零)，而不是字母。
- y$：复制光标右边的文本内容。
- p：粘贴文本到光标处。
- dd：剪切光标所在行的文本。

以图 6-27 所示的 myfile 文件为基础进行文本剪切、粘贴命令的演示。

图 6-32 所示为光标定位在 myfile 文件的第 1 行，输入命令 dd，进行剪切后的效果。

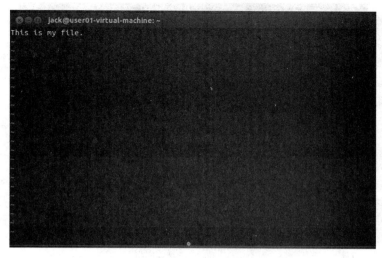

图 6-32　剪切掉 myfile 文件第一行后的效果图

图 6-33 所示为光标定位在文件的行尾,输入命令 p,进行粘贴后的效果。

图 6-33　把第 1 行的内容粘贴到文件尾的效果

以图 6-27 所示的 myfile 文件为基础进行文本复制、粘贴命令的演示。图 6-34 所示为复制、粘贴命令的用法。光标定位到文件的第 1 行,输入命令 yy,复制本行内容,然后光标定位到第 3 行,输入命令 p,实现粘贴功能后的效果。图 6-34 为执行了两次粘贴命令后的结果。

5. 撤销与重复执行

在对文本的修改操作中,如果想取消刚刚执行的命令,则可以通过 u 命令来进行文本的恢复。u 即 undo 的简写。如果要重复执行刚才执行过的命令,则可以通过".".命令来重复执行上一个命令。

执行这些命令前,一般也都要按 Esc 键,保证处于命令模式。

以图 6-34 的 myfile 文件为基础,进行撤销命令的用法演示。图 6-35 所示为输入命令 u,撤销刚刚执行的复制、粘贴操作后的效果。

图 6-34　执行两次复制、粘贴命令的效果图

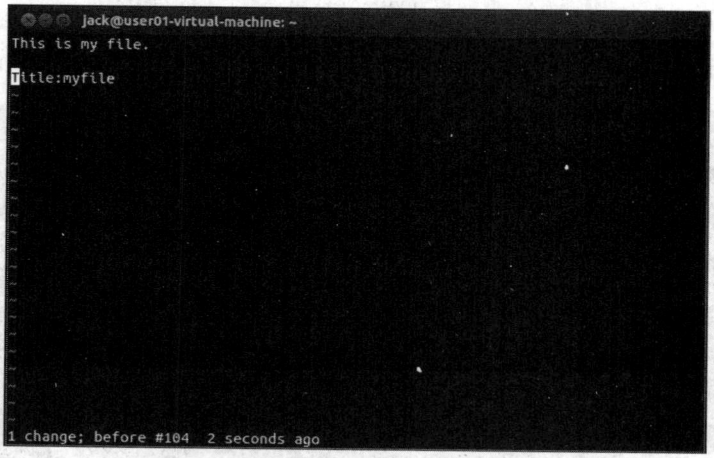

图 6-35　输入命令 u,撤销复制、粘贴操作后的效果

图 6-36 所示为继续输入命令,使用重复执行命令的效果。

图 6-36　输入命令,重复执行后的效果

6. 全文范围的字符查找与替换

对全文的字符进行查找与替换等操作是在转义模式下进行的，它是对全文范围内实施的控制方式。进入转义模式的方法是，先按 Esc 键进入命令模式，再单击转义字符（如":"、"/"、"?"等字符），进入转义模式，然后输入命令，按 Enter 键执行命令操作。

（1）关键字的查找。要在文件的全文中查找某个关键字，在确保处于命令模式后，执行查找命令"/关键字"，将从当前光标位置处开始查找，直至如果能够找到匹配的字符串，则光标将停留在第一个匹配字符串的首字符处。输入命令 n，可以继续向后进行查找。

例如执行/my，光标将从当前位置移动到后面第一个"my"字符串的"m"上。输入命令 n，继续向后查找。当搜索到文件尾后，继续输入命令 n，则返回文件开头继续查找。

以图 6-36 所示的 myfile 文件为基础，进行全文查找命令的演示，图 6-37 所示为全文查找 my 关键字。

图 6-37　全文查找关键字 my

（2）字符串的替换。在文件中要替换某字符串，同样在确保处于命令模式后，执行替换命令 s。

【格式】　s 命令的格式如下：

: [替换起始处,替换结束处] s/要被替换的字符串/替换的字符串/[g][c]

①"替换起始处"、"替换结束处"指的是行号的范围。其中，可以用"^"符号代表首行，用"$"符号代表末行，即全文的最后一行。

②"要被替换的字符串"就是要在文件中查找的模式串。

③"替换的字符串"就是用做替换的模式串。

④ g 选项表示替换目标行中所有匹配的字符串。没有 g 选项的话，则只替换目标行中第一个匹配的字符串。

⑤ c 选项表示替换以互动的方式进行，替换前会提示用户进行确认。

以图 6-36 的 myfile 文件为基础，进行全文替换。在 vi 中按 Esc 键后，输入如下命令：

:1,$s/Title/Tip/g

按 Enter 键后,就实现了全文的替换功能,把全文的 Title 替换成 Tip,效果如图 6-38 所示。

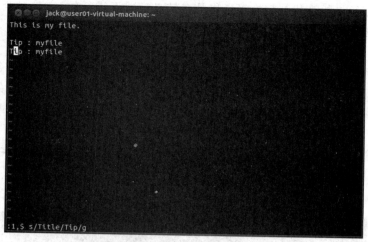

图 6-38　把全文的 Title 替换成 Tip 后的效果

7. 保存与退出命令

文件的全局性操作还包括文件的保存与退出。这些也是在转义模式下进行的。在使用文件保存与退出的命令前,先按 Esc 键,确保处于命令模式,然后输入转义字符":",再输入相关命令,最后执行。

常用的保存及退出命令如下。

- :q:如果原文未修改,不保存文件,直接退出 vi
- :q!:不保存文件,强制退出。"!"表示强制性操作。
- :wq!:强制保存文件并退出。
- :e!:放弃修改,编辑区恢复为文件原样。
- :w:保存当前文件
- :w:路径/文件名——另存为一个新的文件。相当于"另存为"功能。

图 6-39 所示为"另存为"功能的用法。在 vi 中按 Esc 键后,输入命令:

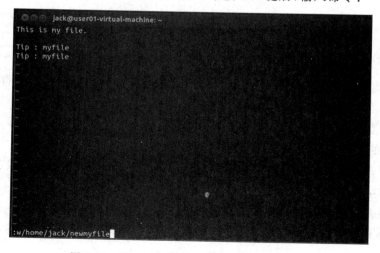

图 6-39　把 myfile 文件另存为 newmyfile 文件

```
:w/home/jack/newmyfile
```

把 myfile 文件另存为 newmyfile 文件,并保存在/home/jack 目录下。保存成功后会在 vi 底部给出提示信息,如图 6-40 所示。

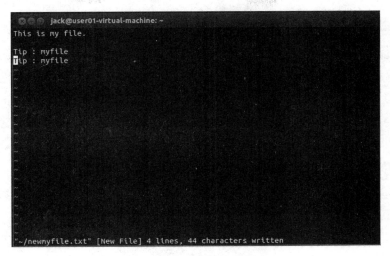

图 6-40　保存文件成功提示

8. 高级应用——多窗口编辑

用户在编写一篇文档时,有时需要对照和参考另外一个文件。vi 提供的高级功能之一,就是支持同时打开两个文件,每个文件各占一部分窗口空间,同时展示在用户面前,而且光标可以由用户控制,在两个窗口中来回切换,用户可以同时对两个文件都进行修改、保存、退出等操作,十分方便。具体操作步骤如下。

(1) 在 vi 中依次打开两个文件。

① 在 Shell 中,输入命令:

```
vi 文件名 1
```

打开一个"文件 1"文件。

② 在已打开的"文件 1"文件中,按 Esc 键回到命令模式。

③ 输入命令:

```
:sp 文件名 2
```

此时,用户就会看到屏幕被分成上、下两个窗口,上面窗口展示的是"文件 2"文件的内容,下面的窗口展示的是"文件 1"文件的内容。而且,光标自动停留在"文件 2"文件的开始处。

例如:当前/home/user 目录下存在两个文件 myfile 和 exam,在 Shell 中输入

```
vi myfile
```

打开文件 myfile。

在已打开的文件 myfile 中,按 Esc 键回到命令模式后,输入

```
sp newmyfile
```

打开文件 newmyfile。

多窗口显示多文档，效果如图 6-41 所示。

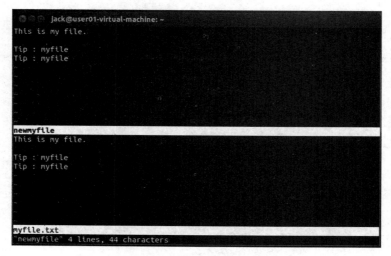

图 6-41　多窗口显示多文档

（2）光标在两个窗口中的切换。在打开文件之后，需要对两个文件分别进行编辑操作，如删除、插入、查找、替换等操作，这些操作实现的基础都是要把光标定位到想要进行编辑的文件上。因此，如何进行光标在两个文件中的切换就是要进行的第一步操作。具体的操作步骤如下。

① 如果当前光标处于下面窗口的文件中，按 Esc 键，再按 Ctrl＋W 键，最后按 K 键，使光标定位到上面的窗口。

② 如果当前光标处于上面窗口的文件中，按 Esc 键，再按 Ctrl＋W 键，最后按 J 键，使光标定位到下面的窗口。

以图 6-41 为基础，可以看到开始时光标定位在上面窗口的 newmyfile 文件的行首，现在进行光标位置的切换，让光标定位到下面窗口的 myfile 文件的行首。按 Esc 键，然后按 Ctrl＋W 键，最后按 J 键，进行光标定位的窗口间切换。图 6-42 所示为多窗口光标定位命令的效果。

（3）全文复制功能。如果在编辑某个文件时，想要把另外一个窗口的文件，全文复制到本文件中，则需要在命令模式下输入相关命令进行操作，具体步骤如下。

按 Esc 键，确保处于命令模式，输入命令：

```
:r 被复制的文件名
```

执行结束后，就可以看到另外一个文件的全文已经被整体复制到当前文件中。

例如，在 myfile 文件中，把 newmyfile 文件的所有内容复制过来。光标处于下面窗口后，按 Esc 键，输入命令

```
:r newmyfile
```

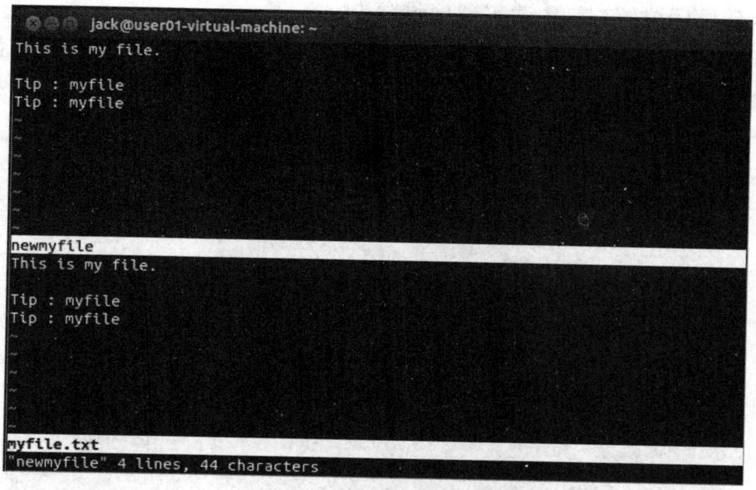

图 6-42　多窗口光标定位命令的效果

图 6-43 所示为多窗口全文复制命令的效果。

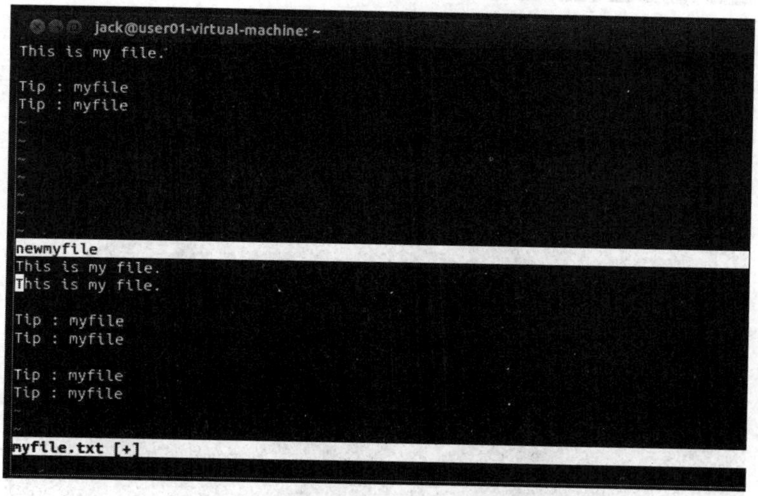

图 6-43　全文复制命令的效果

（4）关闭窗口。当多窗口的文件全部编辑完毕后，就需要退出 vi。在多窗口模式下，退出 vi 的方法是依次使用退出命令关闭所有文件。

9. 高级应用——区域复制

通常来说，vi 的编辑功能是以文件的“行”为基础进行的，但有时可能需要对文件的某些“行”中的某些“列”构成的部分区域信息进行复制，这就需要采用区域复制的功能来实现。

区域复制的具体操作步骤如下。

① 打开某文件，光标移动到需要复制第一行。

② 按 Esc 键，确保当前处于命令模式，再按 Ctrl＋V 键。

③ 使用小键盘的上下左右方向键，进行区域选取。

④ 按 Y 键结束区域选取。

⑤ 光标移至目标位置,按 P 键实现区域复制。

例如,在 vi 中打开 myfile 文件,按 Esc 键后,按 Ctrl＋V 键,并通过小键盘的方向键进行区域选取,选取的范围如图 6-44 所示。

图 6-44　myfile 文件中的区域选取

进行区域选取后,按 Y 键,结束区域选取。再把光标定位到文本的文件末尾,按 P 键实现区域复制。区域复制后的效果如图 6-45 所示。

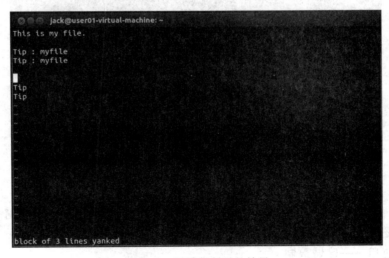

图 6-45　区域复制后的效果

10. 高级应用——在 vi 中实现与 Shell 的交互

在利用 vi 进行文件的编辑时,如果需要执行 Shell 命令,可以在不退出 vi 的情况下进行。在命令模式下,使用“!”命令来访问 Shell。

【格式】　命令的格式如下:

```
:!Shell 命令
```

执行的结果将显示在 vi 中,按 Enter 键,继续进行编辑工作。

例如,在用 vi 编辑 myfile 文件时,想查看今天的日期,则按 Esc 键后,输入 Shell 命令

:!date

此时窗口如图 6-46 所示。

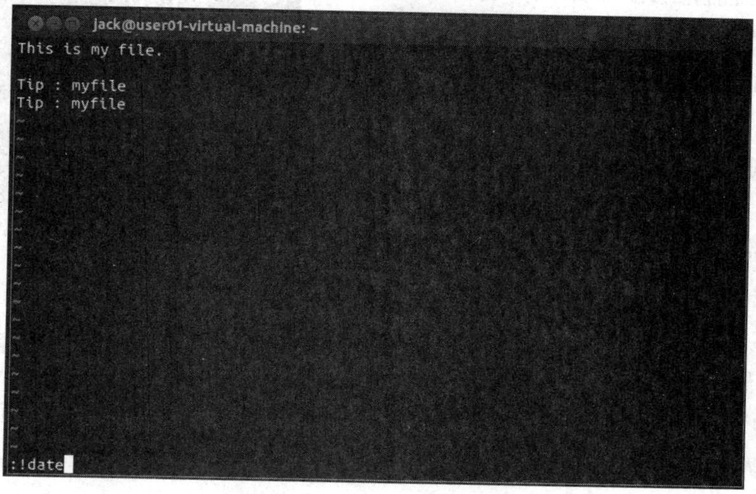

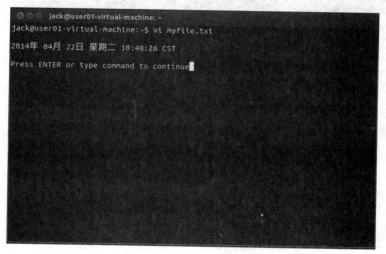

图 6-46　在 vi 中输入 Shell 命令

显示系统的日期和时间,效果如图 6-47 所示。

图 6-47　Shell 命令执行的效果,显示系统日期

此时,按 Enter 键,就重新回到了 vi 中,可以继续编辑 myfile 文件了。

6.3　Gedit 文本编辑器

Gedit 是一个图形化的文本编辑器。它的使用方便、直观,可以打开、编辑并保存纯文本文件。它还支持剪切、粘贴文本、创建新文本、打印等功能。是一个方便易用的编辑器软

件。它的具体操作与 Windows 下的记事本程序十分相似，因此，对于熟悉 Windows 环境下的普通用户而言，对 Gedit 的使用也不会感到陌生。但是 Gedit 与 Windows 记事本程序还

是略有不同之处的。例如，Gedit 采用标签页的形式展现在用户面前，因此，如果用户打开了多个文本文件时，并不需要打开多个 Gedit 窗口，只需要在一个 Gedit 窗口下进行不同文件的标签页的切换即可。

图 6-48　通过 Dash 主页启动 gedit

Gedit 是随着 Ubuntu Linux 系统的安装过程自动安装的。因此，启动 Ubuntu Linux 后，只需要像启动 Windows 记事本一样，经过几个简单的步骤就可以找到并启动 Gedit。可以单击桌面上的 Dash 按钮，在搜索框中输入"gedit"，即可找到 gedit 文本编辑器，双击就可以启动 Gedit 了，如图 6-48 所示。当然，还可以通过 Shell 来启动 Gedit。在 Shell 提示下，输入 gedit 命令也可以启动 Gedit，如图 6-49 所示。注意，Gedit 只能在图形化桌面环境下运行使用。Gedit 的运行界面如图 6-50 所示。

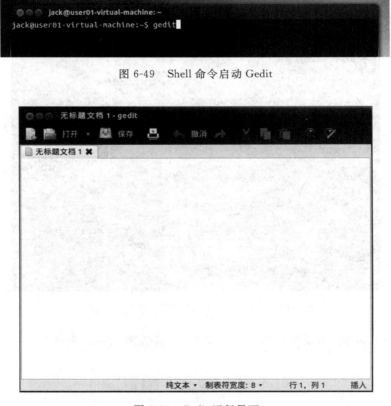

图 6-49　Shell 命令启动 Gedit

图 6-50　Gedit 运行界面

当 Gedit 运行起来后,展现在用户面前的主要是一个空白的编辑区,这就是用户进行操作的主要工作区域了。这时就可以直接在该区域中进行文本的编写,或者也可以单击文本编辑器提供的"打开"按钮,打开想要进行修改或编辑的文本。"打开"功能还提供了方便的查找定位目录以及文件,便于用户寻找想要找的文件。"打开"功能的文件查找定位,如图 6-51所示,可以看到在前面用 vi 编辑器编辑的 myfile. txt 和 newmyfile. txt 等文件。当文件被加载后就可以在图 6-50 所示的主编辑区域中看到文件的内容了,这时就可以进行文本的修改等工作了。如果文件很长,一页显示不完,用户可以单击并按住窗口右侧的滚动条,通过上下移动鼠标来查看文件的所有内容。或者使用键盘上的向上箭头、向下箭头的按键,进行文本的滚动翻页。同时,也可以采用 PageUp、PageDown 键,以页为单位进行滚动翻页。

图 6-51 "打开"功能的文件查找定位

当文本文件被写入或修改后,用户可以通过单击工具栏上的"保存"按钮进行文本的保存。也可以选择"文件"|"保存"菜单命令。如果保存的是一个新创建的文件,系统会弹出来一个对话框窗口,提示用户给新文件命名,并选择要保存的路径,即文件要保存在系统中的位置。在文件菜单中还有一项功能是"另存为"。这项功能可以把某个已经存在的文件保存到一个新路径下,或者进行重新命名。这样对"另存为"之后的文件进行修改或编辑就不会影响原文件了。这项功能为用户修改配置文件时提供了方便。保存新文件,如图 6-52所示。

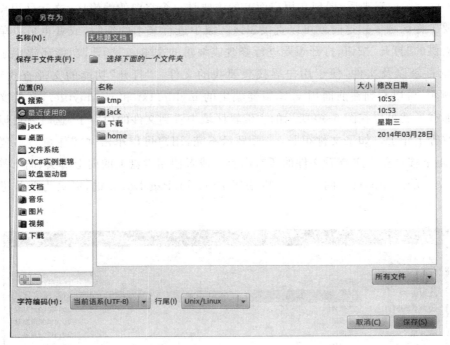

图 6-52 "保存"新文件

6.4 PDF 阅读器

PDF(Portable Document Format,便携文档格式)是一种电子文件格式。这种文件格式与操作系统平台无关,也就是说,PDF 文件不管是在 Windows、UNIX 还是在苹果公司的 Mac OS 操作系统中都是通用的。这一性能使它成为在 Internet 上进行电子文档发行和数字化信息传播的理想文档格式。越来越多的电子图书、产品说明、公司文告、网络资料、电子邮件开始使用 PDF 格式文件。

Adobe 公司设计 PDF 文件格式的目的是为了支持跨平台上的,多媒体集成的信息出版和发布,尤其是提供对网络信息发布的支持。为了达到此目的,PDF 具有许多其他电子文档格式无法相比的优点。PDF 文件格式可以将文字、字型、格式、颜色及独立于设备和分辨率的图形图像等封装在一个文件中。该格式文件还可以包含超文本链接、声音和动态影像等电子信息,支持特长文件,集成度和安全可靠性都较高。

对普通读者而言,用 PDF 制作的电子书具有纸版书的质感和阅读效果,可以逼真地展现原书的原貌,而显示大小可任意调节,给读者提供了个性化的阅读方式。由于 PDF 文件可以不依赖操作系统的语言和字体及显示设备,阅读起来很方便。这些优点使读者能很快适应电子阅读与网上阅读,无疑有利于计算机与网络在日常生活中的普及。

PDF 文件使用了工业标准的压缩算法,通常比 PostScript 文件小,易于传输与储存。它还是页独立的,一个 PDF 文件包含一个或多个"页",可以单独处理各页,特别适合多处理器系统的工作。此外，一个 PDF 文件还包含文件中所使用的 PDF 格式版本，以及文件中一些重要结构的定位信息。正是由于 PDF 文件的种种优点，它逐渐成为出版业中的新宠。

常见的 PDF 阅读器是 Adobe 公司推出的 AcrobatReader 软件，此外还有福昕 PDF 阅读器（Foxit reader）等软件。在 Ubuntu 中，有多种 PDF 阅读器可供选择，如 Acrobat Reader、xpdf 等软件。

下面介绍 AcrobatReader 软件的安装，如同其他 Ubuntu 软件的安装一样，可以通过 Shell 命令窗口和图形化界面两种方式进行安装。下面以图形化安装为例进行说明。

首先打开"Ubuntu 软件中心"，在搜索框中输入"Adobe Reader"，将显示出相关的软件列表，可以看到，除了列出 Adobe Reader 软件外，还列出了相关的 xpdf 软件，如图 6-53 所示。

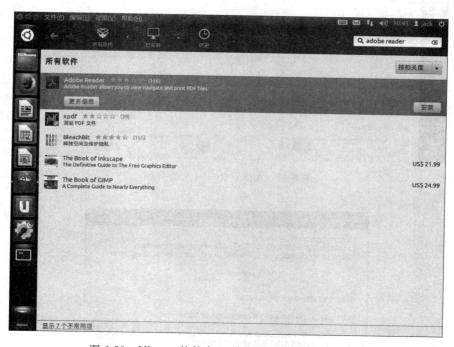

图 6-53　Ubuntu 软件中心 搜索"Adobe Reader"界面

单击 Adobe Reader 软件的"更多信息"按钮，可以看到该软件的介绍信息，单击"安装"按钮开始进行安装，如图 6-54 所示。

安装完成后，可以看到在桌面左侧导航栏中出现了 Adobe Reader 的软件快捷按钮，单击按钮即可启动 Adobe Reader 软件。首次使用时，会弹出如图 6-55 所示的协议确认和语言选择界面，接受协议后即可使用 Adobe Reader。

Adobe Reader 的主界面如图 6-56 所示。

Adobe Reader 安装后，PDF 文件的打开方式自动关联为 Adobe Reader 软件，可以通过双击 PDF 文件打开 Adobe Reader，也可以通过菜单从 Adobe Reader 中打开 PDF 文件，打开 PDF 示例文件后的界面如图 6-57 所示。

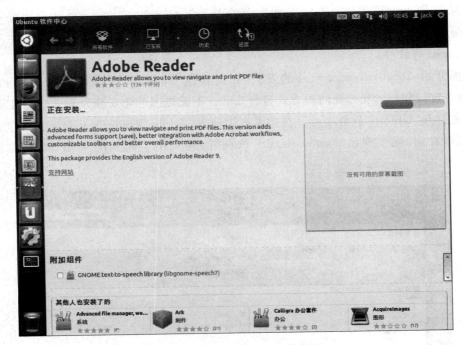

图 6-54　Adobe Reader 安装界面

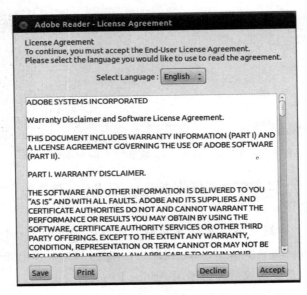

图 6-55　协议确认界面

Adobe Reader 的更多功能和使用帮助可以参看软件本身的帮助信息。

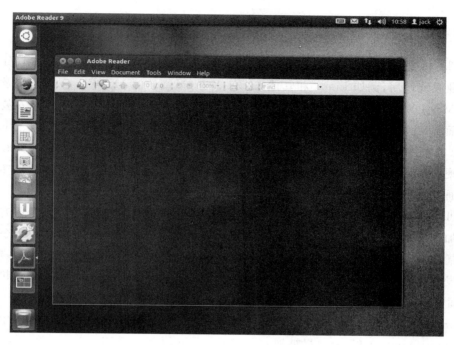

图 6-56　Adobe Reader 的主界面

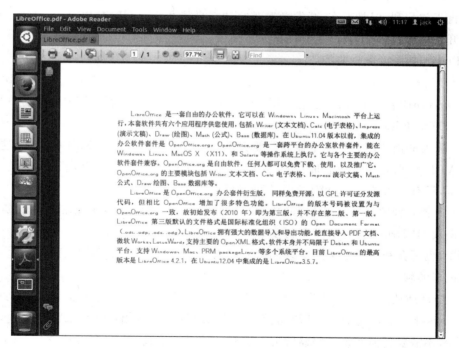

图 6-57　Adobe Reader 软件打开 PDF 文件效果

6.5 多媒体功能软件

6.5.1 MPlayer

MPlayer 是一款开源多媒体播放器，以 GNU 通用公共许可证发布。此款软件可在各主流作业系统使用，例如 Linux 和其他类 UNIX 系统、微软的 MS Windows 系统及苹果计算机的 Mac OS X 系统。MPlayer 是建基于命令行界面，在各作业系统可选择安装不同的图形界面。Mplayer 的另一个特色是广泛的输出设备支持。它可以在 X11、Xv、DGA、OpenGL、SVGAlib、fbdev、AAlib、DirectFB 下工作，而且用户也可以使用 GGI、SDL 和一些低级的硬件相关的驱动模式（例如 Matrox、3Dfx 和 Radeon、Mach64、Permedia3）。MPlayer 还支持通过硬件 MPEG 解码卡显示，诸如 DVB 和 DXR3 与 Hollywood＋。

MPlayer 的开发开始于 2000 年。最初的作者是 Arpad Gereoffy，之后马上便有更多的开发者加入进来。这个项目之所以开始是因为 Arpad 无法在 Linux 下找到一个令人满意的视频播放器。MPlayer 最初的名字叫做"MPlayer - The Movie Player for Linux"，不过，后来开发者们简称其为"MPlayer - The Movie Player"，原因是 MPlayer 已经不仅可以用于 Linux 而可以在所有平台上运行。

第一个版本的 MPlayer，被称为 mpg12play v0.1，并且将 libmpeg3 集成到其中。之后的版本 mpg12play v0.95 pre5 里被加入了基于 avifile 的 Win32 DLL loader 的 AVI 播放功能，从 2000 年 11 月 MPlayer v0.3 之后的版本都一直保留着该功能。最初绝大多数的开发者都来自于匈牙利，但是现在，开发者遍布全球。自从 2003 年开始，由 Alex Beregszaszi 开始接替开发第二代 MPlayer。

MPlayer 具有以下一些特点。

（1）广泛的输出设备支持。它可以在 X11、Xv、DGA、OpenGL、SVGAlib、fbdev、AAlib、DirectFB 下工作，而且也能使用 GGI、SDL 和一些低级的硬件相关的驱动模式（例如 Matrox、3Dfx 和 Radeon、Mach64、Permedia3）。

（2）强大的播放能力。这个播放器能够很稳定的播放被破坏的 MPEG 文件，这个功能对一些 VCD 特别有用。而它能播放 Windows Mediaplayer 都打不开的被损坏的 AVI 文件。甚至，没有索引部分的 AVI 文件也可以播放。

（3）内置多种解码器。MPlayer 内置了多种解码器软件。让用户在低配置计算机下也能流畅播放 DVDrip 视频，不需要再安装 xvid、ffdshow、ac3filter、ogg、vobsub 等所谓的必备解码器，也不会和用户原来所安装的解码器有任何冲突。Mplayer 是目前支持多媒体文件格式最多的软件。

（4）拖动播放速度快。MPlayer 被评为 Linux 下的最佳媒体播放工具，又成功地移植到 Windows 下。它能播放几乎所有流行的音频和视频格式，相对其他播放器来说，资源占用非常少，不需要任何系统解码器就可以播放各种媒体格式，对于 MPEG/XviD/DivX 格式的文件支持尤其好，不仅拖动播放速度快，而且播放破损文件时的效果也相当好，在低配置的机器上使用更是能凸显优势。

（5）强大的音频支持。MPlayer 广泛地支持音视频输出驱动。它不仅可以使用 X11、Xv、DGA、OpenGL、SVGAlib、fbdev、AAlib、libcaca、DirectFB、Quartz、MacOSXCoreVideo，也能使用 GGI、SDL 以及它们的所有驱动，所有 VESA 兼容显卡上的 VESA（甚至不需要 X11），某些低级的显卡相关的驱动（如 Matrox、3dfx 及 ATI）和一些硬件 MPEG 解码器卡，比如 SiemensDVB、HauppaugePVR（IVTV）、DXR2 和 DXR3/Hollywood＋。它们中绝大多数支持软件或硬件缩放。

（6）OSD 功能。MPlayer 具有 OSD（即屏上显示）功能显示状态信息，有抗锯齿带阴影的漂亮大字幕和键盘控制的可视反馈。支持的字体包括 ISO 8859-1,2 欧洲语种（包括匈牙利语、英语、捷克语等），西里尔语和韩语，可以播放 12 种格式的字幕文件（MicroDVD、SubRip、OGM、SubViewer、Sami、VPlayer、RT、SSA、AQTitle、JACOsub、PJS 及 MPsub）和 DVD 字幕（SPU 流、VOBsub 及隐藏式 CC 字幕）。

（7）MEncoder。MEncoder（MPlayer's Movie Encoder）是一个简单的电影编码器，设计用来把 MPlayer 可以播放的电影（AVI、ASF、OGG、DVD、VCD、VOB、MPG、MOV、VIV、FLI、RM、NUV、NET、PVA）编码成 MPlayer 可以播放的格式。它可以使用各种编解码器进行编码，例如 DivX4、libavcodec、PCM/MP3/VBR MP3 音频。同时也有强大的插件系统用于控制视频。

默认的，Ubuntu 并未安装 MPlayer，需要用户手动安装。安装过程如下：
首先执行

```
sudo apt-get install mplayer-nogui
```

命令，mplayer-nogui 是 mplayer 的无界面版本。执行过程如下：

```
user@ubuntu:~$sudo apt-get install mplayer-nogui
正在读取软件包列表...完成
正在分析软件包的依赖关系树
正在读取状态信息...完成
......
......
升级了 0 个软件包,新安装了 20 个软件包,要卸载 0 个软件包,有 340 个软件包未被升级。
需要下载 10.3MB 的软件包。
解压缩后会消耗掉 25.4MB 的额外空间。
您希望继续执行吗? [Y/n]y                     //输入 y
获取: 1 http://ubuntu.srt.cn/ubuntu/ lucid/main libaudio2 1.9.2-3 [81.0kB]
获取: 2 http://ubuntu.srt.cn/ubuntu/ lucid-updates/main libavutil49 4:0.5.1-1ubuntu1.3 [94.0kB]
......
......
正在处理用于 libc-bin 的触发器...
ldconfig deferred processing now taking place
user@ubuntu:~$
```

安装完 mplayer-nogui 后，要用“sudo apt-get install mplayer mplayer-fonts”命令安装字体支持 mplayer-fonts。执行过程如下：

```
user@ubuntu:~$ sudo apt-get install mplayer mplayer-fonts
正在读取软件包列表... 完成
正在分析软件包的依赖关系树
……
……
选中了曾被取消选择的软件包 mplayer-fonts。
(正在读取数据库 ... 系统当前总共安装有 150889 个文件和目录。)
正在解压缩 mplayer-fonts (从 .../mplayer-fonts_3.5-2_all.deb) ...
正在设置 mplayer-fonts (3.5-2) ...
user@ubuntu:~$
```

SMPlayer 是 MPlayer 的一个图形化前端，基于 QT4 库开发的。具有十分完备的功能，可以支持大部分的视频和音频文件。它支持音频轨道切换，允许调节亮度、对比度、色调、饱和度、伽玛值，按照倍速、4 倍速等多种速度回放，还可以进行音频和字幕延迟调整以同步音频和字幕。要安装 SMPlayer，用

```
sudo apt-get install smplayer
```

命令。安装过程如下：

```
user@ubuntu:~$ sudo apt-get install smplayer
正在读取软件包列表... 完成
正在分析软件包的依赖关系树... 50%
……
……
获取：1 http://ubuntu.srt.cn/ubuntu/ lucid/main libmng1 1.0.9-1ubuntu1 [209kB]
获取：2 http://ubuntu.srt.cn/ubuntu/ lucid-updates/main libqtcore4 4:4.6.2-
0ubuntu5.3 [1,723kB]
……
……
正在设置 smplayer-themes (0.1.20+dfsg-1) ...
正在设置 smplayer-translations (0.6.8-2) ...
正在处理用于 libc-bin 的触发器...
ldconfig deferred processing now taking place
user@ubuntu:~$
```

可以通过命令方式和图形化方式启动 Mplayer 播放，在 Shell 中输入 mplayer，则出现如图 6-58 所示的界面。

通过图形化方式启动后，SMPlayer 图形化前端显示的 MPlayer 主界面如图 6-59 所示。

MPlayer 的常用快捷键列表及功能说明如表 6-6 所示。

图 6-58　mplayer 命令模式

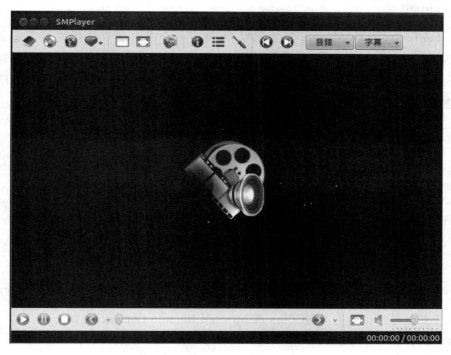

图 6-59　MPlayer 主界面

表 6-6　MPlayer 的常用快捷键及功能说明

快捷键	功 能 说 明
f	这是一个全屏切换键,用于退出或进入全屏播放状态
+、—	＋ 和—是一对用来调整音频与视频时间差的键。特别是针对播放音视频严重不同步的影片
z、x	用来调节外挂字幕与视频的同步
j	用来切换已加载的多个字幕文件。默认情形下,Mplayer 只加载同视频文件同名的字幕文件,如果想让它加载更多的字幕文件,可以在配置文件中将 sub-fuzziness 设为 2,这样 Mplayer 会加载视频文件当前目录下所有的字幕文件了
BlankSpace	空格键用来切换暂停与播放
↑、←、→、↓	左、右箭头键用来小幅度调节播放进展,上下箭头键则是大幅度调节
d	d 键切换 framedrop 模式,frame drop 意指丢帧,共分 3 级:off、on、hard。off 表示不丢帧,这样在低配置的计算机播放时,可能会造成严重的声音、图像不同步。通常切换至 on 或者 hard,以图像质量来换取播放同步
.	用于逐帧播放
q、Enter、Esc	这 3 个键都用于关闭 mplayer
T	将播放窗口置于顶层
o	显示播放的时间

6.5.2　Totem

在 Ubuntu 中,除了 MPlayer 播放器以为,还有一个著名的媒体播放器 Totem,全称 Totem Movie Player。Totem 是一款基于 GNOME 桌面环境的媒体播放器,使用 Gstreamer 或 Xine 作为多媒体引擎,可运行在 Linux、Solaris、BSD 以及其他 UNIX 系统。Totem 遵守 GNU 通用公共许可协议。

Totem 软件具有以下一些特点。

(1) 可选择使用 Gstreamer 或 Xine 作为多媒体引擎。

(2) 与 GNOME 及 Nautilus 紧密结合。

(3) 可以在 Xinerama 上实现全屏幕。

(4) 支持双头输出及视口可改变长宽比。

(5) 自动调整影片图像大小。

(6) 支持多语系及字幕,自动加载外挂字幕。

(7) 支持 4.0、4.1、5.0、5.1 声道,立体声与 AC3 音频输出。

(8) 可设定电视输出。

(9) 支持红外模块控制 LIRC(Linux Infrared Remote Control)。

(10) 支持 SHOUTcast,m3u,asx,SMIL 与 RealAudio 播放列表。

(11) 提供可重播及暂停模式的播放列表,可由鼠标改变播放顺序。

(12) 用 Gromit 来支持 Telestrator。

（13）图示预览动画。

（14）支持东亚地区的右至左语言。Totem 支持用 C 语言（或 C 语言变种），Python 语言和 Vala 语言（一种专为 Gnome 环境准备的开发语言）编写的插件程序。要在 Totem 中安装插件软件，只需要将编写好的插件解压缩到系统的 ~ /.local/share/totem/plugins/文件夹即可。常见的 Totem 插件软件有以下几种。

① Totem StatusIcon 插件。该插件在 Totem 界面上添加一个静态图标，通过该图标可以显示/隐藏 Totem 窗口、进行播放和暂停的切换、选择播放列表的上一项目和下一项目，还可以切换到全屏模式。

② Totem last.fm 插件。该插件将正在观看的电影或收听的音乐通过 Scrobbler 程序自动添加到音乐库或电影库中。

③ Totem PPStream 插件。该插件在 Totem 中添加一个 PPStream 浏览器，使用户通过这个浏览器可以浏览和播放存储在 kan.pps.tv 上的视频文件。

④ Totem Sopcast 插件。该插件在 Totem 中添加一个 Sopcast 浏览器，使用户通过这个浏览器可以浏览和播放存储在 Sopcast 频道上的视频流媒体的节目。

⑤ Totem Arte Provider Plugin 插件。该插件使用户能够通过 Totem 播放免费的 Arte（European Cultural Television Channel）流媒体节目。

Ubuntu 12.04 安装完毕后集成了 Totem 程序，可以在 Dash 页中输入"Totem"找到"电影播放机"，启动后主界面如图 6-60 所示。

图 6-60　Totem 主界面

Totem 的常用快捷键列表及功能说明如表 6-7 所示。

表 6-7　Totem 的常用快捷键及功能说明

快　捷　键	功　能　说　明
I	隔行扫描开或关
A	循环改变纵横比(每按一次改变一次)
P	暂停(暂停后再按则为开始)
Esc	退出全屏
F	全屏(全屏状态下按下则退出全屏)
H	只显示播放画面,隐藏控制和菜单栏(隐藏状态下再次按下则出现)
0	原始画面的一半
1	画面原始大小
2	画面放大一倍
r	放大视频
t	缩小视频
d	开始和停止 telestrator 模式,即在视频画面上画图
e	擦除 telestrator 模式在画面上的画图结果
←	后退 15s
→	快进 1min
Shift+ ←	后退 5s
Shift+ →	快进 15s
Ctrl+ ←	后退 3min
Ctrl+ →	快进 10min
↑	提升音量 8%
↓	降低音量 8%
b	跳到播放列表的上一个文件播放
n	跳到播放列表的下一个文件播放
q	退出
Ctrl+E	释放挂载的媒体(硬盘、USB、光盘等)
Ctrl+O	打开一个新文件
Ctrl+L	打开一个新 URL

6.6　图形图像软件 GIMP

GIMP 是一套免费的图像处理软件，GIMP 是 GNU 图像处理程序（Image Manipulation Program,GNU）通过 GNU 版权模式来进行发型和维护。设计之初,GIMP

即以 Adobe 公司的 Photoshop 软件为模仿对象,包括几乎所有图象处理所需的功能,被称为 Linux 下的 PhotoShop。GIMP 在 Linux 系统推出时就风靡了许多绘图爱好者的喜爱,它的接口相当轻巧,但其功能却可以与专业的绘图软件相媲美;它提供了各种的影像处理工具、滤镜,还有许多的组件模块。

启动 GIMP 如同启动其他 Ubuntu 软件一样,在 Dash 页中输入"GIMP"可以看到"GIMP 图片编辑器"图标,单击即可启动软件,启动后的界面如图 6-61 所示。GIMP 的使用方法可参看 GIMP 帮助文档。

图 6-61　GIMP 界面

6.7　即时通信软件 QQ for Linux

QQ 是腾讯公司开发的一款基于 Internet 的即时通信(IM)软件。腾讯 QQ 支持在线聊天、视频电话、点对点断点续传文件、共享文件、网络硬盘、自定义面板、QQ 邮箱等多种功能。并可与移动通信终端等多种通信方式相连。1999 年 2 月,腾讯公司正式推出第一个即时通信软件——"腾讯 QQ",QQ 在线用户到现在已经发展到上亿用户了,在线人数超过一亿。是目前使用最广泛的聊天软件之一。

QQ 以前是模仿国际的一个聊天工具 ICQ 的,是 I seek you(我寻找你)的意思。腾讯公司模仿 ICQ 推出了 OICQ 聊天工具,前加了一个字母 O,意为 opening I seek you,意思是"开放的 ICQ",但是遭到了侵权控诉。于是,腾讯公司将 OICQ 的名字改为 QQ。

QQ for Linux 是腾讯公司于 2008 年 7 月 31 日发布的基于 Linux 平台的即时通信软件,为 Linux 计算机用户带来更加快捷方便的聊天体验。

QQ for Linux 的主要功能和特点如下。

(1) 色彩丰富的界面。在 Linux 平台率先支持更换软件的色调和底纹,配套用户不同的 Linux 版本,体现不同的个性和风格。

(2) 管理多个会话窗口。用户可以用多标签的方式管理多个会话窗口,并且每个子会话窗口可以从母会话窗口中分离,成为一个独立的聊天窗口。

(3) 丰富的聊天表情。用户可以和好友或者群进行即时的交流,收发默认表情,并且能接收对方发出的自定义表情。

(4) 整合 QQ 核心功能。为用户提供 QQ 最核心的聊天、查找、设置等功能,可以享受到最快捷的聊天体验,没有任何打扰。

(5) 自定义分组的顺序。用户可以在好友列表中自由的拖曳分组,把常用的分组移动到最上端,快速选中常用好友。

(6) 丰富的新消息提示。当用户收到新消息,不仅在任务栏有消息盒子提示,而且在聊天的窗口和标签也有丰富的动画效果。

QQ for Linux 不是开源程序,但是它是一个免费软件。官方发布的版本有 RPM 版本、DEB 版本和 tar. gz 版本。如果用户想要安装 QQ for Linux 即时聊天工具,可以打开网站 http://im. qq. com/qq/linux/download. shtml 下载安装包。在各种类型的安装包中,DEB 是 Debian 软件包格式的文件扩展名。RPM 是 RedHat Package Manager(RedHat 软件包管理工具)的缩写,这一文件格式名称虽然打上了 RedHat 的标志,但是其原始设计理念是开放式的,现在包括 OpenLinux、SUSE 以及 Turbo Linux 等 Linux 的分发版本都有采用,可以认为是公认的行业标准。以. tar. gz 为扩展名的是一种压缩文件,在 Linux 和 OS X 下常见,Linux 和 OS X 都可以直接解压使用这种压缩文件。Windows 下的 WinRAR 也可以使用,相当于常见的 RAR 和 ZIP 格式。tar. gz 一般情况下都是源代码的安装包,需要先解压再经过编译、安装才能执行。

Linux 下安装 QQ 的过程举例如下:选择 DEB 安装包,下载的 deb 包文件名为 "linuxqq_v1. 0. 2-beta1_i386. deb",执行 dpkg 命令安装 QQ for Linux。执行过程如下:

```
user@user-desktop:~/下载$sudo dpkg - i linuxqq_v1.0.2-beta1_i386.deb
选中了曾被取消选择的软件包 linuxqq。
(正在读取数据库 ... 系统当前总共安装有 123933 个文件和目录。)
正在解压缩 linuxqq (从 linuxqq_v1.0.2-beta1_i386.deb) ...
正在设置 linuxqq (v1.0.2-beta1) ...
正在处理用于 desktop-file-utils 的触发器...
正在处理用于 python-gmenu 的触发器...
Rebuilding /usr/share/applications/desktop.zh_CN.utf8.cache...
正在处理用于 python-support 的触发器...
user@user-desktop:~/下载$
```

安装完成后,在 Dash 页中搜索"qq",找到腾讯 qq 软件,单击此项即可启动腾讯 QQ,界面如图 6-62 所示,与 MS Windows 环境下的腾讯 QQ 没有太大的区别。关于 QQ for Linux 的具体使用,在此不再赘述。

图 6-62　QQ for Linux 主界面

本 章 小 结

本章介绍了 Ubuntu 下的常用工具软件的使用。在 LibreOffice 软件包的使用中介绍了 Writer、Calc、Impress 的功能和常用方法。对于用户常用的文本编辑操作工具,介绍了非图形化的 vi 文本编辑器和图形化的文本编辑器 Gedit 的使用方法。熟练掌握 vi 编辑器的使用方法,对用户使用 Linux 系统具有重要的作用。其他常用工具软件中,还介绍了 PDF 阅读器的使用、MPlayer 和 Totem 等多媒体播放工具的使用、图形图像软件 GIMP 的使用,以及即时通信软件 QQ for Linux 的安装和使用。用户熟悉这些常用工具软件的使用,可以为用户的系统操作带来更多的便利和更多的乐趣。

实　验　6

实验 6-1

题目:练习图形化编辑器的使用。

要求:

(1) 打开 Gedit 图形编辑器。

(2) 编写一个 C 语言的小程序,实现输出一行字符"hello world"。

(3) 保存该程序,文件名为 hello.c,保存位置当前用户的家目录下。

实验 6-2

题目:练习 vi 编辑器的使用。

要求：

（1）打开终端，利用 vi 编辑器，新建一个空文件 song.txt，并将其打开。

（2）在该文件中，并输入以下文字：

```
a song of Indian boys
one little,two little,three little Indians
four little,five little,six little Indians
seven little,eight little,nine little Indians
ten little Indian boys
```

（3）将第 3 行的文本复制到第 4 行的下面。

（4）进行全文的查找替换。把全文中的 little 替换为 ok。

（5）删除第一行的文本。

（6）保存文件并退出 vi 编辑器。

习　题　6

1. 在 Ubuntu Linux 下，编辑文本的常用工具有哪些？

2. vi 编辑器的工作模式有哪几种？它们之间如何实现转换的？

3. LibreOffice 与 Microsoft Office 办公软件的不同之处有哪些？

4. 如何安装 PDF 阅读器以及查看 PDF 文件？

5. 如何安装即时通信软件 QQ for Linux？

第7章　进程管理与系统监控

一个具有较好安全性和稳定性的系统是用户需要的。无论进行何种操作和业务处理，用户都希望系统始终处于稳定的状态。因此，及时地进行系统进程管理和监控工作是保证系统稳定的必要手段。学习如何进行进程监控、了解和查看系统日志文件，以及使用系统监视器监控系统运行状况，获知内存以及磁盘空间的信息等，可以为用户掌握系统运行状况提供可靠的保证。

7.1　进程管理

7.1.1　什么是进程

进程的概念最早出现在 20 世纪 60 年代，此时操作系统已经进入多道程序设计的时代。程序的并发执行不仅提高了系统的执行效率，也带来了资源利用率极大提高。与此同时，并发程序的执行过程也变得更加复杂，执行结果变得不可再现。为了更好地研究、描述和控制并发程序的执行，在操作系统中引入了进程的概念。进程概念的引入使多道程序的并发执行具有了可控性和可再现性。

1. 进程的概念

进程（Process）是可并发执行且具有一定功能的程序段在给定数据集上的一次执行过程。简而言之，进程就是程序的一次运行过程。

进程和程序的概念既相互联系又相互区别。

（1）进程和程序的联系。程序是构成进程的组成部分之一。一个进程的运行目标是执行它所对应的程序，如果没有程序，进程就失去了实际存在的意义。从静态的角度看，进程是由程序、数据和进程控制块 3 个部分组成的。

（2）进程和程序的区别。程序是静态的，而进程是动态的。进程是程序的执行过程，因而进程是有生命期的，有诞生，也有消亡。因此，程序的存在是永久的，而进程的存在是暂时的，动态地产生和消亡。一个进程可以执行一个或几个程序，一个程序也可以构成多个进程。例如，一个编译进程在运行时，要执行词法分析、语法分析、代码生成和优化等几个程序，或者一个编译程序可以同时生成几个编译进程，为几个用户服务。进程具有创建其他进程的功能，被创建的进程称为子进程，创建者称为父进程，从而构成进程家族。

进程还有其他的定义形式，其中较典型的进程定义有以下几种。

进程是程序的一次执行。

进程是一个程序及其数据，在处理机上顺序执行时所发生的活动。

进程是程序在一个数据集合上运行的过程，它是系统进行资源分配和调度的一个独立单位。

进程是可以和别的计算并发执行的计算。

进程是可并发执行的程序在一个数据集合上的运行过程。

2. 进程的特征

进程的定义形式多种多样,但是这些定义都指明了进程的共同特征。只有真正了解进程的基本特征,才能真正理解进程的含义。进程具有以下几个基本特征。

(1)动态性。进程的实质是程序的一次执行过程,因此,动态性是进程的最基本特征。动态性还表现为“它由创建而产生,由‘调度’而执行,由撤销而消亡”。可见,进程有一定的生命期,而程序只是一组有序指令的集合,并存放于某种介质上,本身并无运动的含义,因此是静态的。

(2)并发性。这是指多个进程能在一段时间内同时运行,并发性是进程的重要特征。引入进程的目的也正是为了使其程序能和其他进程的程序并发执行,而程序(没有建立进程时)是不能并发执行的,即程序不反映执行过程的动态性。

(3)独立性。这是指进程是一个能独立运行、独立分配资源和独立调度的基本单位,凡未建立进程的程序,都不能作为一个独立的单位参加运行。只有进程有资格向系统提出申请资源并获得系统提供的服务。

(4)异步性。这是指进程按各自独立的、不可预知的速度向前推进,或说进程按异步方式运行。

(5)结构性。为使进程能独立运行,应为之配置一个称为进程控制块(Process Control Block,PCB)的数据结构。这样,从结构上看,进程是由程序段、数据段及 PCB 这 3 个部分组成,UNIX 系统中把这 3 个部分称为“进程映像”。

3. 进程的基本状态及其转换

(1)进程的基本状态。由进程运行的间断性,决定了进程至少具有下述 3 种基本状态。

① 就绪状态。当进程已分配到除 CPU 以外的所有必要的资源后,只要能再获得处理机,便能立即执行,把进程这时的状态称为就绪状态。在一个系统中,可以有多个进程同时处于就绪状态,通常把它们排成一个队列,称为就绪队列。

② 执行状态。指进程已获得处理机,其程序正在执行。在单处理机系统中,只能有一个进程正在执行状态。

③ 阻塞状态。进程会因发生某事件(如请求 I/O、申请缓冲空间等)而暂停执行,即进程的执行处于受到阻塞,故称这种暂停状态为阻塞状态,有时也称为“等待”状态,或“睡眠”状态。通常将处于阻塞状态的进程排成一个队列,称为阻塞队列。

(2)进程状态的转换。处于就绪状态的进程,在进程调度程序为之分配了处理机之后,便由就绪状态转变为执行状态。正在执行的进程也称为当前进程。如果因时间片已完而被暂停执行时,该进程将由执行状态转变为就绪状态;如果因发生某事件而使进程的执行受阻(例如,进程请求访问某临界资源,而该资源正被其他进程访问),使之无法继续执行,该进程将由执行状态转变为阻塞状态。图 7-1 给出了进程的 3 种基本状态及各状态之间的转换。

需要说明的是,处于执行状态的进程因等待某事件而变为阻塞状态时,当等待的事件发生之后,被阻塞的进程并不是直接恢复到执行状态,而是先转变到就绪状态,再由调度程序重新调度执行。原因很简单,当该进程被阻塞后,进程调度程序会立即把处理机分配给另一个处于就绪状态的进程。

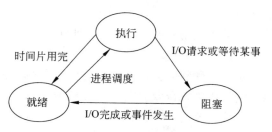

图 7-1 进程的 3 种基本状态及其转换

4. 进程控制块

(1) 进程控制块的作用。为了描述和控制进程的运行,系统为每个进程定义了一个数据结构,该数据结构被称为进程控制块。所谓系统创建一个进程,就是由系统为某个程序设置一个 PCB,用于对该进程进行控制和管理。进程任务完成,由系统收回其 PCB,该进程便消亡。系统将根据某 PCB 而感知相应进程的存在,故说 PCB 是进程存在的唯一标志。

(2) 进程控制块中的内容。PCB 中包含了进程的描述信息和控制信息。表 7-1 示出了 PCB 的主要内容。

表 7-1　PCB 的主要内容

进程标识符	进程通信机构
现行状态	进程优先数
现场保留区	资源清单
程序与数据地址	链接字
互斥与同步机构	家族联系

① 描述信息。信息量的多少依赖于 OS 的设计者。主要包括进程标识符和家族关系。

- 进程标识符。用于唯一地标识一个进程。包括内部标识符和外部标识符。在所有操作系统中,都为每一个进程赋予一个唯一的数字标识符,它通常是一个进程的序号。因此,设置内部标识符主要是为了方便系统使用。外部标识符是由创建提供,通常是由字母、数字所组成,往往是由用户(进程)在访问该进程时使用。
- 家族关系。用于说明本进程与其他家族成员之间的关系。例如,指向父进程及子进程的指针。因此,PCB 中应有相应的项描述其家族关系。

② 现场信息。信息量的多少依赖于 CPU 的结构。主要包括现行状态、现场保留区、程序和数据地址等。

- 现行状态。说明进程的当前状态,以作为调度程序分配处理机的依据。当进程处于阻塞状态时,要在 PCB 中说明阻塞的原因。
- 现场保留区。用于保存进程由执行状态变为阻塞状态时的 CPU 现场信息。例如,程序状态字、通用寄存器、指令计数器等的内容。
- 程序和数据地址。该进程的程序和数据存放在内存或外存中的地址,用以把进程控制块与其程序和数据联系起来。

③ 控制及资源管理信息。控制及资源管理信息主要包括进程的优先级、互斥与同步机

制、资源清单、链接字等。

- 进程的优先级。表示进程使用 CPU 时优先级别的一整数。优先级高的进程可优先获得 CPU。
- 互斥与同步机制。实现进程间的互斥与同步时所必需的机制。例如信号量或锁等。
- 资源清单。列出了进程所需资源及当前已分配到的资源。
- 链接字。也称为进程队列指针,它给出了本进程所在队列中的下一个进程的 PCB 首地址。

总之,进程控制块 PCB 是系统感知进程存在的唯一实体。通过对 PCB 的操作,系统为有关进程分配资源从而使得有关进程得以可能被调度执行;而完成进程所要求功能的程序段的有关地址,以及程序段在进程过程中因某种原因被停止执行后的现场信息也都在 PCB 中。最后,当进程执行结束后,则通过释放 PCB 来释放进程所占有的各种资源。

7.1.2 进程的启动

启动进程的过程即启动程序或者命令的过程。通常,程序和命令是保存在磁盘上的,当在命令行中输入一个可执行程序的文件名或者命令并按 Enter 键后,Linux 系统内核就把该程序或者命令的相关代码加载到内存中开始执行。系统会为该程序或者命令创建一个或者多个相关的进程,以完成程序或者命令规定的任务。

启动进程的方式有两种,分为前台启动方式和后台启动方式。

1. 前台方式启动进程

打开系统终端,在终端窗口的命令行提示符后输入 Linux 命令并按 Enter 键,就以前台方式启动了一个进程。例如,在终端下,输入命令

```
vi story
```

就以前台方式启动了一个进程,该进程专门负责执行 vi 编辑器程序。在该进程还未执行完时,可按 Ctrl+Z 键将该进程暂时挂起,然后使用 ps 命令查看该进程的有关信息。

下面是 ps 命令的用法。

【功能】 查看进程的信息。

【格式】 命令格式如下:

```
ps [选项]
```

【选项】 各选项的详细说明如表 7-2 所示。

表 7-2　ps 中的各主要选项的作用

选　项	作　　用	选　项	作　　用
-e	显示所有进程	a	显示所有终端下的所有进程
-f	以全格式显示	u	以面向用户的格式显示
-r	只显示正在运行的进程	x	显示所有不控制终端的进程
-o	以用户定义的格式显示		

【说明】

（1）默认只显示在本终端上运行的进程，除非指定了-e、a、x等选项。

（2）没有指定显示格式时，采用以下默认格式，分 4 列显示：PID、TTY、TIME、CMD。各字段的含义如表 7-3 所示。

表 7-3　默认格式的各项含义

字段	作　　用	字段	作　　用
PID	进程标识号	TIME	进程累计使用的 CPU 时间
TTY	进程对应的终端，表示该进程不占用终端	CMD	进程执行的命令名

指定-f 选项时，以全格式，分 8 列显示：UID、PID、TPPID、C、STIME、TTY、TIME、CMD。各字段的含义如表 7-4 所示。

表 7-4　全格式的各项含义

字段	作　　用	字段	作　　用
UID	进程属主的用户名	C	进程最近使用的 CPU 时间
PPID	父进程的标识号	STIME	进程开始时间

其余 4 列含义如表 7-3 所示。

指定 u 选项时，以用户格式，分 11 列显示，包括 USER、PID、％CPU、％MEM、VSZ、RSS、TTY、STAT、START、TIME、COMMAND。各字段的含义如表 7-5 所示。

表 7-5　用户格式的各项含义

字　　段	作　　用
USER	同 UID
％CPU	进程占用 CPU 的时间与进程总运行时间之比
％MEM	进程占用的内存与总内存之比
VSZ	进程虚拟内存的大小，以 KB 为单位
RSS	进程占用实际内存大小，以 KB 为单位
STAT	进程当前状态，用字符表示。R：执行态；S：睡眠态；D：不可中断睡眠态；T：暂停态；Z：僵死态
START	同 STIME
COMMAND	同 CMD

其余同上。

【举例】　以前台方式启动进程，并使用 ps 命令查看。

在终端下输入命令

```
vi story
```

按 Ctrl＋Z 键将该进程暂时挂起，然后使用 ps 命令查看该进程的有关信息。执行过程如

图 7-2 所示。

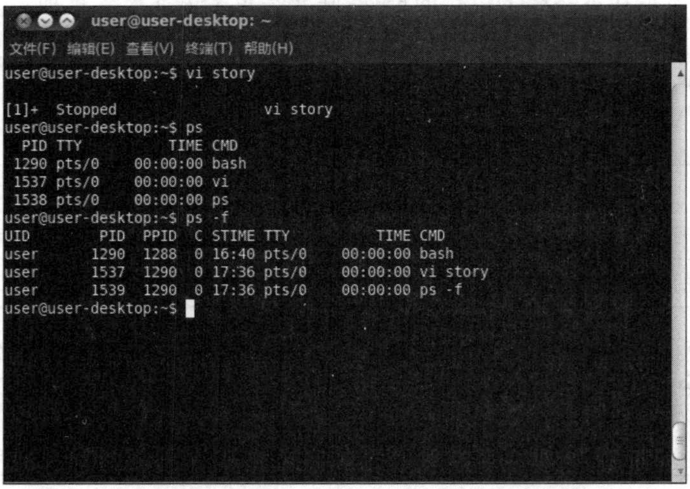

图 7-2 以前台方式启动进程，并使用 ps 命令查看

如图 7-2 所示，以命令方式打开了 vi 编辑器程序，启动了 vi 编辑器进程。通过按 Ctrl＋Z 键挂起了该进程，显示了第 2 行中的信息

```
[1]+  Stopped     vi story
```

通过 ps 命令的单独使用，以默认方式（4 列）显示了当前该终端下的进程信息，vi 进程 的 PID，即进程标识码，也叫做进程号是 1537。又以全格式（8 列）的方式显示了进程信息， 同样，被挂起的 vi 进程号仍是 1537。进程号可以唯一地标识一个进程。

2. 后台方式启动进程

在终端下，以后台方式启动进程，需要在执行的命令后面添加一个符号"&"。

【举例】 在终端下，输入命令

```
vi song&
```

按 Enter 键，将从后台启动一个 vi 编辑器进程。启动后，系统显示如图 7-3 所示。

图 7-3 以后台方式启动进程

第 2 行中的数字 2 表示该进程是运行于后台的第 2 个进程，数字 1550 是该进程的进程 号。第 3 行中出现了 Shell 提示符，表示已返回到前台。此时，再执行 ps 命令将能够看到现 在系统中有两个由 vi 命令引起的进程，它们的进程号是不同的。进程号为 1537 的进程是 刚刚被挂起的进程，进程号为 1550 的进程是以后台方式启动的进程。在该情况下，执行

jobs命令还可以查看当前终端下的后台进程,如图 7-4 所示。可以看到当前有两个后台进程。

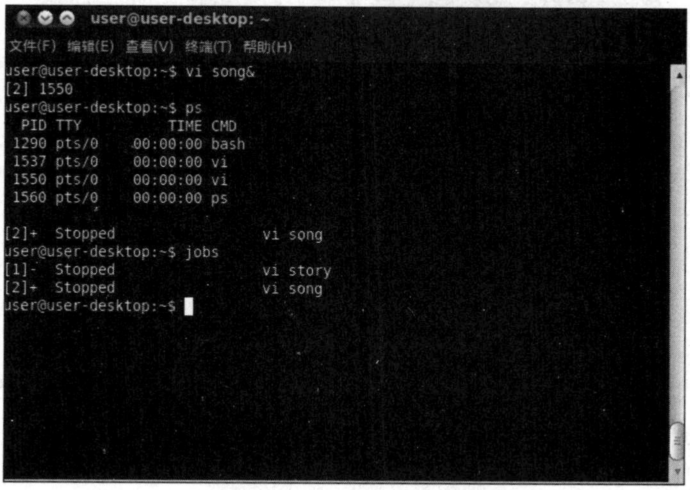

图 7-4　前台挂起进程和后台启动进程的显示

在前台运行的进程是正在进行交互操作的进程,它可以从标准输入设备接收输入。并将输出结果送到标准输出设备。在同一时刻,只能有一个进程在前台运行,而在后台运行的进程一般不需要进行交互操作,不接收终端的输入。通常情况下,可以让一些运行时间较长,而且不接收终端输入的程序以后台方式运行,让操作系统调度它的执行。

7.1.3　进程的调度

在 Linux 系统中,多个进程可以并发执行。但如果系统中同时并发执行的进程数量过多,会造成系统的整体性能下降。因此,用户可以根据一定的原则,对系统中的进程进行调度。例如,中止进程、挂起进程、改变进程优先级等操作。root 用户或者普通用户都可以实行这种操作,调度进程的执行。

1. 改变进程的优先级

在 Linux 系统中,每个进程都有特定的优先级的。系统在为进程分配 CPU 等资源时,是通过优先级来进行判断的。优先级高的进程,可以获得优先执行的权利。通常,用户进程执行的优先级是相同的,但是可以使用命令来改变某些进程的优先级。

(1) 查看优先级的命令(ps 命令)。在终端下,输入命令

```
ps -l
```

可以查看当前用户进程的优先级,如图 7-5 所示。

在图 7-5 中,PRI 和 NI 两个字段是与进程优先级有关的项。PRI 表示进程的优先级,是由操作系统动态计算的,是实际的进程优先级。NI 表示的是请求进程执行优先级,它由进程拥有者或者超级管理员进行设置,NI 会影响到实际的进程优先级。

(2) 改变进程优先级的命令(nice 命令)。

【功能】　在启动进程时指定请求进程执行优先级。

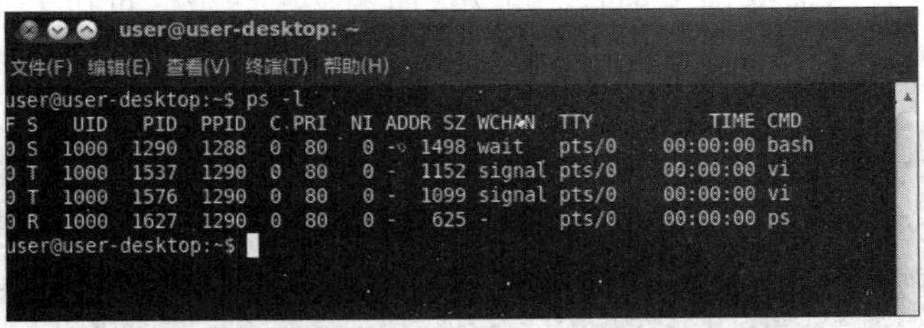

图 7-5　ps 命令查看当前用户进程的优先级

【格式】　nice 命令的格式如下：

nice [选项] 命令

【选项】　常用的一个选项是-n，其中 n 值即为 NI 的值，n 值的范围为-20~19。n 值越小优先级越高。即-20 代表最高的 NI 优先级，19 代表最低的 NI 优先级。如果不加该选项，默认 NI 值为 10。

【说明】　默认情况下，只有 root 用户才能提高请求进程的优先级，普通用户只能降低请求进程的优先级。

【举例】　以后台运行方式启动 vi 进程，并使用 nice 命令将 vi 进程的请求优先级设置为-13。再查看设置的结果。执行过程如图 7-6 所示。

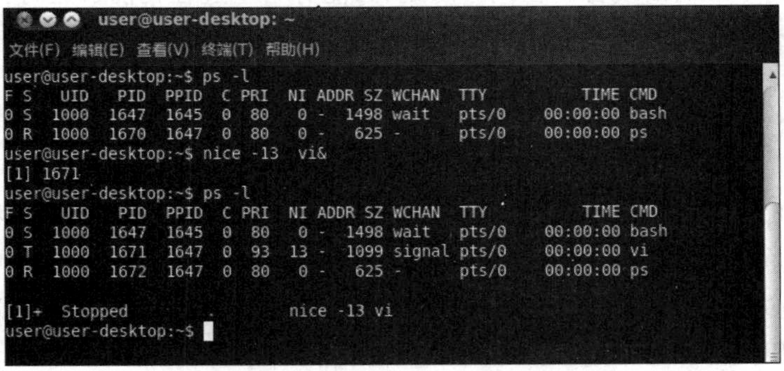

图 7-6　nice 命令指定 NI 的值

（3）renice 命令。

【功能】　在进程执行时改变 NI 的值。

【格式】　renice 命令的格式如下：

renice [+/-n] [-g 命令名…] [-p 进程标识码…] [-u 进程所有者…]

【说明】　可以通过命令名、进程标识码、进程所有者名指定要改变的进程的 NI 值。

【举例】　利用 renice 命令改变进程执行时的 NI 值，如图 7-7 所示。

以 root 用户身份，先利用 nice 命令为后台启动进程 vi 设置请求优先级-13。可以看到，后台运行进程 vi 的 PID 为 1769，并使用 ps -l 命令查看结果。然后第一次使用 renice 命令把 vi 进程的请求优先级改变为 10，第二次使用 renice 命令把 vi 进程的请求优先级改变为-6，再使用 ps -l 命令查看改变后的效果。

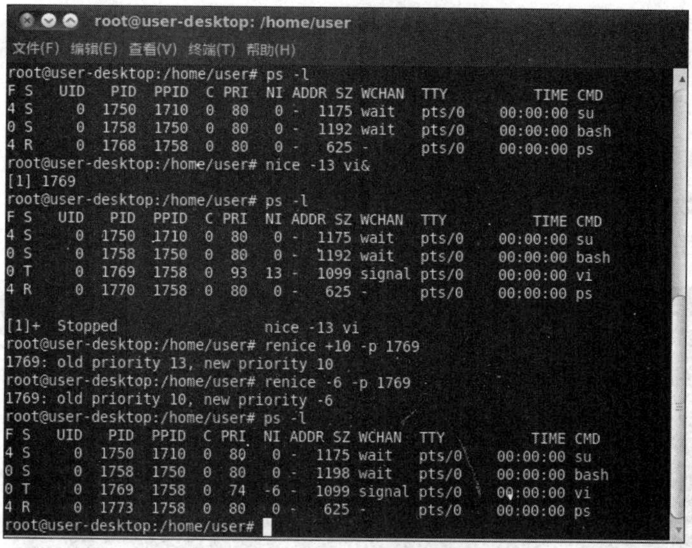

图 7-7　renice 命令改变 NI 的值

2. 挂起和激活进程

　　某正在执行态的进程被挂起时,会被系统自动投入后台,处于暂停状态。在合适的时候再被恢复激活,使之处于执行状态。

　　挂起当前正在运行的前台进程,可通过按 Ctl＋Z 键来实现。激活被挂起的进程,可以采用两种方式。

　　(1) fg 命令。

　　【功能】　使被挂起的进程返回至前台运行。

　　【格式】　fg 命令的格式如下:

```
fg [参数]
```

　　【参数】　n,数字 n 代表进程序号.

　　【举例】　前台启动 vi 编辑器进程,在创建文档的时候,在命令模式下,按 Ctl＋Z 键,挂起该进程。使用 fg 命令激活该进程的执行,继续编写文档,最终退出 vi,如图 7-8 所示。

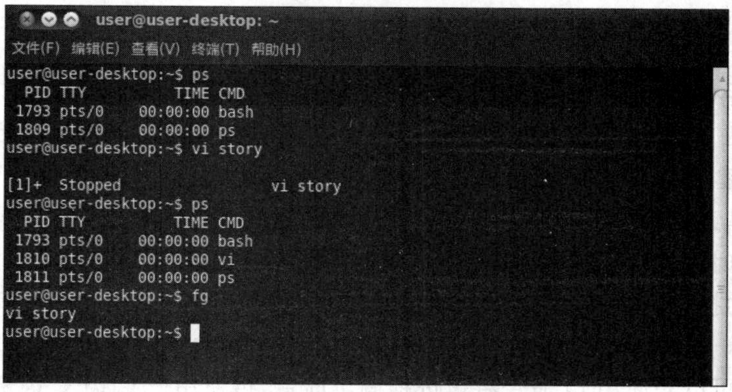

图 7-8　fg 命令的使用

（2）bg 命令。

【功能】 激活被挂起的进程，使之在后台运行。

【格式】 bg 命令的格式如下：

bg［参数］

【参数】 n，数字 n 代表进程序号。

【举例】 使用 bg 命令激活被挂起进程，使之在后台运行，如图 7-9 所示。

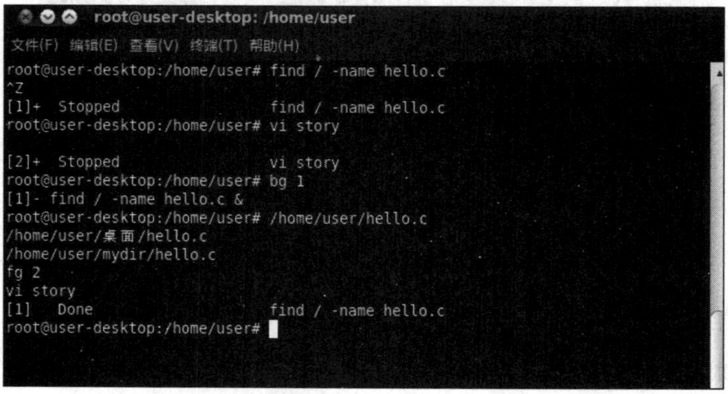

图 7-9　bg 命令的使用

【说明】 在图 7-9 中，首先使用 find 命令启动一个前台执行的进程，查找文件名为 hello.c 的文件。在执行期间，即还未找到 hello.c 文件时，按 Ctl＋Z 键，挂起该进程至后台。即系统显示：

```
[1]+  Stopped              find / -name hello.c
```

然后再启动另外一个前台执行的进程 vi 编辑器。在命令模式下，按 Ctl＋Z 键，挂起该 vi 进程，系统显示：

```
[2]+  Stopped              vi story
```

其中，数字 2 代表当前系统中有两个挂起进程至后台。

接着使用 bg 命令，使第一个 find 命令进程激活，并转至后台运行。系统显示：

```
[1]-find / -name hello.c &
```

在该行最后有一个"&"符号，这说明该进程正在后台执行。过一段时间，系统会显示该命令的执行结果。在这之前，也可以使用 fg 2 命令将 vi 进程激活至前台运行。

3. 中止进程

中止进程是系统管理员协调系统资源利用率的有效手段。当某个进程已经僵死或者占用了大量 CPU 时间，就需要将该进程中止或者撤销该进程。

中止进程的执行，可以使用以下方法。

（1）按 Ctl＋C 键。按 Ctl＋C 键可以用来中止一个前台执行的进程。如果想要中止后台执行的进程，可以先使用 fg 命令将该进程调至前台，再使用按 Ctl＋C 键来中止它。

（2）使用 kill 命令。

【功能】　中止进程。

【格式】　kill 命令的格式如下：

```
kill [-信号] PID
```

【说明】　kill 命令用来中止进程,实际是向指定进程发送特定的信号。从而使该进程根据这个信号执行特定的动作。信号可以用信号名称,也可以使用信号码。要查看 kill 命令能向进程发送哪些信号,可以使用 kill－l 命令。kill－l 命令执行过程如图 7-10 所示。

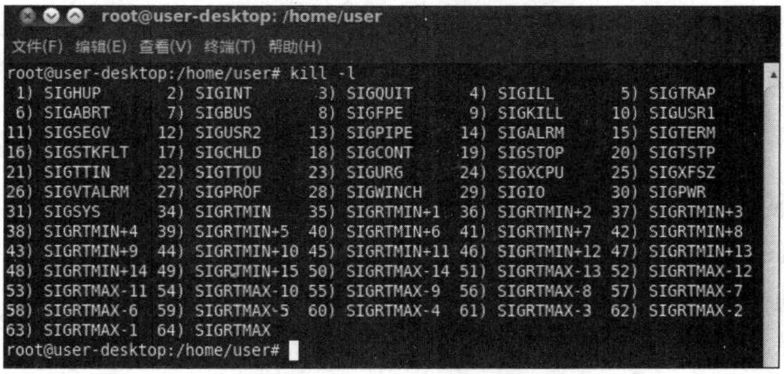

图 7-10　kill－l 命令的执行

【举例】　中止 vi 进程的执行,如图 7-11 所示。

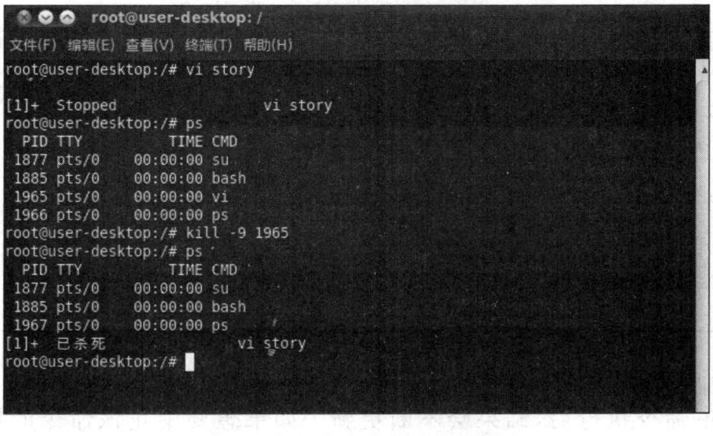

图 7-11　kill 命令中止进程的执行

【说明】　在图 7-11 中,首先启动 vi 编辑器进程,编辑文档。在命令模式下,按 Ctrl＋Z 键,挂起该进程。再使用 ps 命令查看系统进程状况得知 vi 进程的进程标识码为 1965。使用命令：

```
kill －9 1965
```

中止该进程的执行。然后再用 ps 命令查看,得知 vi 进程已经被强行结束（俗称"杀死"）。其中,数字 9 是信号码,它的信号名为 SIGKILL,使用它可以强行中止进程的执行。这种方式中止进程可能会造成数据丢失、终端无法恢复到正常状态等情况。因此,仅限于不带信号选项的 kill 命令不能中止某些进程时使用。在 kill 命令的使用中,如果不带信号选项,则 kill 命令会向指定进程发送中断信号。该信号的信号名为 SIGTERM,信号码为 15,如果指定进程没有收到该信号,它将被中止运行。这种方式中止进程时,进程会自动结束,不会造成其他损失。

7.1.4　进程的监视

进程监视,即了解当前系统中有哪些进程正在运行,哪些进程已经结束,有没有僵死进程,进程占用资源的情况等。这些信息对系统的高效运行具有重要的意义。

通过使用 top 命令可以监控系统的各种资源,包括内存、CPU 等资源的利用率。该命令会定期更新显示内容,默认根据 CPU 的负载多少进行排序显示。top 命令是 Linux 下常用的性能分析工具,能够实时显示系统中各个进程的资源占用状况,类似于 Windows 的任务管理器。

top 命令的使用如下。

【功能】　监视系统进程。

【格式】　top 命令的格式如下:

top [-选项]

【选项】　常用选项及作用如表 7-6 所示。

表 7-6　top 命令常用选项及作用

选　　项	作　　用
c	显示整个命令行
d	指定两次屏幕刷新时间间隔的秒数。默认 3s 刷新一次
i	不显示任何闲置或者僵死进程
n	指定每秒内监控信息的更新次数
p	进程标识码列表
s	使 top 命令在安全模式下运行
S	使用累计模式

【举例】　top 命令的执行结果显示,如图 7-12 所示。

【说明】　top 命令执行后,结果会不断更新。如果想要中止该命令的执行,可以按 Q 键,退出该命令。如果想看到以内存利用率大小排序的显示,可以在 top 命令执行期间,按 M 键。如果想看到以执行时间排序的显示,可以在 top 命令执行期间,按 T 键。

在图 7-12 中可以看到,top 的执行结果分两部分显示。第一部分为系统状态的整体统计信息,第二部分为系统中各进程的详细信息。

1. 第一部分含义

第 1 行:系统状态信息。主要包括系统启动时间、已经运行的时间、当前已登录的用户数目、3 个平均负载值。

第 2 行:进程状况信息。主要包括进程总数、处于运行态的进程数、处于休眠态的进程数、处于暂停态的进程数、处于僵死态的进程数。

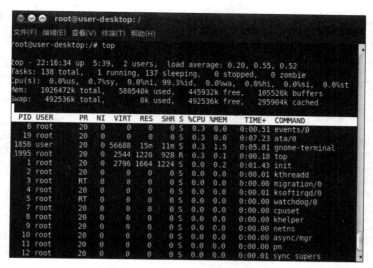

图 7-12　top 命令的执行结果

第 3 行：各类进程占用 CPU 时间的百分比。主要包括用户模式进程、系统模式进程、优先级为负的进程、闲置进程所占 CPU 时间的百分比。

第 4 行：内存使用情况统计信息。主要包括内存总量、已用内存空间的大小、空闲内存的大小、缓存的大小。

第 5 行：交换空间统计信息。主要包括交换空间总量、可用交换空间的大小、已用交换空间的大小、被缓存交换空间的大小。

2. 第二部分含义

系统中各进程的详细信息，如表 7-7 所示。

表 7-7　进程详细信息说明

列　　名	含　　义
PID	进程标识码
USER	进程所有者的用户名
PR	优先级
NI	nice 值。负值表示高优先级，正值表示低优先级
VIRT	进程使用的虚拟内存总量，单位为千字节（KB）
RES	进程使用的、未被换出的物理内存大小，单位为千字节（KB）
SHR	共享内存大小，单位为千字节（KB）
S	进程状态。D 表示不可中断的睡眠状态；R 表示运行状态；S 表示休眠状态；T 表示跟踪或者停止状态；Z 表示僵死状态
%CPU	上次更新到现在的 CPU 时间占用百分比
%MEM	进程使用的物理内存百分比
TIME+	进程使用的 CPU 时间总计，单位为 0.01s
COMMAND	启动进程的命令名或者命令行

在 top 命令的执行过程中,还可以通过按相应的键,实现与交互的交互。这些键及交互说明如表 7-8 所示。

表 7-8　top 命令中的交互说明

按键	含义说明
h 或者?	显示帮助画面,给出一些简短的命令总结说明
k	中止一个进程。系统将提示用户输入需要中止的进程 PID,以及需要发送给该进程什么样的信号。一般的中止进程可以使用 15 信号;如果不能正常结束那就使用信号 9 强制结束该进程。默认值是信号 15 在安全模式中此命令被屏蔽
i	忽略/显示闲置和僵死进程。这是一个开关式命令
q	退出程序
r	重新安排一个进程的优先级别。系统提示用户输入需要改变的进程 PID 以及需要设置的进程优先级值。输入一个正值将使优先级降低,反之则可以使该进程拥有更高的优先权。默认值是 10
S	切换到累计模式
s	改变两次刷新之间的延迟时间。系统将提示用户输入新的时间,单位为 s。如果有小数,就换算成 ms。输入 0 值则系统将不断刷新,默认值是 5s。需要注意的是,如果设置太小的时间,很可能会引起不断刷新,从而根本来不及看清显示的情况,而且系统负载也会大大增加
f 或者 F	从当前显示中添加或者删除项目
o 或者 O	改变显示项目的顺序
l	切换显示平均负载和启动时间信息。即显示隐藏第一行
m	切换显示内存信息。即显示隐藏内存行
t	切换显示进程和 CPU 状态信息。即显示隐藏 CPU 行
c	切换显示命令名称和完整命令行。显示完整的命令
M	根据驻留内存大小进行排序
P	根据 CPU 使用百分比大小进行排序
T	根据时间(累计时间)进行排序
W	将当前设置写入~/.toprc 文件中。这是写 top 配置文件的推荐方法

7.2　系 统 日 志

日志文件是记录 Linux 系统运行情况及详细信息的文件。系统运行过程中的错误情况或问题都会被日志文件记录下来。例如查出哪些用户有登录,及其他安全相关的一些问题。因此,系统的日志文件对系统的安全而言是十分重要的。系统的日志文件,为管理员用户了解系统状态、跟踪系统使用情况等提供了可靠的依据。

7.2.1　日志文件简介

日志文件(Log Files)是用于记录系统操作事件的记录文件或文件集合。操作系统有操作系统日志文件,相应地,数据库系统也有数据库系统日志文件等。

系统日志文件是包含关于系统消息的文件,包括内核、服务、在系统上运行的应用程序等。不同的日志文件记载不同的信息。例如,有的是默认的系统日志文件,有的记载特定任务。大多数的日志文件都是纯文本文件,通过文本编辑器就可以打开。但是,通常情况下,管理员用户才拥有读取或修改日志文件的权限。

7.2.2 常用的日志文件

日志文件所处的位置都在/var/log 目录下,通过 ls 命令可以查看该目录下的详细日志文件都有哪些,如图 7-13 所示。

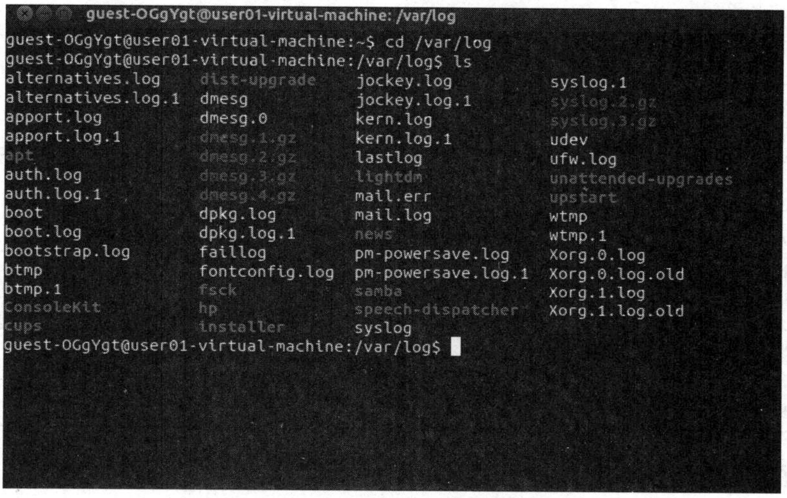

图 7-13 /var/log 目录下的日志文件

用户可以使用文本编辑器打开并查看某个日志文件内容。日志文件的内容通常都详细记录了程序的执行状态、时间、日期、主机等信息。通过日志文件可以获得系统运行的详细信息。

1. 日志文件类型

Ubuntu 系统中,在/var/log/目录下保存的日志文件很丰富,方便系统出现错误的时候查询相应的日志,如表 7-9 所示。

表 7-9 /var/log 下的日志文件说明

文件或目录	功 能 说 明
/var/log/alternatives. log	更新替代信息都记录在这个文件中
/var/log/apport. log	应用程序崩溃记录
/var/log/apt	用 apt-get 安装卸载软件的信息
/var/log/auth. log	登录认证 log
/var/log/boot. log	包含系统启动时的日志
/var/log/btmp	记录所有失败启动信息

文件或目录	功 能 说 明
/var/log/Consolekit	记录控制台信息
/var/log/cpus	涉及所有打印信息的日志
/var/log/dist-upgrade	记录 dist-upgrade 这种更新方式的信息
/var/log/dmesg	包含内核缓冲信息(Kernel Ring Buffer)。在系统启动时,显示屏幕上的与硬件有关的信息
/var/log/dpkg. log	包括安装或 dpkg 命令清除软件包的日志
/var/log/faillog	包含用户登录失败信息。此外,错误登录命令也会记录在本文件中
/var/log/fontconfig. log	与字体配置有关的 log 日志文件
/var/log/fsck	文件系统日志文件
/var/log/kern. log	包含内核产生的日志,有助于在定制内核时解决问题
/var/log/lastlog	记录所有用户的最近信息。这不是一个 ASCII 文件,因此需要用 lastlog 命令查看内容
/var/log/mail/	这个子目录包含邮件服务器的额外日志
/var/log/samba/	这个子目录包含由 samba 存储的信息
/var/log/wtmp	包含了每个用户详细的登录、注销等信息。使用 wtmp 可以发现谁正在登录进入系统,谁正在使用命令显示这个文件或信息等操作
/var/log/xorg. * . log	来自 * 的日志信息

2. 常用的日志文件

(1) /var/log/dmesg 文件。这个日志文件包含了与启动 Ubuntu Linux 有关的引导信息,包含内核缓冲信息。在系统启动时,显示屏幕上与硬件有关的信息。通过查看/var/log/dmesg 文件,可以获知 Linux 系统能够检测出的硬件等信息。可以通过使用文本编辑器 Gedit 打开该文件进行查看,也可以通过终端下输入 dmesg 命令打开,如图 7-14 所示。

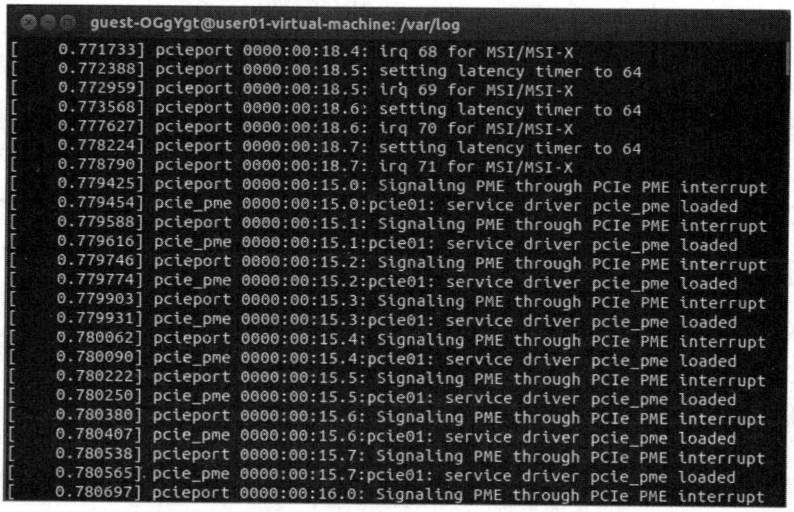

图 7-14 /var/log/dmesg 文件内容

（2）/var/log/wtmp 文件。/var/log/wtmp 是一个二进制文件，记录每个用户的登录次数和持续时间等信息。

这个文件记录了每个用户登录、注销及系统的启动、停机的事件。因此随着系统正常运行时间的增加，该文件的大小也会越来越大，该日志文件永久增加的速度取决于系统用户登录的次数。该日志文件可以用来查看用户的登录记录。

/var/log/wtmp 文件实际上是一个数据库文件，因此不能使用文本编辑器打开，但可以通过执行命令打开并查看。在终端下输入 last 命令可以访问这个文件获得信息，并以反序从后向前显示用户的登录记录，last 命令也能根据用户、终端 tty 或时间显示相应的记录。

（3）last 命令。

【功能】 列出目前与过去登入系统的用户相关信息。

【格式】 last 命令的格式如下：

```
last [-adRx] [-f] [-n] [账号名称...] [终端机编号...]
```

【说明】 单独执行 last 指令，它会读取位于/var/log 目录下，名称为 wtmp 的文件，并把该文件的内容，即登入系统的用户名单全部显示出来。

各参数的含义如表 7-10 所示。

表 7-10　last 命令的参数说明

参　　数	说　　明
-a	把从何处登入系统的主机名称或 IP 地址，显示在最后一行
-d	将 IP 地址转换成主机名称
-f	指定记录文件
-n	设置列出名单的显示列数
-R	不显示登入系统的主机名称或 IP 地址
-x	显示系统关机，重新开机，以及执行等级的改变等信息

执行 last 命令显示 wtmp 文件内容，如图 7-15 所示。

图 7-15　last 命令显示 wtmp 文件内容

7.3　系统监视器

Linux 操作系统是一个典型的多用户系统，因此，系统可能同时拥有多个用户。每个用户都有可能会同时执行多个程序，而每个程序又可能会启动多个进程。因此，从宏观和系统整体的角度出发，Linux 系统资源将会分配给许许多多的进程使用。如果某些进程占用了大量的系统资源，就会造成系统负载过重，系统资源供不应求的局面。因此，系统管理员应该时时关注监控系统状态，了解系统资源的消耗情况，以及锁定消耗 CPU 资源最多的进程，以确保系统时刻处于较好的运行状态，保持系统较好的整体性能。UBuntu 系统包含了图形化的系统监视器，使用该工具可以方便直观地监视整个系统性能，便于用户使用和操作。

在 Ubuntu 12.04 系统下，通过在 Dash 页中输入"系统监视器"或"system-monitor"，找到对应的系统监视器程序，单击即可启动图形化的"系统监视器"，如图 7-16 所示。另外，启动终端后，在 Shell 提示符下输入命令也可以启动系统监视器界面。启动监视器的命令如下：

```
#gnome-system-monitor
```

图 7-16　系统监视器界面

当终端窗口被关闭时，在终端窗口下通过命令启动的系统监视器也将退出运行状态。

系统监视器窗口包含了"进程"、"资源"、"文件系统"等选项卡。在"进程"选项卡中显示了进程的名称、状态、ID 号、所占内存空间大小等信息。要查看某个进程的详细信息或对某个进程进行操作，可以先选择"查看"菜单，然后再选择"活动进程"、"全部进程"、"我的进程"、"依赖关系"等菜单项，以选择可以显示进程的范围，如图 7-17 所示，选择了"全部进程"和"依赖关系"两个菜单项所展示的进程内容。

对系统监视器显示的进程还可以进行进一步的操作。可以在打开的进程列表中选中某

图 7-17 选择"全部进程"和"依赖关系"菜单项

个进程,通过"编辑"菜单,可以对进程进行停止进程、继续进程、结束进程、杀死进程、更改进程优先级等操作,如图 7-18 所示。如果希望在进程列表中显示出更多的信息,可以选择"编辑"|"首选项"菜单项,打开"系统监视器首选项"对话框,如图 7-19 所示。可以根据需要在"进程"选项卡的"信息域"列表中选择勾选相应的复选框,以显示更多的进程信息。

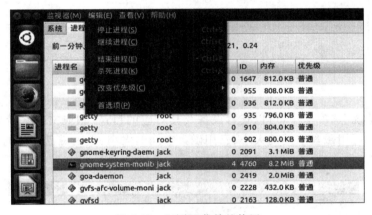

图 7-18 "编辑"菜单的使用

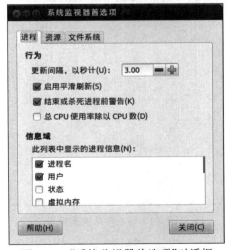

图 7-19 "系统监视器首选项"对话框

在"资源"选项卡中,可以查看"CPU 历史"、"内存和交换历史"和"网络历史",如图 7-20
所示。

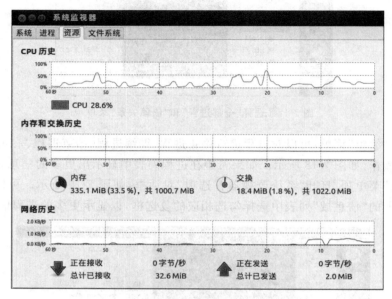

图 7-20　查看资源状况

在"文件系统"选项卡中,可以查看设备及其对应的目录、相应文件系统的类型、所占磁
盘空间的纵览、可用磁盘空间的大小、已用磁盘空间的大小、空闲磁盘空间的大小等信息,如
图 7-21 所示。

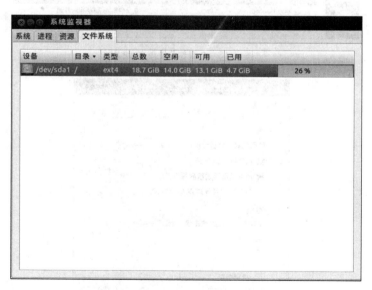

图 7-21　文件系统选项卡

7.4 查看内存状况

定期查看内存的使用状况可以较好地掌握系统的运行情况。用户可以通过使用 free 命令查看系统物理内存和交换分区的大小,查看已使用的、空闲的、共享的内存大小,缓存、高速缓存大小等信息,如图 7-22 所示。

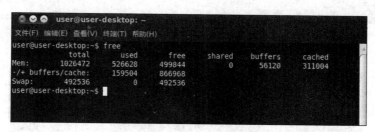

图 7-22   free 命令查看系统内存状况

在图 7-22 中,total 表示总量,used 表示已使用,free 表示空闲,shared 表示共享,buffers 表示缓存,cached 表示高速缓存。不同的计算机内存的使用状况一般情况下是不同的,因此,不同用户使用 free 命令得到的结果也不会相同。另外,在图 7-22 中显示的容量是以字节(B)为单位的。如果用户希望以兆字节(MB)为单位显示内存状况,可以使用命令:

```
free -m
```

结果如图 7-23 所示。

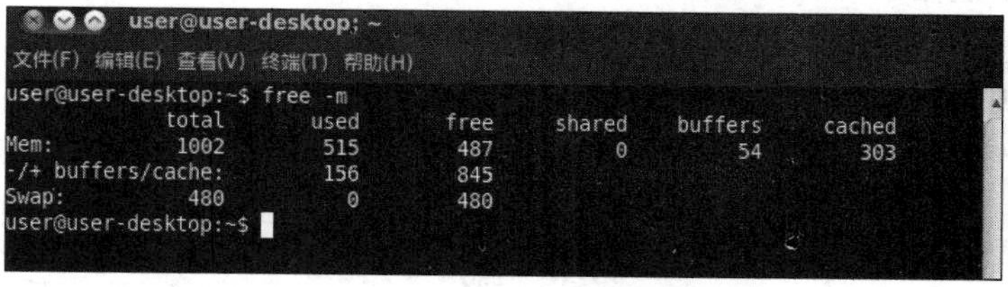

图 7-23   以兆字节为单位显示内存状况

7.5 文件系统监控

对文件系统进行监控是进行系统监控的重要组成部分,用户可以通过使用 df 命令查看系统的磁盘空间使用情况,如图 7-24 所示。

默认情况下,该工具是以千字节(KB)为单位显示分区的大小的,如图要使系统以兆字节(MB)或吉字节(GB)为单位显示信息,可使用命令:

```
df -h
```

结果如图 7-25 所示。

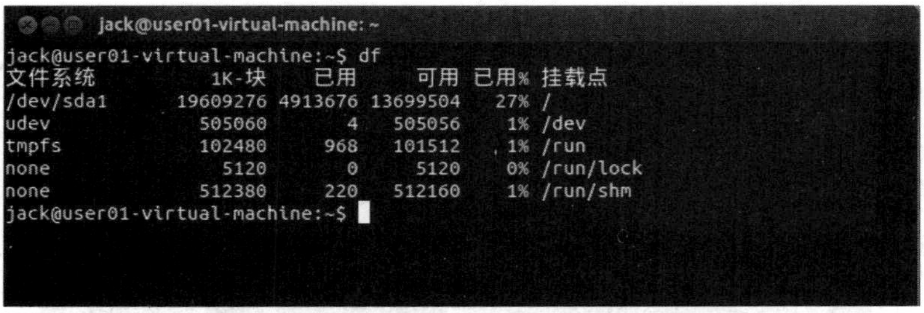

图 7-24   df 命令查看系统磁盘空间状况

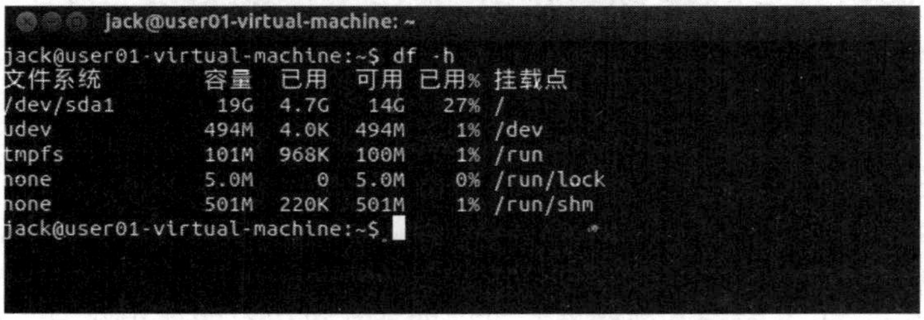

图 7-25   df-h 命令查看系统磁盘空间状况

本 章 小 结

本章介绍了监控系统状况的方法和手段。介绍了如何进行进程监控,查看系统日志文件,使用系统监视器监控系统运行状况,查看内存状况以及进行文件系统监控等内容。掌握这些内容可以为用户了解系统运行状况提供可靠的信息。用户及时地进行系统的进程管理和系统监控工作是保证系统稳健的必要手段。

实　验　7

实验 7-1

题目：进程管理。

要求：在系统中创建文件 a1.txt,在终端上执行命令：

```
find /-name a1.txt
```

以前台方式启动进程,在进程为执行结束时,按 Ctrl＋Z 组合键将进程挂起,使用 ps 命令查看该进程的有关信息。

实验 7-2

题目：监控系统性。

要求：

（1）在系统中启动系统监视器,查看当前"进程"、"资源"和"文件系统"3 个选项卡的内容。

（2）使用 free 命令查看系统物理内存和交换分区的大小，以及已使用的、空闲的、共享的内存大小和缓存、高速缓存的大小。

（3）使用 df 命令查看系统的磁盘空间使用情况。

（4）查看日志文件/var/log/wtmp 的内容，了解相关信息的含义。

习　题　7

1. 日志文件的作用有哪些？

2. 系统监视器有何用处？

3. 列举在 Linux 系统中调度进程的方法有哪些？

4. 如何查看当前的内存状况和磁盘使用情况？

第8章　管理和维护 Linux 系统

Linux 系统管理的任务是对系统中所有的资源进行有效的保护。因此对每个文件和程序设置访问权限以限制不同用户的访问行为,就成为 Linux 系统管理的一项重要内容。在 Linux 下通过设置用户权限和组权限完成这些任务,可以有效地解决资源安全性问题。Linux 系统维护的主要内容包括通过命令方式以及图形化的管理器完成日常软件的安装、更新和系统的升级。

8.1　用户管理

用户与用户组是 Linux 系统管理的一个重要部分,也是系统安全的基础。在 Linux 系统中,所有的文件、程序或正在运行的进程都从属于一个特定的用户。每个文件和程序都具有一定的访问权限,用于限制不同用户的访问行为。作为系统管理员,管理用户和用户组是一项重要的任务,有助于防止用户越权访问与其身份不相符的文件,避免对系统造成破坏。总之,如果没有有效的用户管理,就无法保证系统的安全。

8.1.1　用户与组简介

Linux 系统是一个多用户、多任务的分时操作系统,任何一个要使用系统资源的用户,都必须首先向系统管理员申请一个账号,然后以这个账号的身份进入系统。用户的账号一方面可以帮助系统管理员对使用系统的用户进行跟踪,并控制他们对系统资源的访问;另一方面也可以帮助用户组织文件,并为用户提供安全性保护。每个用户账号都拥有一个唯一的用户名和各自的口令。用户在登录时输入正确的用户名和口令后,就能够进入系统和自己的主目录。

在 Linux 系统中,每个用户都具有一个唯一的身份标识,这个身份标识称作用户 ID(User ID,UID),以区别于其他用户。Linux 系统按一定的原则把用户划分为用户组,以便相关的同组用户之间能够共享文件。除了系统用户之外,在使用 Linux 系统之前,每个人都应分配一个用户名。在利用用户名和密码注册成功之后,才能访问 Linux 系统、执行系统命令、开发和运行应用程序、访问数据库、提交自动运行的后台任务等。

8.1.2　用户种类

一般地讲,Linux 系统中的用户可以分为 3 类:超级用户(root)、管理用户和普通用户。但也可以把超级用户和管理用户通称为系统用户。

(1) 超级用户是一个特殊的用户(其用户标识号 UID 为 0),它拥有至高无上的访问权限,可以访问任何程序和文件。任何系统都会自动提供一个超级用户账号。在 Ubuntu Linux 系统中,为了确保系统的安全,超级用户账号通常是被锁住的。Ubuntu Linux 系统强烈建议,应尽量避免使用超级用户注册到系统中,如果确实需要执行系统管理与维护任务,可以在具体的命令前冠以 sudo 命令。

（2）管理用户用于运行一定的系统服务程序，支持和维护相应的系统功能。这些用户的 ID 号位为 1~999。例如，ftp 就是一个管理用户，用做 FTP 匿名用户，维护匿名用户的文件传输，同时提供匿名用户的默认主目录。

（3）除了超级用户与管理用户之外，其他均为普通用户。访问 Linux 系统的每个用户，都需要有一个用户账号。只有利用用户名和密码注册到系统之后，才能够访问系统提供的资源和服务。因此，在使用系统之前，必须由系统管理员为用户分配一个注册账号，把用户名及其他有关信息加到系统中。

对于自己创建的文件，创建者均拥有绝对的权力，可以赋予自己、同组用户或其他用户访问文件的权限。例如，允许同组用户共享自己的文件，其他用户只能阅读或执行，但不能写文件等。

8.1.3 用户的添加与删除

1. 系统文件/etc/passwd 和/etc/shadow

在了解 Ubuntu 系统用户的添加与删除前，首先了解两个重要的系统文件，它们分别是/etc/passwd 和/etc/shadow，系统通过这两个文件来共同维护用户的账户信息。在安装完 Linux 系统之后，系统已经事先创建了若干个系统用户的账号，其中包括超级用户 root 和管理用户 daemon、bin、sys 等，用于执行不同类型的系统管理和常规维护任务。对于 Ubuntu 系统而言，默认情况下超级用户 root 和管理用户 daemon、bin 和 sys 等是不启用的。

每个用户都有一个对应的记录保存在/etc/passwd 和/etc/shadow 文件中。当登录 Ubuntu 系统时，在按照系统的提示输入用户名和密码之后，系统将会根据用户提供的用户名检查/etc/passwd 文件是否存在，然后根据用户输入的密码，利用加密算法加密后再与/etc/shadow文件中的密码字段进行比较，同时检查其他诸如密码有效期等字段。如果通过了验证，按照 passwd 文件指定的主目录和命令解释程序，用户即可进入自己的主目录，通过命令解释程序访问 Linux 系统。

每个用户除了用户名和密码外，还具有用户 ID、用户组 ID、主目录和命令解释程序等其他相关信息。这些信息也分别存放在/etc/passwd 和/etc/shadow 文件之中。/etc/passwd 文件中，每个用户的信息占据一行，每一行都包括了 7 个字段，中间以冒号分隔，格式如下：

```
LOGNAME:PASSWORD:UID:GID:USERINFO:HOMEDIR:SHELL
```

各个字段的含义和和简要说明如表 8-1 所示。

表 8-1　/etc/passwd 文件中各个字段简要说明

字段名	简　要　说　明
LOGNAME	用户登录名。长度不超过 8 个字符，可以为字母（a～z，A～Z）和数字（0～9）。在 Linux 系统中，用户名第一个字符必须是字母。用户名必须唯一，而且是严格区分大小写的
PASSWORD	存放着加密后的用户口令字。虽然这个字段存放的只是用户口令的加密串，不是明文，但是由于/etc/passwd 文件对所有的用户都可读，所以这仍是一个安全隐患。因此，现在许多 Linux 系统都使用了 shadow 技术，把真正的加密后的用户口令字存放到/etc/shadow 文件中，而在/etc/passwd 文件的口令字段中只存放一个特殊的字符，例如"x"或者"＊"

字段名	简 要 说 明
UID	UID 是一个整数,系统内部用它来标识用户。一般情况下,它与用户名是一一对应的。如果几个用户名对应的用户标识号是一样的,系统内部将把他们视为同一个用户,但是他们可以有不同的口令、不同的主目录以及登录不同的 Shell 等。通常用户标识号的取值范围是 0~65 535。0 代表超级用户 root 的标识号,1~99 由系统保留,作为管理账号,普通用户的标识号从 100 开始。在 Linux 系统中,这个界限是 500
GID	GID 字段记录的是用户所属的用户组。它对应着/etc/group 文件中的一条记录
USERINFO	该字段记录着用户的一些个人情况,例如用户的真实姓名、电话、地址等,这个字段并没有什么实际的用途,用做 finger 命令的输出
HOMEDIR	该字段是用户的起始工作目录,它是用户在登录到系统之后所处的目录
SHELL	用户登录后,要启动一个进程,负责将用户的操作传给内核,这个进程是用户登录到系统后运行的命令解释器或某个特定的程序,即 Shell。 系统中有一类用户称为伪用户(psuedo users),这些用户在/etc/passwd 文件中也占有一条记录,但是不能登录,因为它们的登录 Shell 为空。它们的存在主要是方便系统管理,满足相应的系统进程对文件属主的要求。常见的伪用户包括 bin、sys、adm、uucp、lp、nobody 等

在终端下,可以通过下面的命令查看/etc/passwd 文件的内容:

```
user@user-desktop:~$ cat /etc/passwd
```

/etc/shadow 中的记录行与/etc/passwd 中的一一对应,它由 pwconv 命令根据/etc/passwd 中的数据自动产生。它的文件格式与/etc/passwd 类似,由若干个字段组成,字段之间用":"(冒号)隔开,格式如下:

```
username:passwd:lastchg:min:max:warn:inactive:expire
```

/etc/shadow 文件各个字段的含义和和简要说明如表 8-2 所示。

表 8-2　/etc/shadow 文件各个字段的简要说明

字段名	简 要 说 明
username	与/etc/passwd 文件中的登录名相一致的用户账号
passwd	存放的是加密后的用户口令字,长度为 13~15 个字符。如果为空,则对应用户没有口令,登录时不需要口令;如果含有不属于集合｛./0-9A-Za-z｝中的字符,则对应的用户不能登录。如果字段以"$"为起始符号,则加密的密码是非 DES 算法生成的
lastchg	从某个时刻起,到用户最后一次修改口令时的天数
min	两次修改口令之间所需的最小天数
max	密码保持有效的最大天数
warn	从系统开始警告用户到用户密码正式失效之间的天数
inactive	用户没有登录活动,但账号仍能保持有效的最大天数
expire	该字段给出的是一个绝对的天数,如果使用了这个字段,那么就给出相应账号的生存期。期满后,该账号就不再是一个合法的账号,也就不能再用来登录了

在终端下,可以通过下面的命令查看/etc/shadow 文件的内容:

```
user@user-desktop:~$sudo cat /etc/shadow
```

2. 命令行方式下增加用户

在 Ubuntu 中,可以通过命令和图形界面两种方式来增加和删除用户信息。首先来看命令行方式下的操作过程。在命令行方式下,增加用户的命令是 useradd,其语法格式如下:

```
useradd [-u uid] [-g group] [-d home_dir] [-s shell] [-c comment] [-m [-k skel_
dir]] [-N] [-f inactive] [-e expire] login
```

其中 login 表示新建用户的登录名。其中主要的选项含义如下。

(1) -c comment:指定一段注释性描述。

(2) -d home_dir:指定用户主目录,如果此目录不存在,则同时使用-m 选项,可以创建主目录。

(3) -g group:指定用户所属的用户组。

(4) -s shell 文件:指定用户的登录 Shell。

(5) -u uid:指定用户的用户号,如果同时有-o 选项,则可以重复使用其他用户的标识号。

也可以在系统终端内直接输入 useradd 命令,系统将给出 useradd 命令的选项说明,示例如下:

```
user@user-desktop:~$useradd
Usage: useradd [options] LOGIN
Options:
  -b, --base-dir BASE_DIR    base directory for the home directory of the new account
  -c, --comment COMMENT      GECOS field of the new account
  -d, --home-dir HOME_DIR    home directory of the new account
  -D, --defaults             print or change default useradd configuration
  -e, --expiredate EXPIRE_DATE   expiration date of the new account
  -f, --inactive INACTIVE    password inactivity period of the new account
  -g, --gid GROUP            name or ID of the primary group of the new account
  -G, --groups GROUPS        list of supplementary groups of the new account
  -h, --help                display this help message and exit
  -k, --skel SKEL_DIR        use this alternative skeleton directory
  -K, --key KEY=VALUE        override /etc/login.defs defaults
  -l, --no-log-init        do not add the user to the lastlog and faillog databases
  -m, --create-home         create the user's home directory
  -M, --no-create-home       do not create the user's home directory
  -N, --no-user-group        do not create a group with the same name as the user
  -o, --non-unique       allow to create users with duplicate (non-unique) UID
  -p, --password PASSWORD    encrypted password of the new account
  -r, --system              create a system account
  -s, --shell SHELL         login shell of the new account
  -u, --uid UID             user ID of the new account
  -U, --user-group          create a group with the same name as the user
  -Z, --selinux-user SEUSER    use a specific SEUSER for the SELinux user mapping
user@user-desktop:~$
```

例如,要增加一个用户 jack,并为其新建一个用户组,指定其宿主目录为/home/jack,指定其 Shell 为 bash,命令如下:

```
user@user-desktop:~$ sudo useradd -u 1001 -d /home/jack -m -s /bin/bash jack
```

执行完毕后,查看/etc/passwd 文件,会发现 jack 用户已经增加。

```
user@user-desktop:~$ sudo cat /etc/passwd
root:x:0:0:root:/root:/bin/bash
……
……
jack:x:1001:1001::/home/jack:/bin/bash    //可以看到 jack 用户已经增加
user@user-desktop:~$
```

此时虽然成功增加了用户 jack,但是 jack 用户却还不能登录系统,因为 jack 用户没有密码,还需要给 jack 用户指定密码以便其登录,指定或修改密码的命令是 passwd,下面给 jack 用户指定密码。

```
user@user-desktop:~$ sudo passwd jack
[sudo] password for user:
输入新的 UNIX 密码:
重新输入新的 UNIX 密码:
passwd:已成功更新密码
user@user-desktop:~$
```

系统提示更新密码成功后,重新启动 Ubuntu 系统,就会看到登录时除了 user 用户外,还增加了一个 jack 用户,如图 8-1 所示。

用户 jack 登录后,打开终端输入命令:

```
who am i
```

可以查看当前用户的登录信息。可以看到登录用户为 jack,说明新建用户成功。输入命令:

```
pwd
```

可以看到 jack 用户的主目录为/home/jack。效果如下所示:

图 8-1　登录时用户选择界面

```
jack@user-desktop:~$ who am i
jack     pts/1          2012-05-11 22:00 (:1.0)
jack@user-desktop:~$ pwd
/home/jack
```

3. 命令行方式下删除用户

在命令行方式下,还可以删除用户。如果用户不再需要访问 Ubuntu 系统,那么就应该及时将其删除。删除用户信息的命令是 userdel。userdel 的作用是从/etc/passwd、/etc/shadow、/etc/group 这 3 个文件中删除用户的相关信息。同时,可以通过参数-r 删除用户的主目录及其文件。userdel 命令格式如下：

```
useradd [-r] login
```

命令中 login 表示的是用户名称。下面用 useradd 命令删除 jack 用户，并删除其主目录/home/jack。

```
user@user-desktop:~$ sudo userdel -r jack
```

执行后，再次登录时，将不再显示 jack 用户，查看/etc/passwd 文件，jack 信息已经不存在，查看/home 文件夹，jack 目录已经不存在，删除用户成功。

```
user@user-desktop:/home$ cd /home
user@user-desktop:/home$ ls -l
总计 4
drwxr-xr-x 32 user user 4096 2012-05-11 22:18 user
user@user-desktop:/home$
```

4. 图形界面方式增加、删除用户

除了采用命令行方式增加和删除用户外，还可以通过 GNOME 的图形界面来进行用户管理，实现增加和删除用户的操作。通过选择"系统"|"系统管理"|"用户和组"菜单命令即可启动用户管理程序，如图 8-2 所示。

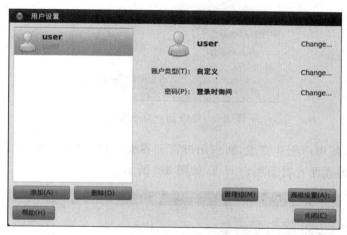

图 8-2　图形化用户管理界面

由于以 user 作为普通用户登录，并不具备超级管理权限，因此单击"添加"按钮后，需要输入密码进行授权，然后才能进行添加用户的操作，如图 8-3 所示。

在创建新用户界面，可以输入用户名称，系统会自动生成用户的短名称，可以输入英文字符、数字和"."，"-"，"_"等字符，如图 8-4 所示。

在创建新用户界面单击"确定"按钮，即可出现更改用户口令界面，为新建的用户输入登录密码。如果用命令行方式增加用户而不指定用户密码，则用户无法正常登录系统，因此此处为用户输入初始密码，为安全起见，所输入的密码并不以明文的形式显示。更改用户口令界面，如图 8-5 所示。

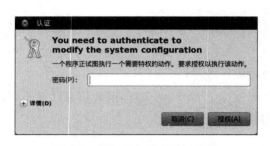

图 8-3　授权添加用户认证界面

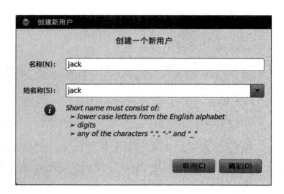

图 8-4　创建新用户界面

图 8-5　更改用户口令界面

输入密码后,新用户创建完成,回到用户管理界面,可以看到已经出现了刚才新建的用户 jack。用户管理界面查看新用户 jack,如图 8-6 所示。

图 8-6　用户管理界面

在前面的创建用户过程中,并未指定用户的主目录,也未指定用户的 Shell。在此处,可以通过用户的高级设置完成上述工作。默认情况下,Ubuntu 系统为用户指定的主目录为/home/jack,Shell 为/bin/bash,且自动生成用户 ID,如图 8-7 所示。

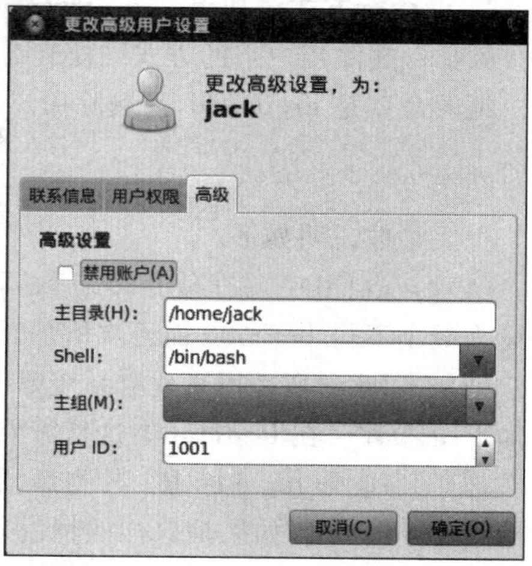

至此,新用户 jack 的添加过程就完成了。用户的删除操作,也可以通过 GNOME 的图形界面来进行操作。同样,通过选择"系统"|"系统管理"|"用户和组"菜单命令,启动如图 8-2 所示的用户管理程序,实现某个用户的删除。操作方法同上,在此不再赘述。

图 8-7　用户高级设置界面

8.1.4　组的添加与删除

1. 系统文件/etc/group

在 Ubuntu 中任何文件或目录都属于特定的用户,每个用户都可以属于一个或者多个组,可以通过将用户加入不同的组来确定此用户对文件或者目录拥有什么样的权限。将用户分组是 Linux 系统中对用户进行管理及控制访问权限的一种手段。每个用户都属于某个用户组,一个组中可以有多个用户,一个用户也可以属于不同的组。当一个用户同时是多个组中的成员时,在/etc/passwd 文件中记录的是用户所属的主组,也就是登录时所属的默认组,而其他组称为附加组。

用户要访问属于附加组的文件时,必须首先使用 newgrp 命令使自己成为所要访问的组中的成员。用户组的所有信息都存放在/etc/group 文件中。此文件的格式也类似于/etc/passwd 文件,由冒号(:)隔开若干个字段,这些字段有:

```
groupname:passwd:GID:userlist
```

/etc/group 文件中各个字段的含义和和简要说明如表 8-3 所示。

表 8-3　/etc/group 文件各个字段的简要说明

字段名	简　要　说　明
groupname	是用户组的名称,由字母或数字构成。与/etc/passwd 中的登录名一样,组名不应重复
passwd	存放的是用户组加密后的口令字。一般 Linux 系统的用户组都没有口令,即这个字段一般为空,或者是 *
GID	与用户标识号类似,也是一个整数,被系统内部用来标识组
userlist	userlist 代表组内用户列表,是属于这个组的所有用户的列表,不同用户之间用逗号(,)分隔。这个用户组可能是用户的主组,也可能是附加组

在终端下,可以通过下面的命令查看/etc/group 文件的内容:

```
user@user-desktop:~$ cat /etc/group
```

2. 命令行方式添加组

添加和删除用户组的方式同样有命令行方式和图形方式两种。对于命令行方式，添加用户组的命令是 groupadd，而删除用户组的命令是 groupdel。groupadd 的语法如下：

```
groupadd [-g gid [-o] ] [-r] [-f] group
```

主要参数说明如下。

（1）-g gid ID：除非使用-o 参数，否则该值必须是唯一的，不可相同。数值不可为负。预设为最小不得小于 500 而逐次增加。0～499 传统上是保留给系统账号使用的。

（2）-r：此参数是用来建立系统账号。它会自动选定一个小于 499 的 gid，除非命令行再加上-g 参数。在 RedHat 中这是额外增设的选项。

（3）-f：这是 force 标志。使得新增一个已经存在的组账号时，系统会出现错误信息然后结束 groupadd。如果是这样的情况，不会改变这个组（或再新增一次），也可同时加上-g 选项。当加上一个 gid，此时 gid 就不需要是唯一值，可不加-o 参数，建好组后会显结果。

在系统终端内直接输入 groupadd 命令，系统将给出 groupadd 命令的选项说明。

```
user@user-desktop:~$ groupadd
Usage: groupadd [options] GROUP
Options:
  -f, --force              exit successfully if the group already exists,
                           and cancel -g if the GID is already used
  -g, --gid GID            use GID for the new group
  -h, --help               display this help message and exit
  -K, --key KEY=VALUE      override /etc/login.defs defaults
  -o, --non-unique         allow to create groups with duplicate (non-unique) GID
  -p, --password PASSWORD  use this encrypted password for the new group
  -r, --system             create a system account
```

3. 命令行方式删除组

删除组的命令是 gourpdel。

【格式】 gourpdel 命令的格式如下：

```
groupdel group
```

在系统终端内直接输入 groupdel 命令，系统将给出 groupdel 命令的选项说明。

```
user@user-desktop:~$ groupdel
```

关于命令行方式增加和删除组的命令较为简单，就不再举例。

4. 图形界面方式添加删除组

在图形界面方式下，组的管理同样需要选择“系统”|“系统管理”|“用户和组”菜单命令，即用户和组管理程序，单击“管理组”按钮，即进入“组设置”对话框，如图 8-8 所示。

在组设置界面单击“添加”按钮，即弹出新建组的界面。输入组名，组 ID，并选择用户后即可新建组，如图 8-9 所示。

对于已经建立的组，通过单击“属性”按钮可以查看和修改组的信息，如图 8-10 所示。

要删除某个用户组，只需要在组管理界面上选中预删除的组名，并单击“删除”按钮即可。

图 8-8 组设置界面

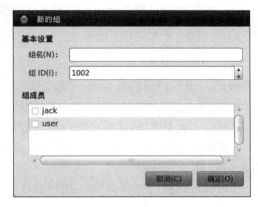

图 8-9 新建组界面

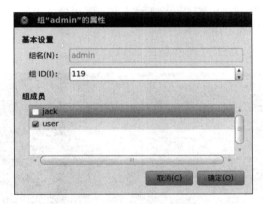

图 8-10 组属性查看设置界面

8.2 用户身份转换命令

8.2.1 激活与锁定 root 用户

1. 激活 root 用户

在 Ubuntu Linux 中,具有最高权限的用户是 root 用户,即超级管理员。该用户的地位与 Windows 中的 Administrator 用户类似。具有使用该系统的所有权限。但是与 Windows 系统不同的是,在 Ubuntu 中,系统启动时并不是以超级管理员 root 用户来登录的,是以普通用户来登录的。该用户就是在安装 Ubuntu 系统时所创建的用户。例如,进入系统是以普通用户登录的(假设用户名为 ubuntu)。另外,需要注意的是,虽然用户每次在登录时,都是利用普通用户登录的,但是 root 用户并非不存在。实际上,而不过是系统把 root 用户给锁定了,或者说休眠了。这种做法可以更好地保护系统的安全性,防止用户利用 root 用户权限对系统进行误操作,导致系统的破坏。

另外,在系统使用的过程中,有很多操作是需要超级管理员才能执行的。因此,这就需要从普通用户切换到超级管理员用户。那么这就需要首先执行激活 root 用户的操作。激活 root 用户的方法如下。

以普通用户身份登录后,打开"终端",会看到"＄"的提示符,表明目前是普通用户。执行命令

```
sudo passwd root
```

按 Enter 键,系统提示为普通用户输入密码。在输入密码的过程中屏幕上无任何显示,但这是正常的,系统按顺序记忆密码并进行匹配。密码正确后,会显示输入新的 UNIX 密码,这次的密码输入就是为 root 用户进行密码的设定了,输入密码后,按 Enter 键,系统会进一步提示重新输入密码,两遍密码输入相同的话,就成功地为 root 用户设好了密码。也就激活了 root 用户。

然后就可以执行转换到 root 用户的操作。执行命令:

```
su root
```

系统提示输入 root 用户的密码,密码正确输入后,按 Enter 键,就可以看到提示符变成了"＃",并成功地切换到了 root 用户下。

root 用户的激活方法,具体过程参见图 8-11。

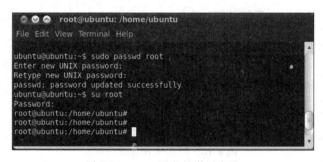

图 8-11 root 用户的激活方法

2. 重新锁定 root 用户

当需要 root 用户执行的操作结束后,最好的操作是把 root 用户及时锁定,即让 root 用户重新休眠,这样可以防止用户的不当操作破坏系统。重新锁定 root 用户需要先转换到普通用户下,然后执行命令:

```
sudo passwd -l root
```

重新锁定 root 用户过程如图 8-12 所示。

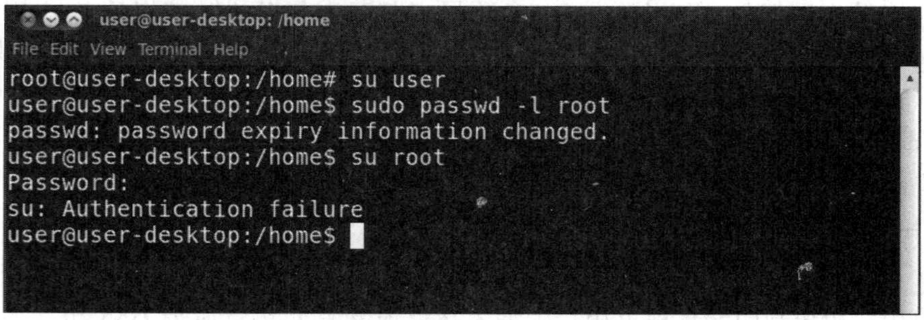

图 8-12 重新锁定 root 用户

【说明】

（1）图 8-12 的第 1 行是利用 su 命令进行用户身份的转换，即把 root 用户转换为系统中已经存在的一个普通用户 user。

（2）第 2 行利用锁定命令重新锁定 root 用户，使 root 用户休眠。

（3）第 4 行检验 root 用户的锁定状况。再次利用 su 命令转换 root 用户，会发现在输入密码后仍然无法唤醒 root 用户。说明第 2 行的锁定命令是有效的。

（4）在当前的状况下，如果用户需要激活 root 用户，需要再次安装图 8-11 的方法进行操作，即可激活 root 用户。

8.2.2　sudo 命令

【功能】　sudo 命令的含义就是 super do，指以超级管理员的身份执行某种操作。

【格式】　sudo 命令的格式如下：

```
sudo 命令
```

在图 8-11 的第 1 行中已经可以看到，普通用户（用户名为 ubuntu）通过 sudo 命令执行管理员身份的操作，要进行 root 用户密码的设置。

8.2.3　passwd 命令

【功能】　修改用户密码。

【格式】　passwd 命令的格式如下：

```
passwd 用户名
```

【说明】　该操作只允许 root 用户执行。

在图 8-11 的第 1 行中已经可以看到，普通用户（用户名为 ubuntu）通过 sudo 命令执行管理员身份的操作，要进行 root 用户密码的设置，即使用 passwd root 命令进行 root 用户的密码设置。

8.2.4　su 命令

【功能】　转换用户。

【格式】　su 命令的格式如下：

```
su 用户名
```

在图 8-11 的第 5 行中已经可以看到，当 root 用户被激活后，可以通过

```
su root
```

命令，并输入 root 用户密码，以转换到 root 用户下。

8.2.5　useradd 命令

【功能】　创建一个新用户。

【格式】　useradd 命令的格式如下：

```
useradd 新用户名
```

【说明】 该操作只允许 root 用户执行。

【举例】 综合运用 sudo 命令、passwd 命令、useradd 命令、su 命令进行创建用户并转换用户身份的操作。具体过程如图 8-13 所示。

图 8-13　创建用户并转换用户身份

在图 8-13 的示例中，显示了创建新的普通用户 zhang 用户的过程。

（1）第 1 条命令：

```
ls
```

显示了 home 目录下的情况，目前只有 ubuntu 用户和 user 用户两个普通用户，目的是再创建一个新的普通用户 zhang 用户。它的宿主目录也应用在 home 下。

（2）第 2 条命令：

```
sudo passwd root
```

的作用是使用超级管理员身份更新 root 用户密码并激活 root 用户。

（3）第 3 条命令：

```
su root
```

的作用是转换至 root 用户下。

（4）第 4 条命令：

```
useradd zhang
```

的作用是创建一个普通用户 zhang。

（5）第 5 条命令：

```
passwd zhang
```

的作用是为 zhang 用户设置密码。

（6）至此 zhang 用户已经创建好了。但是通过第 6 条 ls 命令却发现，在 home 目录下并没有 zhang 用户的目录存在。仍然只有 ubuntu 用户和 user 用户存在。

（7）第 7 条命令：

```
mkdir zhang
```

的作用就是为 zhang 用户创建一个自有目录。

（8）再次使用 ls 命令可以发现，zhang 用户的目录已经出现。

（9）利用第 9 条命令：

```
su zhang
```

切换至 zhang 用户下。该命令执行结束后却发现，屏幕上只有一个"＄"提示符，和前面的提示符形式不同了。要想获得和上面类似的提示符形式，可以输入命令

```
bash
```

按 Enter 键，随后就可以看到熟悉的样子了。

8.3 软件包管理

8.3.1 软件包简介

软件包是 Ubuntu Linux 系统中软件及其文档的提供形式。一般而言，软件包包括了源程序软件包和二进制软件包。源程序软件包主要是源代码及其二进制软件包的制作方法，而二进制软件包则是经过了封装的可执行程序及其相关文档和配置文件等，其提供格式通常是一种压缩文档，其中包含了软件信息、程序文件、配置文件、帮助文档、启动脚本和控制信息等内容。用户可以方便地通过二进制软件包进行安装、升级和删除软件。

Ubuntu 软件包的格式不同于其他 Linux 系统，主要的格式是 DEB 格式。这种格式最早是由 Debian Linux 使用的，Ubuntu 从本质上讲是从 Debian 分支发展而来的，因此也沿用了 DEB 格式。DEB 软件包在 Linux 操作系统中类似于 Windows 中的软件包（exe），几乎不需要复杂的编译即可通过鼠标安装使用。Ubuntu 软件仓库中提供的软件包均采用了这种封装，apt-get、aptitude、synaptic 等软件管理工具均支持 DEB 软件包。DEB 软件包存在依赖关系，常见的依赖关系有 Depends、Recommends 和 Conflicts 等。假设两个 DEB 软件包 A 和 B，若软件包 A 和 B 之间存在 Depends 关系，即 A 依赖 B，则意味着安装软件包 A 时系统必须已经安装了软件包 B；Recommends 关系意味着开发者推荐用户安装软件包 A 的同时也安装 B；Conflicts 则意味着软件包 A 和 B 不能同时存在，在软件包 A 安装前必须卸载软件包 B。

Ubuntu 系统还支持 Red Hat 格式的软件包，即 RPM 格式，Red Hat 的派生系统如 Fedora 等也支持此类格式的软件包。此外，Ubuntu 系统还支持 Tarball 格式的软件包，这是一种由大量文件（包括其目录结构）组装成单个文档文件的大型文件集合。Tarball 使用 tar 命令组合多个文件，生成一个文档文件，以便于分发；gzip 命令用于压缩文件的容量，以

便节省存储空间。Tarball 类似于 Windows 系统中常用的 ZIP 或 RAR 压缩文件。Tarball 文件的扩展名一般为 tar. gz 或者 tar. bz2 等,可用于装配源代码或二进制代码文件。Tarball 常常用于开源社区分发源代码,对于 tar. gz 文件,在终端中执行

```
tar xvf filename
```

命令解压缩想要的文件,再执行其中包含软件的安装命令即可。

8.3.2 高级软件包管理工具 APT

1. APT 简介

APT(the Advanced Packaging Tool)是 Ubuntu 软件包管理系统的高级界面。Ubuntu 是基于 Debian 的,APT 由几个名字以 apt-开头的程序组成,包括 apt-get、apt-cache 和 apt-cdrom 等,这些是处理软件包的命令行工具。

APT 是一个客户/服务器系统。在服务器上先复制所有 DEB 包(DEB 是 Debian 软件包格式的文件扩展名),然后用 APT 的分析工具(genbasedir)根据每个 DEB 包的包头(Header)信息对所有的 DEB 包进行分析,并将该分析结果记录在一个文件中,这个文件称为 DEB 索引清单,APT 服务器的 DEB 索引清单置于 base 文件夹内。一旦 APT 服务器内的 DEB 有所变动,就必须要使用 genbasedir 分析工具产生新的 DEB 索引清单。客户端在进行安装或升级时先要查询 DEB 索引清单,从而可以获知所有具有依赖关系的软件包,并一同下载到客户端以便安装。

当客户端需要安装、升级或删除某个软件包时,客户端计算机取得 DEB 索引清单压缩文件后,会将其解压置放于/var/state/apt/lists/目录下,而客户端使用 apt-get install 或 apt-get upgrade 命令的时候,就会将这个文件夹内的数据和客户端计算机内的 DEB 数据库比对,知道哪些 DEB 已安装、未安装或是可以升级的。

2. apt-get 命令的使用

用户可以通过在终端中输入命令

```
apt-get
```

查看其使用方法:

```
jack@user01-virtual-machine:~$ apt-get
apt 0.8.16~exp12ubuntu10.16,用于 i386 构架,编译于 Nov 15 2013 15:33:45
Usage: apt-get [options] command
    apt-get [options] install|remove pkg1 [pkg2...]
    apt-get [options] source pkg1 [pkg2...]

apt-get is a simple command line interface for downloading and
installing packages. The most frequently used commands are update
and install.
```

apt-get 提供了一个用于下载和安装软件包的简易命令行界面。最常用命令是 update 和 install。

命令解释:

update - 取回更新的软件包列表信息

upgrade - 进行一次升级

install - 安装新的软件包 (注意：包名是 libc6 而非 libc6.deb)

remove - 卸载软件包

autoremove - 卸载所有自动安装且不再使用的软件包

purge - 卸载并清除软件包的配置

source - 下载源码包文件

build-dep - 为源码包配置所需的构建依赖关系

dist-upgrade - 发布版升级，见 apt-get(8)

dselect-upgrade - 根据 dselect 的选择来进行升级

clean - 删除所有已下载的包文件

autoclean - 删除老版本的已下载的包文件

check - 核对以确认系统的依赖关系的完整性

changelog - 下载和显示包文件的修改日志

download - 下载二进制包文件到当前目录

选项：

-h 本帮助文档。

-q 让输出可作为日志，不显示进度。

-qq 除了错误外，什么都不输出。

-d 仅仅下载 -【不】 安装或解开包文件。

-s 不作实际操作。只是依次模拟执行命令。

-y 对所有询问都回答是 (Yes)，同时不作任何提示。

-f 当出现破损的依赖关系时，程序将尝试修正系统。

-m 当有包文件无法找到时，程序仍尝试继续执行。

-u 显示已升级的软件包列表。

-b 在下载完源码包后，编译生成相应的软件包。

-V 显示详尽的版本号。

-c=file 读取指定配置文件 file。

-o=option 设置任意指定的配置选项，例如

-o dir::cache=/tmp

请查阅 apt-get(8)、sources.list(5) 和 apt.conf(5) 的参考手册以获取更多信息和选项。

下面以安装 openssh-server 为例演示 apt-get install 和 remove 参数的用法。SSH 为 Secure Shell 的缩写，是一种应用层和传输层基础上的安全协议，常常用于远程控制。

```
user@user-desktop:~$ sudo apt-get install openssh-server
[sudo] password for user:
正在读取软件包列表... 完成
正在分析软件包的依赖关系树
正在读取状态信息... 完成
将会安装下列额外的软件包：
  openssh-client
建议安装的软件包：
  libpam-ssh keychain openssh-blacklist openssh-blacklist-extra rssh
  molly-guard
```

下列【新】 软件包将被安装：
    openssh-server
下列软件包将被升级：
    openssh-client
升级了 1 个软件包，新安装了 1 个软件包，要卸载 0 个软件包，有 485 个软件包未被升级。
需要下载 1,047kB 的软件包。
解压缩后会消耗掉 782kB 的额外空间。
您希望继续执行吗？[Y/n]y
获取：1 http://mirrors.sohu.com/ubuntu/ lucid-updates/main openssh-client 1:5.3p1
-3ubuntu7 [762KB]
获取：2 http://mirrors.sohu.com/ubuntu/ lucid-updates/main openssh-server 1:5.3p1
-3ubuntu7 [285KB]
下载 1,047KB，耗时 2 秒 (404KB/s)
正在预设定软件包 ...
(正在读取数据库 ... 系统当前总共安装有 123930 个文件和目录。)
正预备替换 openssh-client 1:5.3p1-3ubuntu3 (使用.../openssh-client_1%3a5.3p1-
3ubuntu7_i386.deb) ...
正在解压缩将用于更替的包文件 openssh-client ...
选中了曾被取消选择的软件包 openssh-server。
正在解压缩 openssh-server (从 .../openssh-server_1%3a5.3p1-3ubuntu7_i386.deb) ...
正在处理用于 man-db 的触发器 ...
正在处理用于 ureadahead 的触发器 ...
ureadahead will be reprofiled on next reboot
正在处理用于 ufw 的触发器 ...
正在设置 openssh-client (1:5.3p1-3ubuntu7) ...
正在设置 openssh-server (1:5.3p1-3ubuntu7) ...
正在安装新版本的配置文件 /etc/init/ssh.conf ...
正在安装新版本的配置文件 /etc/init.d/ssh ...
ssh start/running,process 1830
user@user-desktop:~$

完成后，通过

```
ps -e
```

命令查看 SSH 进程，确认 SSH 是否安装并启用。

```
user@user-desktop:~$ps -e | grep ssh
1291 ?           00:00:00 ssh-agent
1830 ?           00:00:00 sshd
user@user-desktop:~$
```

卸载 ssh,可以采用

```
apt-get remove
```

命令。具体过程如下：

```
user@user-desktop:~$sudo apt-get remove openssh-server
```

```
[sudo] password for user:
正在读取软件包列表... 完成
正在分析软件包的依赖关系树
正在读取状态信息... 完成
下列软件包将被【卸载】 :
openssh-server
升级了 0 个软件包,新安装了 0 个软件包,要卸载 1 个软件包,有 486 个软件包未被升级。
解压缩后将会空出 778KB 的空间。
您希望继续执行吗? [Y/n]y
(正在读取数据库 ... 系统当前总共安装有 123941 个文件和目录。)
正在删除 openssh-server ...
ssh stop/waiting
正在处理用于 man-db 的触发器...
正在处理用于 ufw 的触发器...
正在处理用于 ureadahead 的触发器...
ureadahead will be reprofiled on next reboot
user@user-desktop:~$
```

至此,ssh 程序卸载成功。

8.3.3 文本界面软件包管理工具

aptitude 是 Debian GNU/Linux 系统中的软件包管理器,它基于 APT 机制,整合了 apt-get 的所有功能,在依赖关系处理上处理方便。aptitude 与 apt-get 一样,是 Debian 及其衍生系统中功能极其强大的包管理工具。与 apt-get 不同的是,aptitude 在处理依赖问题上更佳一些。举例来说,aptitude 在删除一个包时,会同时删除本身所依赖的包。这样,系统中不会残留无用的包,整个系统更为干净。

在 Ubuntu 12.04 中,aptitude 并不包含在默认安装的软件列表中,需要以 root 身份手动进行安装,使用 atp-get 命令安装 aptitude 的过程如下:

```
root@user01-virtual-machine:~#apt-get install aptitude
正在读取软件包列表...完成
正在分析软件包的依赖关系树
正在读取状态信息...完成
将会安装下列额外的软件包:
  libclass-accessor-perl libcwidget3 libio-string-perl
  libparse-debianchangelog-perl libsub-name-perl libtimedate-perl
建议安装的软件包:
  aptitude-doc-en aptitude-doc tasksel debtags libcwidget-dev
  libhtml-parser-perl libhtml-template-perl libxml-simple-perl
下列【新】 软件包将被安装:
  aptitude libclass-accessor-perl libcwidget3 libio-string-perl
  libparse-debianchangelog-perl libsub-name-perl libtimedate-perl
升级了 0 个软件包,新安装了 7 个软件包,要卸载 0 个软件包,有 87 个软件包未被升级。
需要下载 2890KB 的软件包。
解压缩后会消耗掉 8965KB 的额外空间。
```

您希望继续执行吗？ [Y/n]y

获取：1 http://cn.archive.ubuntu.com/ubuntu/ precise/main libcwidget3 i386 0.5.16
-3.1ubuntu1 [392 kB]

获取：2 http://cn.archive.ubuntu.com/ubuntu/ precise-updates/main aptitude i386 0
.6.6-1ubuntu1.2 [2,355 kB]

获取：3 http://cn.archive.ubuntu.com/ubuntu/ precise/main libsub-name-perl i386
0.05-1build2 [9,536 B]

获取：4 http://cn.archive.ubuntu.com/ubuntu/ precise/main libclass-accessor-perl
all 0.34-1 [26.0 kB]

获取：5 http://cn.archive.ubuntu.com/ubuntu/ precise/main libio-string-perl all
1.08-2 [12.0 kB]

获取：6 http://cn.archive.ubuntu.com/ubuntu/ precise/main libtimedate-perl all 1.
2000-1 [41.6 kB]

获 取： 7 http://cn. archive. ubuntu. com/ubuntu/ precise/main libparse -
debianchangelog-perl all 1.2.0-1ubuntu1 [54.0 kB]

下载 2890KB,耗时 41 秒 (70.2KB/s)

Selecting previously unselected package libcwidget3.

(正在读取数据库...系统当前共安装有 224102 个文件和目录。)

正在解压缩 libcwidget3 (从 .../libcwidget3_0.5.16-3.1ubuntu1_i386.deb) ...

Selecting previously unselected package aptitude.

正在解压缩 aptitude (从 .../aptitude_0.6.6-1ubuntu1.2_i386.deb) ...

Selecting previously unselected package libsub-name-perl.

正在解压缩 libsub-name-perl (从 .../libsub-name-perl_0.05-1build2_i386.deb) ...

Selecting previously unselected package libclass-accessor-perl.

正在解压缩 libclass-accessor-perl (从 .../libclass-accessor-perl_0.34-1_all.
deb) ...

Selecting previously unselected package libio-string-perl.

正在解压缩 libio-string-perl (从 .../libio-string-perl_1.08-2_all.deb) ...

Selecting previously unselected package libtimedate-perl.

正在解压缩 libtimedate-perl (从 .../libtimedate-perl_1.2000-1_all.deb) ...

Selecting previously unselected package libparse-debianchangelog-perl.

正在解压缩 libparse-debianchangelog-perl (从 .../libparse-debianchangelog-perl_1.
2.0-1ubuntu1_all.deb) ...

正在处理用于 menu 的触发器...

正在处理用于 man-db 的触发器...

正在设置 libcwidget3 (0.5.16-3.1ubuntu1) ...

正在设置 aptitude (0.6.6-1ubuntu1.2) ...

update - alternatives：使用 /usr/bin/aptitude - curses 来提供 /usr/bin/aptitude
(aptitude)，于 自动模式 中。

正在设置 libsub-name-perl (0.05-1build2) ...

正在设置 libclass-accessor-perl (0.34-1) ...

正在设置 libio-string-perl (1.08-2)...

正在设置 libtimedate-perl (1.2000-1) ...

正在设置 libparse-debianchangelog-perl (1.2.0-1ubuntu1) ...

正在处理用于 libc-bin 的触发器...

```
ldconfig deferred processing now taking place
正在处理用于 menu 的触发器 ...
root@user01-virtual-machine:~#aptitude
root@user01-virtual-machine:~#
```

在终端直接输入 aptitude 命令，即可启动主界面，如图 8-14 所示。顶部是标题栏和菜单栏，上半部分是树状结构，用于显示和选择软件包。用户可以通过方向键或 J、K 键进行移动，被选中的软件包或操作项以高亮显示。在移动光标的同时，下半部窗口则显示对应所选项目或软件包的描述。当光标位于树结构的上层结点时，可以按 Enter 键来折叠或展开当前分类。

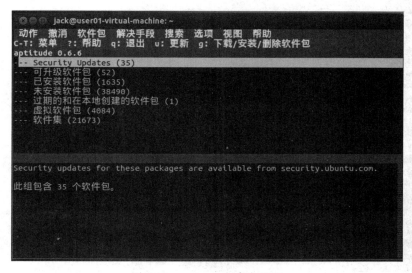

图 8-14　aptitude 程序主界面

aptitude 操作可以通过快捷键进行，常用的快捷键见表 8-4 所示。

表 8-4　aptitude 常用快捷键

快 捷 键	命 令 说 明
+	安装或升级软件包，或者解除保持(hold)状态
—	卸载软件包
_	卸载软件包并删除其配置文件
L	重新安装软件包
u	更新软件列表
g	执行所有等待执行的任务
q	退出 aptitude 程序

随着 Ubuntu 系统集成了图形化界面的新立得软件包管理器，aptitude 程序的使用频率大大降低。

8.3.4　Ubuntu 软件中心

在 Ubuntu 12.04 中 Utility 界面集成了"Ubuntu 软件中心"这一管理工具进行软件管理,通过它可以安装和卸载许多流行软件包。可以简单地搜索如 email 这种关键字来搜索想安装的软件包,或浏览给出的分类,选择应用程序,单击"安装"按钮即可进行软件的安装。Ubuntu 软件中心主界面如图 8-15 所示。

图 8-15　Ubuntu 软件中心主界面

Ubuntu 软件中心将软件分类为 14 个大类,分别是"办公"、"附件"、"互联网"、"教育"、"开发工具"、"科学与工程"、"通用访问"、"图书与杂志"、"图形"、"系统"、"影音"、"游戏"、"主题与系统增强"、"字体"。单击左侧的分类名称,可以打开对应的软件列表,可以从中选择软件进行安装,例如单击"附件"分类,则显示如图 8-16 所示的界面,列出了分类为"附件"的所以软件,每个软件给出图标、星级评价(评价数量)、软件一句话简介等内容,单击软件名称和图标,会出现"更多信息"和"安装"选项按钮。已经安装的软件则在图标右下方出现标志,如图 8-16 中的 Terminal(gnome-terminal)命令行终端软件,单击软件名称和图标,会出现"更多信息"和"卸载"选项按钮。

也可以单击上方的"已安装"按钮图标,查看和操作列出所有已经安装的软件,如图 8-17 所示。

Ubuntu 软件中心支持的软件众多,从列表中选择软件进行安装可能需要多次滚屏,可以通过右上方的搜索框直接输入软件名称查找需要的软件,比如输入 office 作为关键词,可以搜索出文件名中包含 office 的软件和相关软件,如图 8-18 所示。

Ubuntu 软件中心是 unity 中方便的图形化软件管理工具,可以为 Ubuntu 用户提供方便、快捷的软件管理功能。

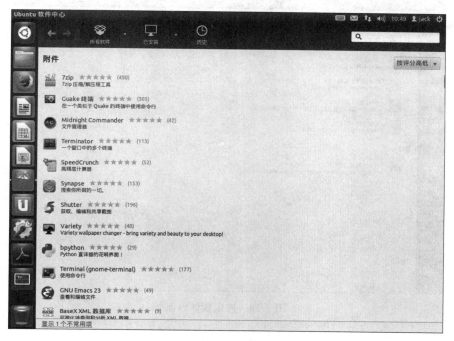

图 8-16 "附件"分类软件列表

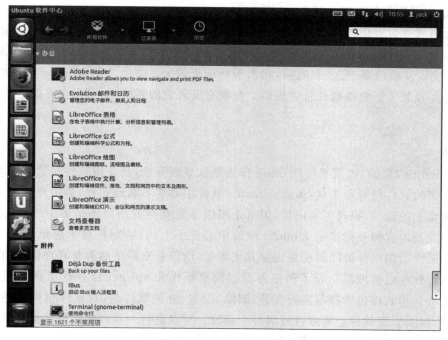

图 8-17 已安装软件列表

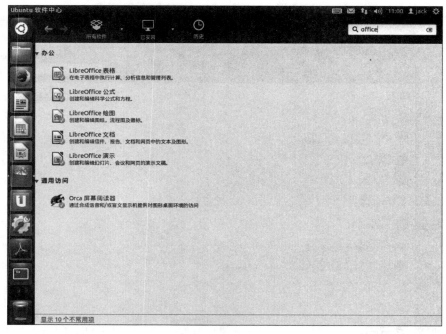

图 8-18　搜索软件界面

8.3.5　新立得软件包管理器

1. 新立得软件包管理器简介

新立得软件包管理器(Synaptic Package Manager)起源于 Debian。它是 dpkg(Debian Package)命令的图形化前端,或者说是前端软件套件管理工具。它能够在图形界面内完成 Linux 系统软件的搜寻、安装和删除,相当于终端里的 apt 命令。在 Ubuntu 最近的长期支持版里已经预装了新立得软件包管理器。在没有安装它的系统中,可以在终端下通过命令

```
apt-get install synaptic
```

进行安装。

自 Ubuntu 11.04,也就是使用 unity 作为默认桌面开始,新立得软件包管理器就不再作为系统自带的软件包管理工具,虽然 Ubuntu 软件中心在不断地完善,给用户带来了更多功能上和视觉上的改变,提升了实用性,但对于用惯了新立得的用户还是多少感觉不完美,它强大的功能及内容细分程度是 Ubuntu 软件中心比不上的,特别是对于想单独安装某个插件或安装某个附加组件的问题更是突显其优势了,所以新立得依然有其存在的价值。

新立得软件包管理器结合了图形界面的简单操作和 apt-get 命令行工具的强大功能。可以使用新立得软件包管理器进行安装、删除、配置、升级软件包,对软件包列表进行浏览、排序、搜索以及管理软件仓库或者升级整个系统。可以进行一系列操作形成操作队列,并一起执行它们。新立得会提示可能的依赖关系以及软件包的冲突。

在 Unity 界面中,要启动新立得软件包管理器,需要从 Dash 页中搜索 synaptic,找到新立得软件包管理器并单击即可启动软件,启动后的主界面如图 8-19 所示。界面顶部是标题

栏和菜单栏,菜单栏下面是快捷按钮。主窗口分为左右两大部分,左侧是软件分组列表,右侧是软件包信息列表,底部是状态栏。

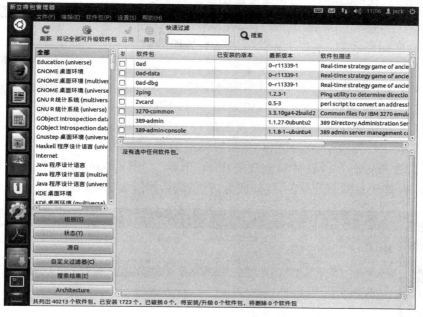

图 8-19　新立得软件包管理器主界面

单击左侧软件分组的任意一个组名,右侧的软件列表会随之改变,其中第 1 列是软件安装状态标示,第 2 列为软件源的标志,第 3 列为软件包的名称,第 4 列为已安装的版本号,第 5 列为最新版本号,第 6 列为软件包描述。如果想查看一个包的明细,可以在一个包项上右击,从弹出的快捷菜单中选择"属性"命名,弹出的对话框如图 8-20 所示。其中会给出软件包的详细信息,依赖关系,安装的文件等内容。

图 8-20　软件包属性界面

2. 使用新立得包管理器搜索软件包

Ubuntu 系统下的新立得软件包管理器支持的软件包多达数万个,可以通过搜索功能进行查找。在"查找"对话框中输入要搜索的软件包名称,如 openssh-server,单击"搜索"按钮,系统将会给出搜索结果,搜索对话框如图 8-21 所示。搜索结果显示如图 8-22 所示。

图 8-21　搜索对话框

3. 使用新立得包管理器进行软件安装与卸载

下面以 Ubuntu 系统下的桌面时钟程序 Cairo-Clock 为例说明应用新立得软件包管理器来安装软件的过程。Cairo-Clock 是一个类似于 Windows 桌面右侧时钟的程序。安装时,首先从新立得软件包管理器中的"杂项"|"图形(universe)"组中找到 Cairo-Clock 程序,在其状态标志上单击,使其成为选中状态,如图 8-23 所示。

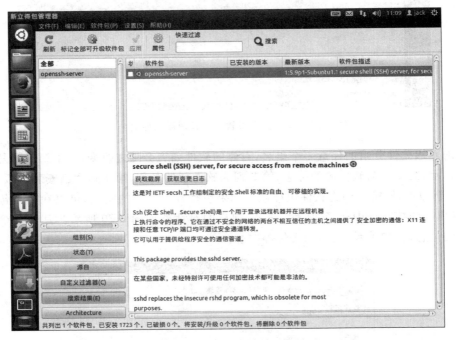

图 8-22　软件包搜索结果显示界面

选中后,单击"应用"按钮,即可启动安装过程,系统会提示 Cairo-Clock 程序将被安装,确认无误后单击"应用"按钮继续,如图 8-24 所示。

确认后,系统开始从软件源下载安装文件,此时需要保证网络畅通,如图 8-25 所示。

文件下载完成后,系统启动安装,整个过程是自动运行的,无须人工干预,如图 8-26 所示。

安装完成后,系统提示"变更已应用",表示安装成功,如图 8-27 所示。

单击"关闭"按钮,回到新立得软件包管理器界面,可以看到 Cairo-Clock 软件的状态已经变为绿色选中状态,表明此软件包已经安装在系统中,如图 8-28 所示。

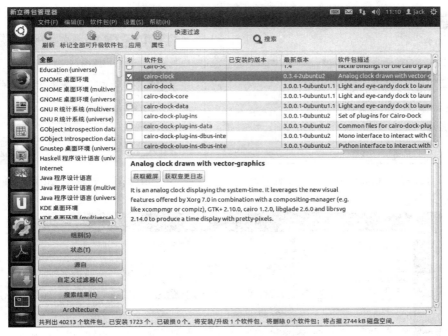

图 8-23　Cairo-Clock 程序选中标示

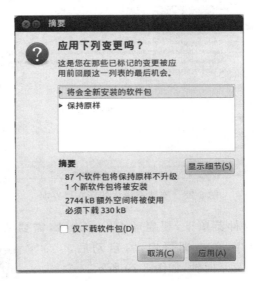

图 8-24　Cairo-Clock 安装确认界面

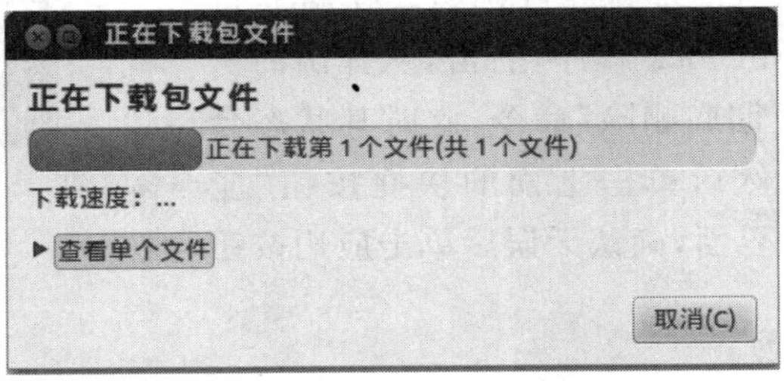

图 8-25　Cairo-Clock 安装下载文件界面

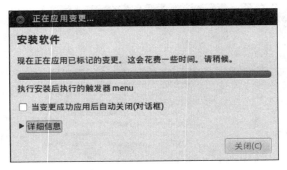

图 8-26　Cairo-Clock 安装文件界面

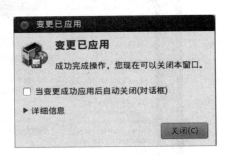

图 8-27　安装完成提示界面

图 8-28　安装完成后的新立得界面

　　Cairo-Clock 安装在附件菜单下，要启动 Cairo-Clock，需要从 Dash 页中输入"Cario-clock"，可以找到时钟程序，单击即可启动，启动后，Cairo-Clock 程序在桌面上显示时钟，如图 8-29 所示。

图 8-29　Cairo-Clock 时钟程序界面

　　新立得软件包管理器中删除程序的操作过程同样非常简单，仍以 Cairo-Clock 为例进行说明。在新立得软件包管理器找到 Cairo-Clock 程序，右击，从弹出的快捷菜单中选择"标记以便彻底删除"命令，此时其状态会变成红色"叉号"提示，然后单击上面的快捷按钮"应用"，将出现如图 8-30 的界面，确认无误后单击应用按钮即启动删除过程。

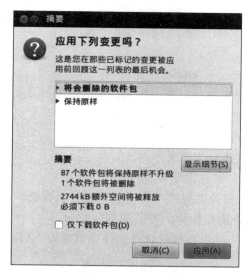

图 8-30　删除 Cairo-Clock 程序界面

经过一系列自动操作后，完成 Cairo-Clock 程序的删除操作，同样出现图 8-27 所示的界面提示卸载完成。此时再从"Dash 页"中搜索，已经找不到 Cario-clock 项，表示卸载成功。

本 章 小 结

本章介绍了 Ubuntu 系统的管理和软件维护方法。在系统管理中，Ubuntu 系统通过用户和组进行系统管理。不同的组用户拥有不同的管理权限，每个用户也必须拥有用户名和密码才能登录系统。在系统中可以通过命令行的方式或者图形界面的方式增加删除用户及组。

在系统维护方面，利用软件包管理工具 APT 可以进行软件的管理，包括安装、删除等功能。另外，更加方便直观的方法是使用系统的新立得软件包管理器，以图形界面的方式进行软件包的管理。

实　验　8

题目：用户和组的创建。

要求：

（1）在 Ubuntu 中分别以命令行的方式和图形界面的方式，添加一个新用户，用户名为 zhang，并以 zhang 用户登录系统。

（2）激活 root 用户，并从普通用户转换至 root 用户。

（3）在 Ubuntu 中分别以命令行的方式和图形界面的方式，添加和删除一个组，组名为 abc。

习 题 8

1. 如何在 Ubuntu 中添加和删除一个用户？
2. /etc/passwd 文件中的格式是什么？每列的含义是什么？
3. /etc/passwd 文件和/etc/shadow 文件的权限有什么不同？
4. 如何添加和删除一个组？
5. UID 和 GID 各自代表什么含义？
6. 如何将一个普通用户的权限变成 root 用户权限？
7. DEB 包中常见的依赖关系有哪几种？分别是什么含义？
8. 如何利用 APT 命令进行软件的安装和删除？
9. 如何利用 Ubuntu 软件中心和新立得软件包管理器进行软件的安装和删除？

第9章　网络基本配置与应用

Linux 操作系统是随着计算机网络技术的发展而产生并发展起来的,因此它的网络功能也十分强大。Ubuntu 系统作为 Linux 的一种具体实现,同样继承了 Linux 强大的网络功能,并且也只有在网络环境下才能充分发挥 Ubuntu 系统的全部功能。

9.1　网络基本配置

9.1.1　网络基础知识

计算机网络,是指将地理位置不同的具有独立功能的多台计算机及其外部设备,通过通信线路连接起来,在网络操作系统、网络管理软件及网络通信协议的管理和协调下,实现资源共享和信息传递的计算机系统。计算机网络的兴起和发展离不开 Internet。Internet(因特网)又叫做国际互联网。它是由那些使用公用语言互相通信的计算机连接而成的全球网络。一旦连接到它的任何一个结点上,就意味着计算机已经连入 Internet 网上了。Internet 目前的用户已经遍及全球,有超过几十亿人在使用 Internet,并且它的用户数还在以等比级数上升。

Internet 最基本的网络协议是 TCP/IP 协议,TCP/IP(Transmission Control Protocol/Internet Protocol,传输控制协议/因特网互联协议)又名网络通信协议,是 Internet 最基本的协议。Internet 国际互联网络的基础,由网络层的 IP 协议和传输层的 TCP 协议组成。TCP/IP 定义了电子设备如何连入因特网,以及数据如何在它们之间传输的标准。协议采用了四层的层级结构,每一层都呼叫它的下一层所提供的网络来完成自己的需求。通俗而言,TCP 负责发现传输的问题,如果遇到问题就发出信号,要求重新传输,直到所有数据安全正确地传输到目的地。而 IP 是给因特网的每一台计算机规定一个地址。

从协议分层模型方面来讲,TCP/IP 的 4 个组成层次分别为网络接口层、网络层、传输层、应用层。

TCP/IP 协议并不完全符合 OSI 的七层参考模型。OSI(Open System Interconnect)是传统的开放式系统互联参考模型,是一种通信协议的七层抽象的参考模型,其中每一层执行某一特定任务。该模型的目的是使各种硬件在相同的层次上相互通信。这 7 层分别是物理层、数据链路层、网络层、传输层、会话层、表示层和应用层。而 TCP/IP 通信协议采用了 4 层的层级结构,每一层都呼叫它的下一层所提供的网络来完成自己。TCP/IP 通信协议源自 ARPNET 网,由于 ARPNET 的设计者注重的是网络互连,允许通信子网(网络接口层)采用已有的或是将来有的各种协议,所以这个层次中没有提供专门的协议。实际上,TCP/IP 协议可以通过网络接口层连接到任何网络上,例如 x.25 交换网或 IEEE 802 局域网。TCP/IP 结构对应 OSI 结构分层关系如表 9-1 所示。

表 9-1　TCP/IP 结构对应 OSI 结构分层关系

TCP/IP 结构对应 OSI 结构	
TCP/IP	OSI
应用层	应用层 表示层 会话层
主机到主机层(TCP)(又称传输层)	传输层
网络层(IP)	网络层
网络接口层(又称链路层)	数据链路层
	物理层

关于计算机网络和 TCP/IP 协议的相关知识,请参考计算机网络有关书籍教程。

9.1.2　IP 地址配置

1. IP 地址的基本知识

所谓 IP 地址就是给每个连接在 Internet 上的主机分配的一个 32 位地址,即 IPv4,因此地址空间中有 4 294 967 296 个地址。按照 TCP/IP 协议规定,IP 地址用二进制来表示,每个 IP 地址长 32 位,比特换算成字节,就是 4B。例如一个采用二进制形式的 IP 地址是"00001010000000000000000000000001",这么长的地址,人们处理起来很费劲。为了方便人们的使用,IP 地址经常被写成十进制的形式,中间使用符号"."分开不同的字节。于是,上面的 IP 地址可以表示为"10.0.0.1"。IP 地址的这种表示法叫做"点分十进制表示法",这显然比 1 和 0 容易记忆得多。

Internet 上的每台主机(Host)都有一个唯一的 IP 地址。IP 协议就是使用这个地址在主机之间传递信息,这是 Internet 能够运行的基础。IP 地址的长度为 32 位,分为 4 段,每段 8 位,用十进制数字表示,每段数字范围为 0~255,段与段之间用句点隔开。例如 159.226.1.1。IP 地址有两部分组成,一部分为网络地址,另一部分为主机地址。最初,一个 IP 地址被分成两部分:网络识别码在地址的高位字节中,主机识别码在剩下的部分中。这使得创建最多 256 个网络成为可能,但很快人们发现这样是不够的。为了克服这个限制,在随后出现的分类网络中,地址的高位字节被重定义为网络的类。这个系统定义了 5 个类别,分别是A、B、C、D 和 E。A、B 和 C 类有不同的网络类别长度,剩余的部分被用来识别网络内的主机,这就意味着每个网络类别有着不同的给主机编址的能力。D 类被用于多播地址,E 类被留作将来使用。

在 IPv4 地址中,有一些地址属于特殊地址,这些有特殊用途的地址及其说明如表 9-2所示。

表 9-2　特殊用途的 IP 地址

地　址　块	描　　述	参考资料
0.0.0.0/8	本网络(仅作为源地址时合法)	RFC 1700
10.0.0.0/8	专用网络	RFC 1918
127.0.0.0/8	环回	RFC 5735

地 址 块	描 述	参 考 资 料
169.254.0.0/16	链路本地	RFC 3927
172.16.0.0/12	专用网络	RFC 1918
192.0.0.0/24	保留(IANA)	RFC 5735
192.0.2.0/24	TEST-NET-1,文档和示例	RFC 5735
192.88.99.0/24	6to4 中继	RFC 3068
192.168.0.0/16	专用网络	RFC 1918
198.18.0.0/15	网络基准测试	RFC 2544
198.51.100.0/24	TEST-NET-2,文档和示例	RFC 5737
203.0.113.0/24	TEST-NET-3,文档和示例	RFC 5737
224.0.0.0/4	多播(之前的 D 类网络)	RFC 3171
240.0.0.0/4	保留(之前的 E 类网络)	RFC 1700
255.255.255.255	广播	RFC 919

在 IPv4 所允许的大约 40 亿个地址中,3 个地址块被保留作专用网络。这些地址块在专用网络之外不可路由,专用网络之内的主机也不能直接与公共网络通信。但通过网络地址转换,这些地址可以与公共网络通信,如表 9-3 所示。

表 9-3 专用网络的地址块列表

名字	地 址 范 围	地址数量	有类别的描述	最大的 CIDR 地址块
24 位块	10.0.0.0～10.255.255.255	16 777 216	一个 A 类	10.0.0.0/8
20 位块	172.16.0.0～172.31.255.255	1 048 576	连续的 16 个 B 类	172.16.0.0/12
16 位块	192.168.0.0～192.168.255.255	65 536	连续的 256 个 C 类	192.168.0.0/16

IPv4 从出现到如今几乎没什么改变。1983 年 TCP/IP 协议被 ARPANET 采用,直至发展到后来的互联网。那时只有几百台计算机互相联网,到 1989 年联网计算机数量突破 10 万台,并且同年出现了 1.5Mbps 的骨干网。因为 IANA(The Internet Assigned Numbers Authority,互联网数字分配机构)把大片的地址空间分配给了一些公司和研究机构,20 世纪 90 年代初就有人担心 10 年内 IP 地址空间就会不够用,并由此导致了 IPv6 的开发。而随着 IANA 把最后 5 个 IPV4 地址块分配给全球的 5 个 RIR,其主地址资源在 2011 年 2 月 3 日耗尽。RIR 是 Regional Internet Register 的英文简写,即地区性 Internet 注册机构,是负责将 IP 地址块分配给 ISP 的多家国际组织之一。目前,全球有 5 大 RIR 机构。

(1) RIPE(Reseaux IP Europeans)欧洲 IP 地址注册中心:服务于欧洲、中东地区和中亚地区。

(2) LACNIC(Latin American and Caribbean Internet Address Registry)拉丁美洲和加勒比海 Internet 地址注册中心:服务于中美、南美以及加勒比海地区。

(3) ARIN(American Registry for Internet Numbers)美国 Internet 编号注册中心:服务于北美地区和部分加勒比海地区。

（4）AFRINIC（Africa Network Information Centre）非洲网络信息中心：服务于非洲地区。

（5）APNIC（Asia Pacific Network Information Centre）亚太地址网络信息中心：服务于亚洲和太平洋地区的国家。

IPv6 目前尚未得到大规模应用，因此这里主要介绍 IPv4 地址配置。关于网络的有关知识请参考其他相关资料。

2. Ubuntu 中网络的基本配置

在 Ubuntu 中，要修改 IP 地址，可以采用图形界面或者在终端下，以输入 ifconfig 命令的方式进行操作。对于图形界面而言，在网络断开的状态下，单击 Unity 面板的 ◇ 图标。或者在网络连接的状态下，单击 Untiy 面板的 ↑↓ 图标。选择"编辑连接"菜单，在弹出的"网络连接"对话框中进行相应的配置，如图 9-1 所示。

（1）"有线"选项卡中可配置 RJ-45 接口的计算机网卡。

（2）"无线"选项卡中可配置计算机的无线网卡。

（3）"移动宽带"、VPN 和 SL 选项卡中可配置连接方式。

这里以有线连接为例进行介绍。网卡的名称是 eth12，如果要编辑其 IP 地址，需要选中它，并单击右侧的"编辑"按钮。编辑 etch12 的界面如图 9-2 所示。

图 9-1　"网络连接"对话框

图 9-2　编辑网络属性

（1）"有线"选项卡，显示网卡的 MAC 地址和 MTU 参数设置。可以对其进行编辑。

① MAC（Media Access Control）地址，或称为 MAC 位址、硬件位址，用来定义网络设备的位置。在 OSI 模型中，第三层网络层负责 IP 地址，第二层数据链路层则负责 MAC 位址。因此一个主机会有一个 IP 地址，而每个网络位置会有一个专属于它的 MAC 位址。每个网卡在出厂时都有一个预设的 MAC 地址，且为全球唯一。虽然可以手工修改网卡的 MAC 地址，但是在具体使用时并不建议这样做，因为可能会造成 MAC 地址冲突。

② MTU（Maximum Transmission Unit，最大传输单元）是指一种通信协议的某一层上

面所能通过的最大数据包大小,通常以字节为单位。最大传输单元这个参数通常与通信接口有关(网络接口卡、串口等),Ubuntu 默认的 MTU 参数为 1500。

(2)"802.1x 安全性"选项卡对应网卡的 IEEE 802.1x 协议设置,IEEE 802.1x 协议是基于 Client/Server 的访问控制和认证协议。它可以限制未经授权的用户或设备通过接入端口(Access Port)访问 LAN/WLAN。在获得交换机或 LAN 提供的各种业务之前,IEEE 802.1x 对连接到交换机端口上的用户或设备进行认证。在认证通过之前,IEEE 802.1x 只允许 EAPoL(基于局域网的扩展认证协议)数据通过设备连接的交换机端口;认证通过以后,正常的数据可以顺利地通过以太网端口。用户可以根据需要进行设置。

(3)"IPv4 设置"选项卡中可对网卡的 IPv4 地址、子网掩码、网关等进行设置,可以设置为 DHCP 模式,也可以设置为手动模式。动态主机设置协议(Dynamic Host Configuration Protocol,DHCP)是一个局域网的网络协议。使用 UDP 协议工作,主要有两个用途:给内部网络或网络服务供应商自动分配 IP 地址,给用户或者内部网络管理员作为对所有计算机作中央管理的手段。如果采用 DHCP 方法,则不需要输入 IP 地址、子网掩码、网关等信息,这些信息都可以自动从 DHCP 服务器获得。手动模式这需要用户手工输入 IP 地址、子网掩码、网关等信息,如果输入错误则无法正常访问网络。IPv4 设置界面如图 9-3 所示。

(4)"IPv6 设置"选项卡,顾名思义就是设置 IPv6 协议的地址等信息。

对于 Linux 而言,查看和设置网卡 IP 地址等信息的命令是 ifconfig,输入不带参数的 ifconfig 命令将显示当前网卡信息。执行过程如下:

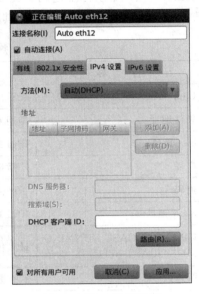

图 9-3　IPv4 设置界面

```
user@user-desktop:~$ifconfig
eth12    Link encap:以太网 硬件地址 00:0c:29:d0:97:f7
         inet 地址:192.168.157.140 广播:192.168.157.255 掩码:255.255.255.0
         inet6 地址: fe80::20c:29ff:fed0:97f7/64 Scope:Link
         UP BROADCAST RUNNING MULTICAST MTU:1500 跃点数:1
         接收数据包:25 错误:0 丢弃:0 过载:0 帧数:0
         发送数据包:40 错误:0 丢弃:0 过载:0 载波:0
         碰撞:0 发送队列长度:1000
         接收字节:3054 (3.0 KB) 发送字节:5672 (5.6 KB)
         中断:18 基本地址:0x2000

lo       Link encap:本地环回
         inet 地址:127.0.0.1 掩码:255.0.0.0
         inet6 地址: ::1/128 Scope:Host
         UP LOOPBACK RUNNING MTU:16436 跃点数:1
         接收数据包:8 错误:0 丢弃:0 过载:0 帧数:0
         发送数据包:8 错误:0 丢弃:0 过载:0 载波:0
```

碰撞:0 发送队列长度:0

接收字节:480 (480.0 B) 发送字节:480 (480.0 B)

user@user-desktop:~$

上面的信息显示分为两部分：eth12 和 lo。eth12 是物理网卡的名称，因为当前用户使用的是虚拟机环境，因此网卡的名称显示为 etch12，正常情况下，Ubuntu 系统识别的物理网卡是以 eth0、eth1、eth2，…，eth$n$ 的规律命名的。lo 是虚拟的 loopback 接口设备，系统管理员完成网络规划之后，为了方便管理，会为每一台路由器创建一个 loopback 接口，并在该接口上单独指定一个 IP 地址作为管理地址，管理员会使用该地址对路由器远程登录（telnet），该地址实际上起到了类似设备名称一类的功能。

在上述信息中，每个名称和其所表示的含义如表 9-4 所示。

表 9-4　ifconfig 显示信息说明

名　　称	含　　义
Link encap	表示信息的分组方法，如以太网等
硬件地址	即网卡出厂设定的 MAC 地址
inet 地址	IPv4 地址，当前为 192.168.157.140
广播	广播地址
掩码	子网掩码
inet6 地址	IPv6 地址
UP BROADCAST RUNNING MULTICAST MTU	最大传输单元
跃点数	跃点数是经过了多少个跃点的累加器
接收数据包	接收到的数据包，其中包括错误的包，丢弃的包，过载的包，帧数等信息
发送数据包	已发送的数据包，其中包括错误的包，丢弃的包，过载的包，帧数等信息
接收字节	接收到的数据字节数
发送字节	发送的数据字节数
中断	网卡的中断号
基本地址	网卡的中断向量地址

lo 是虚拟设备，并非真实的物理网卡，因此其地址为 127.0.0.1，127.0.0.1 是回环地址或回送地址，即指本地机，一般用来测试使用。回送地址（127.x.x.x）是本机回送地址（Loopback Address），即主机 IP 堆栈内部的 IP 地址，主要用于网络软件测试以及本地机进程间通信，无论什么程序，一旦使用回送地址发送数据，协议软件立即返回，不进行任何网络传输。因此其地址等参数信息也不能修改。

要修改网卡的 IP 地址，可以采用 ifconfig 命令，命令格式如下：

ifconfig 设备名称 IP 地址 netmask 子网掩码

下面将 eth12 的网卡 IP 地址修改为 192.168.157.141,方法如下所示:

```
user@user-desktop:~$ sudo ifconfig eth12 192.168.157.141 netmask 255.255.255.0
[sudo] password for user:
user@user-desktop:~$
```

修改完毕后输入不带参数的 ifconfig 命令查看结果,可以看到 etch12 的 IP 地址已经修改为 192.168.157.141,效果如下:

```
user@user-desktop:~$ ifconfig
eth12     Link encap:以太网 硬件地址 00:0c:29:d0:97:f7
          inet 地址:192.168.157.141 广播:192.168.157.255 掩码:255.255.255.0
          inet6 地址: fe80::20c:29ff:fed0:97f7/64 Scope:Link
          UP BROADCAST RUNNING MULTICAST MTU:1500 跃点数:1
          接收数据包:25 错误:0 丢弃:0 过载:0 帧数:0
          发送数据包:46 错误:0 丢弃:0 过载:0 载波:0
          碰撞:0 发送队列长度:1000
          接收字节:3054 (3.0 KB) 发送字节:7401 (7.4 KB)
          中断:18 基本地址:0x2000

lo        Link encap:本地环回
          inet 地址:127.0.0.1 掩码:255.0.0.0
          inet6 地址: ::1/128 Scope:Host
          UP LOOPBACK RUNNING MTU:16436 跃点数:1
          接收数据包:8 错误:0 丢弃:0 过载:0 帧数:0
          发送数据包:8 错误:0 丢弃:0 过载:0 载波:0
          碰撞:0 发送队列长度:0
          接收字节:480 (480.0 B)发送字节:480 (480.0 B)
```

9.1.3　DNS 配置

1. DNS 的基础知识

DNS(Domain Name System 或 Domain Name Service,计算机域名系统)是由解析器和域名服务器组成的。域名服务器是指保存有该网络中所有主机的域名和对应 IP 地址,并具有将域名转换为 IP 地址功能的服务器。其中域名必须对应一个 IP 地址,而 IP 地址不一定只对应一个域名。域名系统采用类似目录树的等级结构。域名服务器为客户机/服务器模式中的服务器方,它主要有两种形式:主服务器和转发服务器。在 Internet 上域名与 IP 地址之间是一对一(或者多对一)的。域名虽然便于人们记忆,但计算机之间只认 IP 地址,它们之间的转换工作称为域名解析,域名解析需要由专门的域名解析服务器来完成,DNS 就是进行域名解析的服务器。DNS 域名用于 Internet 的 TCP/IP 网络中,通过用户友好的名称查找计算机和服务。当用户在应用程序中输入 DNS 名称时,DNS 服务可以将此名称解析为与之相关的其他信息,如 IP 地址。

域名(Domain Name),是由一串用句点分隔的名字组成的 Internet 上某一台计算机或计算机组的名称,用于在数据传输时标识计算机的电子方位。通俗地说,域名就相当于一个门牌号码,别人通过这个号码可以很容易地找到对应的位置。DNS 规定,域名中的标号都由英文字母和数字组成,每一个标号不超过 63 个字符,也不区分大小写字母。标号中除了连字符(-)外不能使用其他的标点符号。级别最低的域名写在最左边,而级别最高的域名写在最右边。由多个标号组成的完整域名总共不超过 255 个字符。

域名的基本类型主要是两类,一是国际域名(International Top-level Domain-names,iTDs),也叫国际顶级域名。这也是使用最早也最广泛的域名。例如表示工商企业的.com,表示网络提供商的.net,表示非营利组织的.org 等。

二是国内域名,又称为国内顶级域名(National Top-level Domain-names,nTLDs),即按照国家的不同分配不同后缀,这些域名即为该国的国内顶级域名。目前 200 多个国家和地区都按照 ISO 3166 国家代码分配了顶级域名,例如中国是 cn,美国是 us,日本是 jp 等。

关于域名及 DNS 的更多内容,请参考相关资料。

2. Ubuntu 中的 DNS 基础配置

在 Ubuntu Linux 系统中,DNS 配置信息保存在/etc/resolv.conf 文件中,主要用途是确定由哪一个域名解析服务器来进行域名的解析功能。在/etc/resolv.conf 文件中,可以有多条记录,每条记录的格式通常包含了两个字段,第一个字段是关键字,第二个字段是关键字的具体值,多个值之间以逗号分隔。关键字及其说明如表 9-5 所示。

表 9-5　/etc/resolv.conf 的关键字及说明

关键字	说　　明
nameserver	用于指定 DNS 服务器的 IP 地址。每个 nameserver 对应一个 DNS 服务器,可以有多个 nameserver,每个单独占据一行,但一般不超过 3 个(依据 MAXNS 变量)
domain	用于指定默认情况下使用的本地域名
search	用于指定执行地址查询时使用的域名检索表,默认情况下为本地域名

用户可以通过 cat 命令查看/etc/resolv.conf 的文件内容,如下所示:

```
user@user-desktop:~$ cat /etc/resolv.conf
#Generated by NetworkManager
domain localdomain
search localdomain
nameserver 192.168.157.2
```

上例中,只指定了一个 DNS 服务器地址,即 192.168.157.2。domain 和 search 都指向本地域名。要修改和变更 DNS 服务器地址,只需要编辑/etc/resolv.conf 文件的内容即可。

也可以通过图形化界面来设置 DNS 服务器地址,在如图 9-3 所示的界面中即可设置 DNS 服务器的 IP 地址。

9.1.4　hosts 文件

为了便于记忆,在 TCP/IP 网络体系中,通常采用容易记忆的名字表示网络中的每一台主机。这就需要一种实现名字与地址进行转换的机制。在 Ubuntu 系统中,利用/etc/hosts 文件实现从名字到地址的转换是一种常见的方法。/etc/hosts 文件记录了主机名与 IP 地址之间的关系,一般情况下 hosts 文件的每行为一个主机,每行由 3 个部分组成,每个部分由空格隔开。其中以"♯"号开头的行用作说明,不被系统解释。

第 1 部分:网络 IP 地址;

第 2 部分:主机名或域名;

第 3 部分:主机名别名。

可以用 cat 命令查看/etc/hosts 文件,示例如下:

```
user@user-desktop:~$cat /etc/hosts
127.0.0.1 localhost
127.0.1.1 user-desktop
user@user-desktop:~$
```

可以用 hostname 命令修改或显示主机名,通过 hostname 工具来设置主机名只是临时的,下次重启系统时,此主机名将不会存在,不带参数的 hostname 命令用于查询当前主机名称,−i 参数显示主机的 IP 地址,示例如下:

```
houser@user-desktop:~$hostname
user-desktop
user@user-desktop:~$hostname -i
127.0.1.1
user@user-desktop:~$
```

9.2　Linux 常用网络命令

因为 Linux 系统是在 Internet 上起源和发展的,它与生俱来拥有强大的网络功能和丰富的网络应用软件,尤其是 TCP/IP 网络的实现尤为成熟。Linux 的网络命令比较多,其中一些命令像 ping、ftp、telnet、route、netstat 等在其他操作系统上也能看到,但也有一些 UNIX 和 Linux 系统独有的命令,如 ifconfig、finger、mail 等。Linux 网络操作命令的一个特点是,命令参数选项和功能很多,一个命令往往还可以实现其他命令的功能。下面介绍一些 Linux 常用的网络命令。

9.2.1　ifconfig 命令

【功能】　用于查看和更改网络接口的地址和参数,包括 IP 地址、网络掩码、广播地址,使用权限是超级用户。在日常使用中,最常用的就是利用该命令查看 IP 地址。

【格式】　ifconfig 命令的格式如下:

```
ifconfig -interface [options] address
```

【主要参数】

(1) -interface:指定的网络接口名,如 eth0、eth1。

(2) up:激活指定的网络接口。

(3) down:关闭指定的网络接口。

(4) broadcast address:设置接口的广播地址。

（5）pointopoint：启用点对点方式。

（6）address：设置指定接口设备的 IP 地址。

（7）netmask address：设置接口的子网掩码。

【举例】

（1）ifconfig 命令可以不带任何参数，单独使用。这个命令将显示机器所有激活接口的信息。带有-a 参数时，则显示所有接口的信息，包括没有激活的接口。

通过 ifconfig 命令查看当前设备的 IP 地址，输入命令：

```
ifconfig
```

执行结果如图 9-4 所示。

图 9-4　ifconfig 命令查看 IP 地址

（2）该命令还可以用于设置网络设备的 IP 地址，是用来设置和配置网卡的命令行工具。使用该命令可以通过手工高效地进行网络配置，而且无须重新启动计算机。

将网络设备 eth0 的 IP 地址设置为 192.168.0.1，并且马上激活它。执行命令如下：

```
ifconfig eth0 192.168.0.1 netmask 255.255.255.0
```

该命令的作用是设置网卡 eth0 的 IP 地址和子网掩码。但是需要注意的是，这种 IP 地址的设置是一种临时性的，系统重启后无法保留该设置。

（3）如果要暂停某个网络接口的工作，可以使用 down 参数。执行命令如下：

```
ifconfig eth0 down
```

9.2.2　ping 命令

【功能】　测试主机网络是否畅通，使用权限是所有用户。

【格式】　ping 命令的格式如下：

ping [选项] 主机名或 IP 地址

【选项】 各选项的作用如表 9-6 所示。

表 9-6 ping 命令各选项的作用

选　项	作　用
-c	设置完成要求回应的次数。ping 目录反复发出信息,直到达到设定的次数为止
-d	使用 Socket 的 SO_DEBUG 功能
-f	极限检测
-i	指定收发信息的间隔时间,单位为秒,预设为 1s
-s byte	设置数据包的大小,预设为 56B,加上 8B ICMP 的文件头共 64B
-R	记录路由过程
-r	忽略普通的 Routing Table,直接将数据包送到远端主机上
-p	设置填满数据包的范本样式
-q	不显示命令的执行过程,只显示结果
-t	设置存活数值 TTL 的大小
-v	详细显示命令的执行过程,包括非回应信息的其他信息

【说明】 ping 命令是使用最多的网络命令之一,通常使用它来检测网络是否连通。它可以单独使用,也可以带选项参数使用。常用的选项"-cn",来控制执行的次数 n。单独使用时,使用 Crtl+C 键结束该命令的执行。

【举例】 ping 命令的使用举例如下。

(1) ping 单独使用以查看本机的网络状况。执行结果如图 9-5 所示。

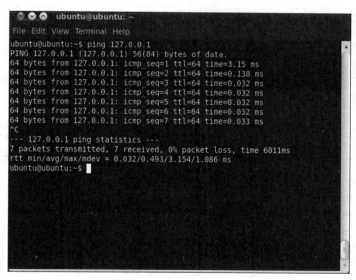

图 9-5　ping 命令的单独使用

(2) 使用 ping 命令查看本机的网络状况,5 次后自动停止。执行结果如图 9-6 所示。

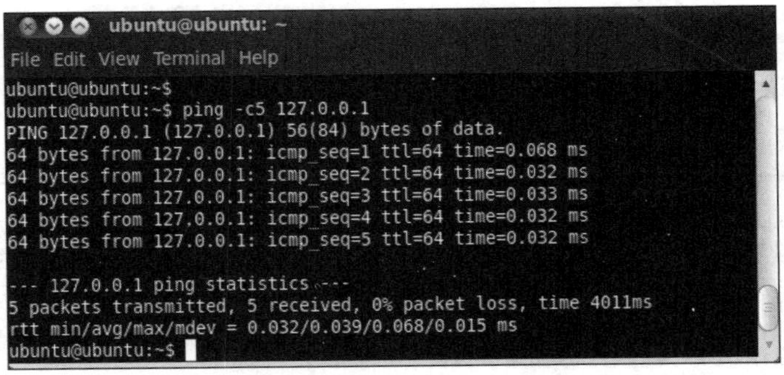

图 9-6   ping 命令带参数的执行

9.2.3   netstat 命令

【功能】   检测网络端口的连接情况，是监控 TCP/IP 网络的有效工具。

【格式】   netstat 命令的格式如下：

netstat [选项]

【选项】   各选项的作用如表 9-7 所示。

表 9-7   netstat 命令各选项的作用

选 项	作 用
-a	显示所有有效的连接信息。包括已经建立的连接和正在监听的连接
-r	显示路由的信息
-i	显示 interface 网络界面信息的内容
-n	使用网络 IP 地址代替名称，显示网络的连接情况
-o	显示计时器
-h	在线帮助
-c	持续列出网络状态
-t	显示 TCP 协议的连接情况
-u	显示 UDP 协议的连接情况
-v	显示指令执行过程
-w	显示 RAW 传输协议的连接情况

【举例】

（1）单独使用 netstat 命令检查网络端口连接情况。输入命令：

netstat

（2）netstat 命令带选项使用。例如输入命令：

netstat -a

显示如下结果：

Active Internet connections (only servers)

```
Proto Recv-Q Send-Q Local Address Foreign Address State
tcp 0 0 * :32768 * : * LISTEN
tcp 0 0 * :3276Array * : * LISTEN
tcp 0 0 * :nfs * : * LISTEN
tcp 0 0 * :32770 * : * LISTEN
tcp 0 0 * :868 * : * LISTEN
tcp 0 0 * :617 * : * LISTEN
tcp 0 0 * :mysql * : * LISTEN
tcp 0 0 * :netbios-ssn * : * LISTEN
tcp 0 0 * :sunrpc * : * LISTEN
tcp 0 0 * :10000 * : * LISTEN
tcp 0 0 * :http * : * LISTEN
……
```

上面显示出，这台主机同时提供了 HTTP、FTP、NFS、MySQL 等服务。

9.2.4 ftp 和 bye 命令

1. ftp 命令

【功能】 登录 FTP 服务器。该命令允许用户使用 FTP 协议进行文件传输，实现文件的上传和下载。

【格式】 ftp 命令的格式如下：

```
ftp 主机名/IP 地址
```

【说明】 其中，“主机名/IP”是要连接的远程机的主机名或 IP 地址。建立 FTP 连接后，会提示输入用户名和密码。只有当用户名和密码输入正确后，才能真正登录 FTP 服务器，并实现文件的上传和下载操作。这一命令执行成功后，将从 FTP 服务器上得到“FTP＞”的提示符。

另外，如果要以匿名方式登录 FTP 服务器时，则输入的用户名输入为：anonymous，输入的密码可以为一个邮箱格式的任意字符串。

2. bye 命令

【功能】 退出 FTP 服务器时，可以输入 bye 命令或者“!”命令，都可以终止主机 FTP 进程，退出 FTP 管理方式，退回到外壳。

【格式】 bye 命令的格式如下：

```
bye
```

【举例】 假设 FTP 服务器的 IP 地址 192.168.0.1，使用 ftp 命令和 bye 命令分别登录 FTP 服务器以及退出。

输入登录命令：

```
ftp 192.168.0.1
```

输入下线命令：

```
bye
```

【其他说明】

ftp 命令除了可以用来建立 FTP 连接之外,它也是标准的文件传输协议的用户接口,是在 TCP/IP 网络计算机之间传输文件简单有效的方法。它允许用户传输 ASCII 码文件和二进制文件。用户可以通过使用 ftp 客户程序,登录到 FTP 服务器上,并可以在权限范围内进行对远程服务器的一系列操作。如在目录中上下移动、列出目录内容,把文件从远程计算机复制到本地机上,还可以把文件从本地机传输到远程系统中。用户对远程计算机的这一系列操作可以利用 ftp 内部的命令来进行。ftp 内部命令有 72 个,下面列出主要几个内部命令,如表 9-8 所示。

表 9-8　ftp 内部常用命令

命　令	作　用
ls	列出远程机的当前目录
cd	在远程机上改变工作目录
lcd	在本地机上改变工作目录
close	终止当前的 ftp 命令
hash	每次传输完数据缓冲区中的数据后就显示一个♯号
get	从远程机传送指定文件到本地机
put	从本地机传送指定文件到远程机
quit	断开与远程机的连接,并退出 ftp 命令。效果如同 bye 命令

9.2.5　telnet 和 logout 命令

1. telnet 命令

【功能】　远程登录。该命令允许用户使用 Telnet 协议在远程计算机之间进行通信,用户可以通过网络在远程计算机上登录,就像登录到本地机上执行命令一样。telnet 是一个 Linux 命令,同时也是一个远程登录协议。

【格式】　telnet 命令的格式如下:

`telnet [选项] 主机名/IP 地址`

【选项】　命令格式中的"主机名/IP"是要连接的远程机的主机名或 IP 地址。命令中各选项的作用如表 9-9 所示。

表 9-9　telnet 命令各选项的作用

选项	作　用	选项	作　用
-a	尝试自动登入远端系统	-c	不读取用户专属目录里的 .telnetrc 文件
-8	允许使用 8 位字符资料,包括输入与输出	-l	指定要登入远端主机的用户名称
-b	使用别名指定远端主机名称	-n	指定文件记录相关信息

【说明】 用户使用 telnet 命令可以进行远程登录,并在远程计算机之间进行通信。用户通过网络在远程计算机上登录,就像登录到本地机上执行命令一样。为了通过 telnet 命令登录到远程计算机上,必须知道远程机上的合法用户名和口令。如果用户名和口令输入正确,就能成功登录并在远程系统上工作。这一命令执行成功后,将从远程机上得到"login:"提示符。虽然有些系统确实为远程用户提供登录功能,但出于对安全的考虑,要限制来访者的操作权限,因此,这种情况下能使用的功能是很少的。

telnet 只为普通终端提供终端仿真,而不支持 X Window 等图形环境。当允许远程用户登录时,系统通常把这些用户放在一个受限制的 Shell 中,以防系统被怀有恶意的或不小心的用户破坏。用户还可以使用 telnet 从远程站点登录到自己的计算机上,检查电子邮件、编辑文件和运行程序,就像在本地登录一样。

2. logout 命令

【功能】 用户不再需要远程会话时,要使用 logout 命令退出远程系统,并返回到本地机的 Shell 提示符下。

【格式】 logout 命令的格式如下:

```
logout
```

【举例】 假设远程计算机的 IP 地址 192.168.0.1,使用 telnet 命令和 logout 命令分别登录以及退出。

输入登录命令:

```
telnet 192.168.0.1
```

输入下线命令:

```
logout
```

9.2.6 rlogin 命令

【功能】 远程登录。能够实现远程登录的命令不只是 telnet 命令。rlogin 命令也可以实现远程登录。rlogin 是 remote login 的缩写。该命令与 telnet 命令很相似,允许用户启动远程系统上的交互命令会话。

【格式】

```
rlogin 主机名/IP 地址
```

【说明】 "主机名/IP"是要连接的远程机的主机名或 IP 地址。

9.2.7 route 命令

【功能】 route 表示手工产生、修改和查看路由表。

【格式】 route 命令的格式如下:

```
route [选项] targetaddress [选项]
```

【选项】 命令中各选项的作用如表 9-10 所示。

表 9-10　route 命令各选项的作用

选　　项	作　　用
-add	增加路由
-delete	删除路由
-net	路由到达的是一个网络,而不是一台主机
-host	路由到达的是一台主机
-netmask Nm	指定路由的子网掩码
gw	指定路由的网关
[dev]If	强迫路由连接指定接口

【说明】　route 命令是用来查看和设置 Linux 系统的路由信息,以实现与其他网络的通信。要实现两个不同的子网之间的通信,需要一台连接两个网络的路由器,或者同时位于两个网络的网关来实现。

【举例】　在 Linux 系统中,设置路由通常是为了解决以下问题:该 Linux 系统在一个局域网中,局域网中有一个网关,能够让计算机访问 Internet,那么就需要将这台计算机的 IP 地址设置为 Linux 的默认路由。使用下面命令可以增加一个默认路由:

```
route add 0.0.0.0 1 Array 192.168.1.1
```

9.2.8　finger 命令

【作用】　finger 命令用来查询一台主机上的登录账号的信息,通常会显示用户名、主目录、停滞时间、登录时间、登录 Shell 等信息,使用权限为所有用户。

【格式】　finger 命令的格式如下:

```
finger [选项] [使用者] [用户名@主机名]
```

【选项】　命令中各选项的作用如表 9-11 所示。

表 9-11　finger 命令各选项的作用

选项	作　　用
-s	显示用户注册名、实际姓名、终端名称、写状态、停滞时间、登录时间等信息
-l	除了用-s 选项显示的信息外,还显示用户主目录、登录 Shell、邮件状态等信息,以及用户主目录下的.plan、.project 和.forward 文件的内容
-p	除了不显示.plan 文件和.project 文件以外,与-l 选项相同

【说明】　如果要查询远程机上的用户信息,需要在用户名后面接"@主机名",采用

```
[用户名@主机名]
```

的格式,不过要查询的网络主机需要运行 finger 守护进程的支持。

【举例】　利用 finger 命令查询本地主机上的登录账号信息。命令执行情况如图 9-7 所示。

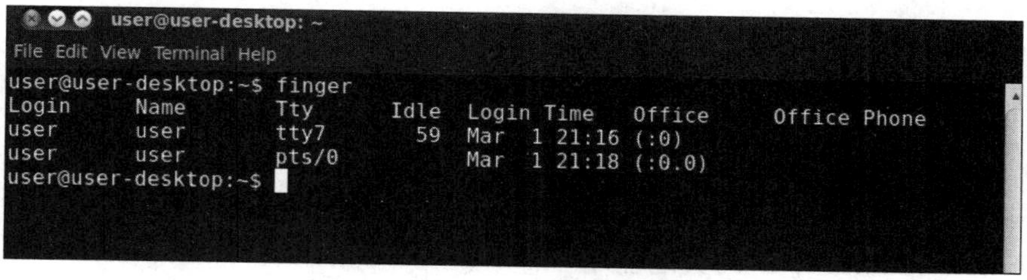

图 9-7　finger 命令查询本地主机上的登录账号信息

9.2.9　mail 命令

【作用】　mail 命令的作用是发送电子邮件,使用权限是所有用户。此外,mail 还是一个电子邮件程序。

【格式】　mail 命令的格式如下:

```
mail [-s subject] [-c address] [-b address] mail -f [mailbox]mail [-u user]
```

【参数】　命令中各选项的作用如表 9-12 所示。

表 9-12　mail 命令各参数的作用

参数	作　　　用	参数	作　　　用
-b address	表示输出信息的匿名收信人地址清单	-s subject	指定输出信息的主体行
-c address	表示输出信息的抄送收信人地址清单	[-u user]	端口指定优化的收件箱读取邮件
-f[mailbox]	从收件箱者指定邮箱读取邮件		

9.3　Firefox 浏览器

9.3.1　Firefox 简介

Mozilla Firefox 浏览器,中文名称为火狐浏览器,它是由 Mozilla 开发的开源网页浏览器,支持多种操作系统。该浏览器采用 Gecko 网页排版引擎,由 Mozilla 基金会与数百个志愿者所开发。原名 Phoenix(凤凰),之后改名 Mozilla Firebird(火鸟),再改为现在的名字。火狐浏览器是开放源代码的,所以它是多许可方式授权的,包括 Mozilla 公共许可证(MPL)、GNU 通用公共授权条款(GPL)以及 GNU 较宽松公共许可证(LGPL),目标是要创造一个开放,创新与机遇的网络环境。

Firefox 浏览器的前身是网景公司,是较早开发出互联网浏览器(Netscape 浏览器)的高科技软件公司,后来随着微软公司推出了完全免费的 IE 浏览器,导致了 Netscape 浏览器的销售额急剧下滑,并最终导致了网景公司被美国在线(AOL)收购,Firefox 浏览器即是 Netscape 浏览器开源后不断演进的结果。因此,Firefox 浏览器与 Netscape 浏览器一脉相承,而 IE 浏览器在很大程度上借鉴了 Netscape 浏览器的设计,所有具有 IE 浏览器使用经验的用户可以很方便地使用 Firefox 浏览器。

9.3.2　Firefox 的使用

与其他 Ubuntu 应用软件类似,Firefox 浏览器的最上面是标题栏,接下来是菜单列表。在菜单的下面是快捷按钮和地址栏,分别有"前进"、"后退"、"刷新"、"停止"、"主页"等按钮。下方是 Firefox 浏览器的浏览页面,用于打开网页,底部是状态栏。在地址栏中输入"http://www.ubuntu.com"网页地址即可看到如图 9-8 所示的窗口。

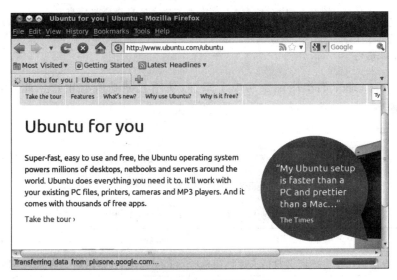

图 9-8　Firefox 浏览器窗口

从 Firefox 外观可以看出,它和用户熟悉的 IE 浏览器类似,具备标准的导航工具栏、按钮和菜单项。另外,Firefox 还支持通过地址字段的关键字搜索,在地址字段中输入检索词,如"nba",单击"搜索"按钮,搜索结果就会在主界面中显示出来。搜索功能如图 9-9 所示。

图 9-9　Firefox 的搜索功能

9.3.3 Firefox 的配置

在 Firefox 窗口中运行"编辑"|"属性"命令,可以激活属性窗口,用户可以根据自己的需要设置浏览器相关的属性。

1. 常规设置

属性设置中的第一个选项卡即为 General(常规)选项卡,在这里可以设置主页的地址,即 Home Page,该地址设置之后,以后每次打开浏览器都会自动连接到相应的页面。另外,在这里还可以设置下载的相关信息,如下载的显示方式、下载文件和文件的存放路径等。常规设置如图 9-10 所示。

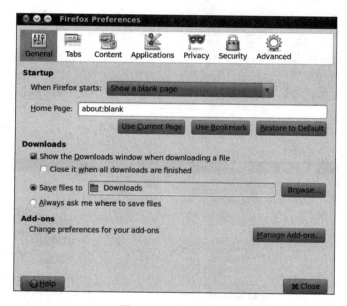

图 9-10 "常规"设置

2. 选项卡式浏览设置

在 Tabs(选项卡式)选项卡中,用户可以对以下信息进行选择和设置:是否在打开新窗口时创建一个新的选项卡;关闭多个选项卡时,是否进行提示;打开多个选项卡时,对可能造成的网速减慢是否进行提示;是否总是显示选项卡的滚动条等信息,如图 9-11 所示。

3. 内容设置

在 Content(内容)选项卡中可以设置浏览网页是阻止弹出窗口、载入图像、启用 Javascript、设置字体颜色、设置语言等。如图 9-12 所示。

4. 应用程序设置

在 Applications(应用程序)选项卡中可以设置某应用程序的使用方式。如图 9-13 所示。例如对于 MP3 音频文件的播放,可以选择以默认方式播放,还是每次都询问的方式播放等。

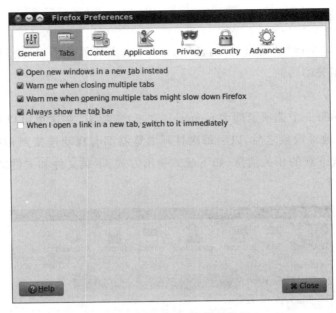

图 9-11 "选项卡式"浏览设置

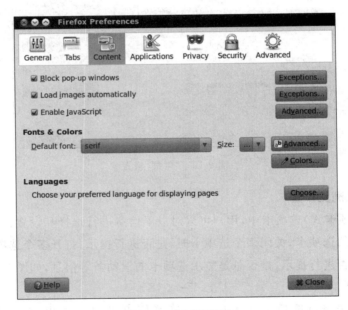

图 9-12 "内容"设置

5．隐私设置

在 Privacy(隐私)选项卡中可以设置浏览器是否记忆用户的访问历史信息和浏览过的网页信息。如图 9-14 所示。

6．安全设置

在 Security(安全)选项卡中,用户可以对常规安全信息、密码信息、警告信息等内容进

图 9-13　"应用程序"设置

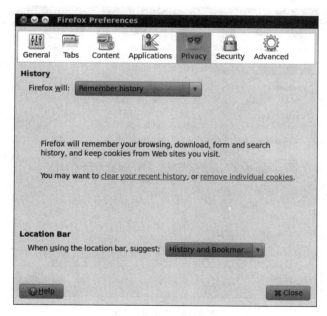

图 9-14　"隐私"设置

行设置,如图 9-15 所示。

7. 高级设置

在 Advanced(高级)选项卡中可以设置浏览器的高级选项,如网络、更新、安全限制等内容,如图 9-16 所示。

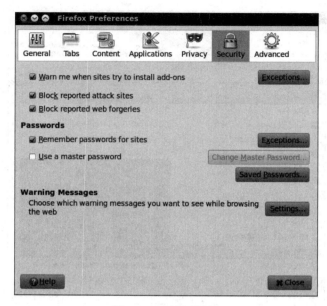

图 9-15 "安全"设置

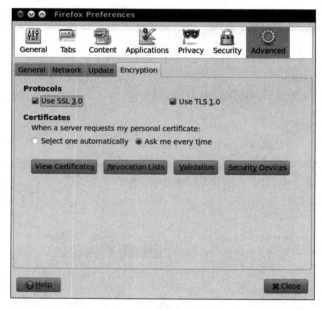

图 9-16 "高级"设置

9.4 邮件客户端软件 Evolution

Evolution 是 Ubuntu 系统安装后就自带的邮件客户端,可以用来收发电子邮件。Evolution 又不仅仅是一个电子邮件程序,它提供了所有标准的电子邮件客户功能,包括邮箱管理、用户定义的过滤器,以及快速搜索等。除此之外,它还具备灵活的日历(调度器)功能,该功能允许用户在线创建,确认组群会议和特别事件。Evolution 是用于 Linux 和基于 UNIX 系统的功能完善的个人和工作组信息管理工具,它还是 Gnome 桌面的默认电子邮件客户。

要启动 Evolution,可以在 Dash 页中输入 Evolution,找到 Evolution 邮件及日历应用程序。首次使用 Evolution 需要做一些配置,首先要输入用户名和电子邮件地址,如图 9-17 所示。

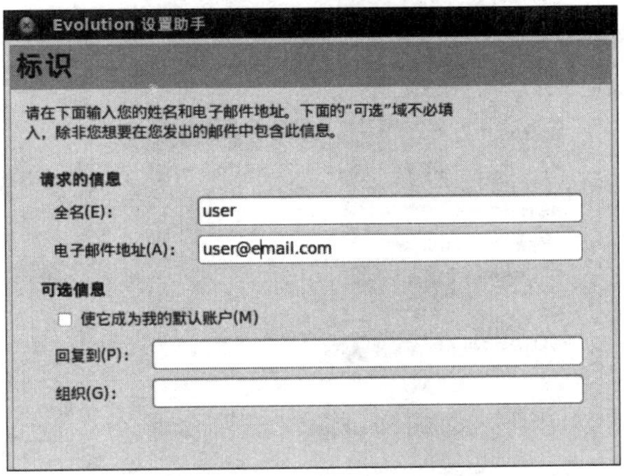

图 9-17　Evolution 配置界面

接着要配置接收电子邮件的地址和发送电子邮件的地址,以及发送邮件和接收电子邮件的服务器类型和支持协议。其中接收电子邮件类型支持 IMAP、MS Exchange、POP 等,而发送电子邮件类型支持 SMTP 和 Sendmail。接收电子邮件设置如图 9-18。发送电子邮

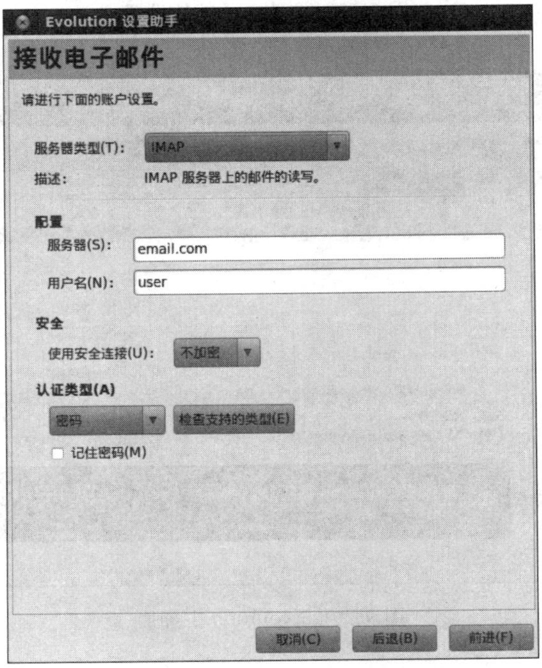

图 9-18　接收电子邮件设置

件设置如图 9-19 所示。配置完成后,即进入了 Evolution 程序的主界面,如图 9-20 所示。与其他 Ubuntu 下的应用软件类似,Evolution 最顶端是标题栏和新邮件提醒,标题栏下面是菜单列表,再下方是快捷按钮。快捷按钮的下面分为左右两部分,左侧是收件箱、联系人、日历、备忘录等信息,右侧分为上下两部分,分别是邮件列表和邮件详细信息,邮件列表显示发件人、主题和发件信息。

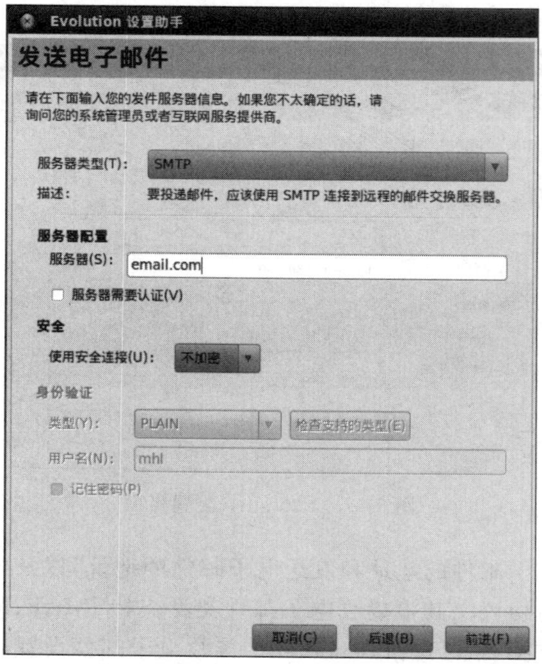

图 9-19 发送电子邮件设置

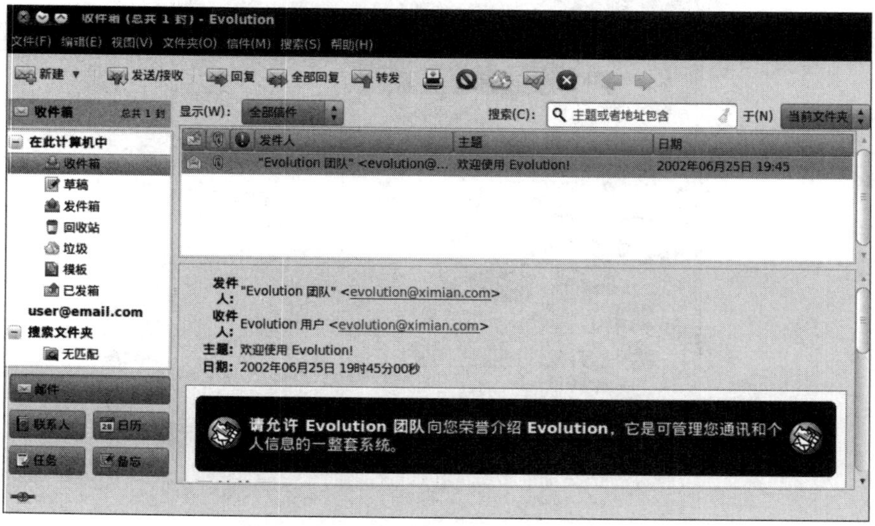

图 9-20 Evolution 主界面

Evolution 的使用与 MS Windows 下的常用电子邮件程序如 MS Outlook,FoxMail 等

类似,具有 MS Outlook,FoxMail 使用经验的用户可以较容易的熟悉 Evolution 的操作方法。

9.5 网络工具的使用

在 Ubuntu 12.04 中附带了一个简单的网络工具,用户可以通过这个工具定期对网络进行检查,以便于网络的管理与维护工作。在 Ubuntu 12.04 中 Dash 页中输入"网络工具",找到对应软件,单击就可以激活网络工具窗口。其中有设备、Ping、网络统计、Traceroute、端口扫描、查找等 8 个选项卡。

1. 设备管理

管理工具窗口的第一个选项卡就是"设备"选项卡。在该选项卡中可以查看当前网卡的设备类型、IP 配置信息、接口信息和接口统计等内容,设备管理,如图 9-21 所示。

2. ping 管理

在 Ping 选项卡中,用户可以在"网络地址"栏中输入想要进行 ping 操作的主机的 IP 地址,例如 192.168.1.123,然后进行发送请求次数的选择,默认时发送 5 次。单击 Ping 按钮,就可以测试本地计算机和远程计算机是否连接畅通,如图 9-22 所示。

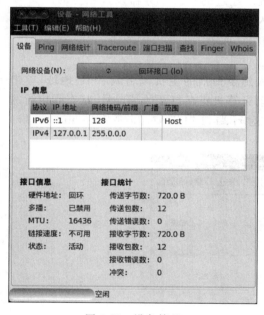

图 9-21　设备管理

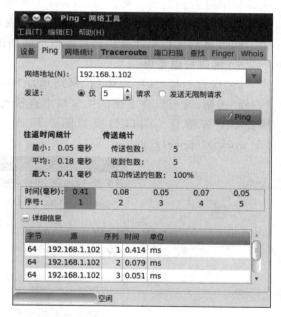

图 9-22　ping 管理

3. 网络统计管理

网络统计选项卡中,可以对路由表信息、激活网络服务、多播信息等方面进行统计,有利于用户掌握网络运行情况。对路由表信息统计如图 9-23 所示。

4. Traceroute 管理

Traceroute(路由跟踪)表示跟踪从当前计算机到目的地址的路由信息。在 Traceroute 选项卡中的"网络地址"栏内输入想要 Traceroute 的目的地址的域名或者 IP 地址,即可在

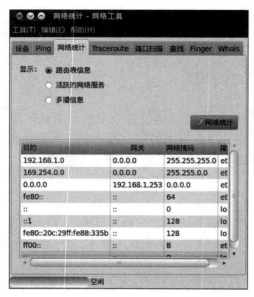

图 6-23　网络统计-路由表信息统计

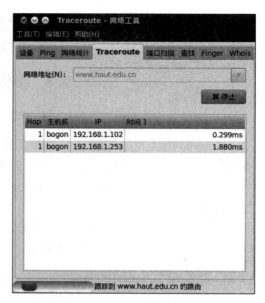

图 9-24　Traceroute 路由跟踪

主窗口中查看到当前计算机要 Traceroute 的主机所经过的转发服务器以及相应的网关 IP 地址等信息。如图 9-24 所示,在网络地址内输入 www.haut.edu.cn,然后单击"跟踪"按钮。即可显示从当前计算机到目的地址的路由信息。

5. 端口扫描管理

在"端口扫描"选项卡中的"网络地址"中输入想要扫描的主机域名或者 IP 地址,单击"扫描"按钮,就可以在下面的主窗口中查看到当前计算机正在打开的端口号、状态和执行的服务类型等信息。端口扫描如图 9-25 所示。运行端口扫描前,需要安装 nmap(The Network Mapper)软件。

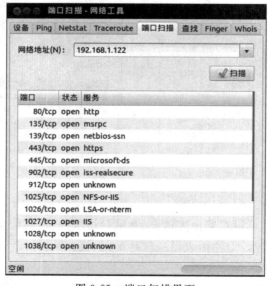

图 9-25　端口扫描界面

6. 查找管理

在"查找"选项卡中的"网络地址"栏中输入想要查找的主机域名或者 IP 地址,单击"查找"按钮,就可以在下面的主窗口中查看到想要查找的主机信息,包括主机名、TTL 信息、地址类型、记录类型和地址信息,查找管理如图 9-26 所示。

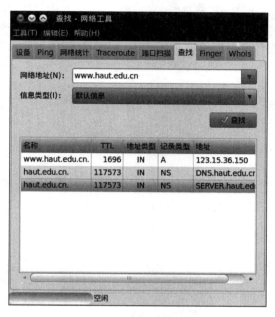

图 9-26 查找管理

本 章 小 结

Linux 的网络功能非常强大,想要充分发挥网络功能,需要熟悉网络基础的相关知识。本章介绍了网络的基本配置、常用的网络命令、TCP/IP 协议、IP 地址的配置、DNS 配置以及 hosts 文件,并介绍了 Firefox 浏览器、Evolution 等部分网络应用软件,以及网络工具的使用。

实 验 9

题目:常用网络命令。

要求:

(1) 使用 ping 命令完成以下任务:检测本机网络功能是否正常,完成 5 次回应即可,每次间隔 10s。

(2) 使用 ifconfig 命令查看当前网卡信息。

(3) 使用 ftp 命令登录 FTP 服务器,然后退出。

(4) 使用 finger 命令查询当前主机上登录账号的信息。

习 题 9

1. 常见的 IP 地址有哪几类？
2. 如何在 Ubuntu 中设置 IP 地址？
3. 如何在 Ubuntu 中设置 DNS？
4. 如何通过网络工具进行网络信息管理？

第10章 常用服务器的搭建

10.1 配置 FTP 服务器

1. FTP 简介

FTP(File Transfer Protocol,FTP)是 TCP/IP 网络上两台计算机传送文件的协议,FTP 是在 TCP/IP 网络和 Internet 上最早使用的协议之一,它属于网络协议组的应用层。FTP 客户机可以给服务器发出命令来下载文件、上传文件、创建或改变服务器上的目录。FTP 服务一般使用端口 20 和端口 21。端口 20 用于在客户端和服务器之间传输数据流,而端口 21 用于传输控制流,它是命令通向 FTP 服务器的入口。当数据通过数据流传输时,控制流处于空闲状态。

(1) FTP 协议具有以下优点。

① 促进文件的共享(计算机程序或数据)。

② 鼓励间接或者隐式地使用远程计算机。

③ 向用户屏蔽不同主机中各种文件存储系统的细节。

④ 可靠和高效地传输数据。

(2) FTP 协议也有自身的缺点。

① 密码和文件内容都使用明文传输,可能产生不希望发生的窃听。

② 因为必须开放一个随机的端口以建立连接,当防火墙存在时,客户端很难过滤处于主动模式下的 FTP 流量。这个问题通过使用被动模式的 FTP 得到了很大解决。

③ 服务器可能会被告知连接一个第三方计算机的保留端口。

FTP 虽然可以被终端用户直接使用,但是它是设计成被 FTP 客户端程序所控制的。FTP 服务可以开放匿名服务,在这种设置下,用户不需要账号就可以登录服务器,默认情况下,匿名用户的用户名是 anonymous。这个账号不需要密码,但是通常要求输入用户的邮件地址作为认证密码。

FTP 服务器,则是在互联网上提供存储空间的计算机,它们依照 FTP 协议提供服务。在 FTP 的使用当中,用户经常遇到两个概念:下载(Download)和上传(Upload)。下载文件就是从远程主机复制文件至自己的计算机上;上传文件就是将文件从自己的计算机中复制至远程主机上。用 Internet 语言来说,用户可通过客户机程序与远程主机进行文件的上传和下载。

2. Linux 环境下 FTP 服务器的搭建

在 MS Windows 系统下常用的 FTP 服务器软件有 Serv-U 等,在 Ubuntu Linux 下常用的 FTP 服务器软件是 vsftpd。vsftpd 的名字代表 very secure FTP daemon,从名字即不难看出,安全是它的开发者 Chris Evans 考虑的首要问题之一。在这个 FTP 服务器设计开发的最开始的时候,高安全性就是一个目标。vsftpd 不需要以特殊身份启动服务,所以对于 Linux 系统的使用权限较低,对于 Linux 系统的危害就相对地降低了。任何需要具有较高执行权限的 vsftpd 指令均以一个特殊的上层程序所控制，该上层程序享有的较高执行权限功能已经被限制得相当低，并以不影响 Linux 本身的系统为准。

默认安装的 Ubuntu 系统并未安装 vsftpd 程序，可以通过新立得软件包管理器查看 vsftpd 的安装状态，如图 10-1 所示。

图 10-1　查看 vsftpd 安装状态界面

要安装 vsftpd 软件包，如前所述，可以采用命令行方式 apt-get 或者图形化界面如新立得软件包管理器。采用 apt-get 命令安装 vsftpd，需要执行以下命令：

```
user@user-desktop:~$ sudo apt-get install vsftpd[sudo] password for user: 正在读取
软件包列表 ... 完成……            //此处省略了显示内容
……
user@user-desktop:~$
```

安装完成后，系统会在/etc/init.d 目录下创建一个 vsftpd 的文件脚本，并会在系统的启动过程中自动运行 vsftpd 守护进程。在终端下，使用下面的命令显示/etc/init.d/vsftpd 文件内容：

```
user@user-desktop:~$ cat /etc/init.d/vsftpd
```

可以通过 pidof 命令查看 vsftpd 守护进程的当前运行状态，获得指定进程的 PID。

```
user@user-desktop:~$ pidof vsftpd1415user@user-desktop:~$
```

要启动 vsftpd 程序，可以使用命令

```
service vsftpd start
```

停止 vsftpd 的执行可以采用

```
service vsftpd stop
```

重新启动 vsftpd 的命令是

```
service vsftpd restart
```

效果如下所示。

启动 vsftpd 程序：

```
user@user-desktop:~$ sudo service vsftpd startvsftpd start/running,process 1415
```

停止 vsftpd 程序：

```
user@user-desktop:~$ sudo service vsftpd stopvsftpd stop/waiting
```

重新启动 vsftpd 程序：

```
user@user-desktop:~$ sudo service vsftpd restartvsftpd start/running,process
1469user@user-desktop:~$
```

可以看到，每次启动后，vsftpd 的进程 ID 号将发生改变。

vsftpd 的配置文件是/etc/vsftpd.conf，在终端下，可以通过下面的命令查看 vsftpd
.conf文件的内容：

```
user@user-desktop:~$ cat /etc/vsftpd.conf
```

vsftpd.conf 文件中的语法格式简单，每一行表示一个参数设置，以"♯"为起始字符的
行将被忽略并作为注释行。在 vsftpd.conf 文件中，常用的参数说明如下。

（1）anonymous_enable：是否允许匿名用户登录。

（2）local_enable：是否允许系统用户登录。

（3）write_enable：是否允许使用任何可以修改文件系统的 FTP 的指令。

（4）anon_upload_enable：是否允许匿名用户上传文件。

（5）anon_mkdir_write_enable：是否允许匿名用户创建新目录。

（6）idle_session_timeout：空闲连接超时时间。

（7）data_connection_timeout：数据传输超时时间。

在 vsftpd 文件中，每个配置参数都有一个默认的设置。用户可以根据需要修改 vsftpd
.conf配置文件的各个参数，vsftpd 配置文件参数设置的语法格式如下：

```
parameter=value
```

注意：在设置配置参数时，等号（＝）前后不加任何空格字符，value 为具体的参数值。

10.2　配置 Samba 服务器

10.2.1　SMB 协议和 Samba 简介

1. SMB 协议概述

SMB(Server Message Block，服务器信息块)协议是微软和英特尔公司在 1987 年制定
的协议，主要是作为 Microsoft 网络的通信协议。SMB 是在会话层(Session Layer)和表示
层(Presentation Layer)以及小部分应用层(Application Layer)的协议。SMB 使用了
NetBIOS 的应用程序接口(Application Program Interface，API)。SMB 协议的增强版本是

CIFS(Common Internet File System，通用网络文件系统)协议。

与其他标准的 TCP/IP 协议不同，SMB 协议是一种复杂的协议，因为随着 Windows 计算机的开发，越来越多的功能被加入到协议中去了，很难区分哪些概念和功能应该属于 Windows 操作系统本身，哪些概念应该属于 SMB 协议。其他网络协议由于是先有协议，实现相关的软件，因此结构上就清晰简洁一些，而 SMB 协议一直是与 Microsoft 的操作系统混在一起进行开发的，因此协议中就包含了大量的 Windows 系统中的概念。

在 Linux 环境下，安装 SMB 协议的主要目的，是为了和 MS Windows 系统进行文件和打印共享，它可以使 Linux 计算机出现在 MS Windows 计算机的网上邻居中，对于 Windows 用户而言，可以像使用 Windows 计算机一样使用 Linux 计算机进行文件和打印共享。

2. Samba 简介

Samba 是 SMB 协议的一种实现，早期的 Samba 源自 UNIX 系统。1992 年，澳洲国立大学的 Andrew Tridgell 开发了第一版的 Samba UNIX 软件。在 Linux 系统中，Samba 服务器通常会扮演一个 MS Windows 域控制器或普通服务器的角色，提供文件和打印共享服务。Samba 服务器与 Linux 系统共享相同的用户名和密码，因此 MS Windows 用户可以使用 Linux 系统的用户名和密码注册到 Samba 服务器，访问 Linux 系统用户目录的文件。当然，也可以为 Samba 和 Linux 系统配置不同的用户名和密码以保证安全。

Samba 套件包括了服务器、客户端等多个软件包。客户端软件包使得 Linux 系统中的用户也能与 MS Windows 服务器联网通信。服务器软件包使得 Linux 系统成为一个 SMB/CIFS 服务器，提供 SMB 服务和接口，实现 MS Windows 环境中的网络文件和打印共享。

Ubuntu Linux 系统中，Samba 套件需要单独安装。Samba 套件包括了以下一些软件包。

(1) Samba：服务器。

(2) samba-common：通用实用程序。

(3) smbaclient：客户端。

(4) samba-doc：非 PDF 格式文档。

(5) samba-doc-pdf：PDF 格式文档。

(6) system-config-samba：GNOME 管理工具。

(7) swat：基于浏览器的管理工具。

(8) smbfs：SMB 文件安装与卸载工具。

要安装 Samba 程序，可以通过新立得包管理器图形化界面操作，只需要选中对应的软件包，按照提示操作即可，如图 10-2 所示。

10.2.2 安装和配置 Samba 服务

1. Samba 的安装

Samba 也可以通过命令行界面的 apt-get 命令进行安装操作。下面举例安装 samba、samba-doc、system-config-samba、swat、smbfs 等软件包，安装时，samba-common 作为底层安装包会自动安装，smbclient 软件包也会自动安装。在终端下，利用下面的命令实现安装过程：

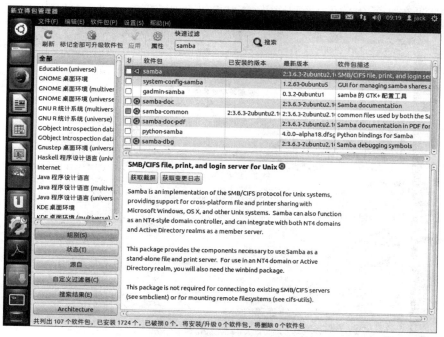

图 10-2　新立得包管理器安装 Samba 套件

user@user-desktop:~$ sudo apt-get install samba samba-doc system-config-samba swat smbfs

[sudo] password for user:　　　　　//输入 root 用户密码

正在读取软件包列表... 完成

正在分析软件包的依赖关系树

正在读取状态信息... 完成

将会安装下列额外的软件包：

keyutils libuser1 libwbclient0 openbsd-inetd python-libuser samba-common smbclient

建议安装的软件包：

smbldap-tools ldb-tools samba-doc-pdf

下列【新】 软件包将被安装：

keyutils libuser1 openbsd-inetd python-libuser samba samba-doc smbfs swat system-config-samba

下列软件包将被升级：

libwbclient0 samba-common smbclient

升级了 3 个软件包,新安装了 9 个软件包,要卸载 0 个软件包,有 484 个软件包未被升级。

需要下载 30.7MB 的软件包。

解压缩后会消耗掉 50.7MB 的额外空间。

您希望继续执行吗？[Y/n] y　　　　　//输入"y",以确认

......　　　　　　　　　　　　　　//省略

......

user@user-desktop:~$

安装完成后,可以启动 SWAT 以验证安装成功,在浏览器的地址栏中输入 http://127.

0.0.1:901,再在页面输入用户名和密码,将出现如图 10-3 所示界面。

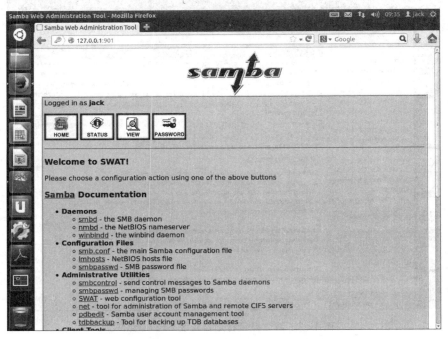

图 10-3　SWAT 管理界面

2. 配置 Samba 服务

Samba 服务器配置可以通过 SWAT 浏览器工具和配置文件操作。SWAT 服务器管理工具是利用图形化界面设置和维护 Samba 服务器,方便用户设置 Samba 服务器的配置文件,而无需用户掌握配置文件的语法格式。如前所述,要启动 SWAT,需要在浏览器地址栏中输入 http://127.0.0.1:901,对于普通用户,只能查看 Samba 服务器的配置与运行状态,了解 Samba 服务器提供的资源,而不能修改任何配置。要维护 Samba 服务器配置,则需要超级用户账户。

手工修改配置也是配置 Samba 服务器的方式之一,Samba 服务器的配置文件保存在 /etc/samba/smb.conf 中。

10.3　配置 DHCP 服务器

10.3.1　DHCP 基础知识

1. DHCP 简介

DHCP(Dynamic Host Configuration Protocol,动态主机配置协议)是一个局域网的网络协议,使用 UDP 协议工作,主要有两个用途:给内部网络或网络服务供应商自动分配 IP 地址,给用户或者内部网络管理员作为对所有计算机作中央管理的手段。

DHCP 的前身是 BOOTP。BOOTP 原本是用于无磁盘主机连接的网络的。网络主机使用 BOOT ROM 而不是磁盘启动并连接上网络,BOOTP 则可以自动地为那些主机设定

TCP/IP 环境。但 BOOTP 有一个缺点：用户在设定前必须事先获得客户端的硬件地址，而且与 IP 是静态对应的。换而言之，BOOTP 非常缺乏"动态性"，若在有限的 IP 资源环境中，BOOTP 的一对一对应会造成非常严重的资源浪费。DHCP 是 BOOTP 的增强版本，它分为两个部分：一个是服务器端，而另一个是客户端。所有的 IP 网络设定数据都由 DHCP 服务器集中管理，并负责处理客户端的 DHCP 要求；而客户端则会使用从服务器分配下来的 IP 环境数据。与 BOOTP 相比，DHCP 透过"租约"的概念，有效且动态地分配客户端的 TCP/IP 设定。而且作为兼容考虑，DHCP 也完全照顾了 BOOTP Client 的需求。DHCP 的分配要求必须至少有一台 DHCP 服务器工作在网络上面，它会监听网络的 DHCP 请求，并与客户端磋商 TCP/IP 的设定环境。

2. DHCP 工作流程

DHCP 的工作流程包含了几个阶段。

(1) 发现阶段，即 DHCP 客户机寻找 DHCP 服务器的阶段。由于 DHCP 服务器的 IP 地址对于客户机来说是未知的，所示 DHCP 客户机以广播方式发送 DHCP discover 发现信息来寻找 DHCP 服务器，即向地址 255.255.255.255 发送特定的广播信息。网络上每一台安装了 TCP/IP 协议的主机都会接收到这种广播信息，但只有 DHCP 服务器才会做出响应。

(2) 提供阶段，即 DHCP 服务器提供 IP 地址的阶段。在网络中接收到 DHCP discover 发现信息的 DHCP 服务器都会做出响应，它从尚未出租的 IP 地址中挑选一个分配给 DHCP 客户机，向 DHCP 客户机发送一个包含出租的 IP 地址和其他设置的 DHCP offer 提供信息。

(3) 选择阶段，即 DHCP 客户机选择某台 DHCP 服务器提供的 IP 地址的阶段。如果有多台 DHCP 服务器向 DHCP 客户机发来的 DHCP offer 提供信息，则 DHCP 客户机只接受第一个收到的 DHCP offer 提供信息，然后它就以广播方式回答一个 DHCP request 请求信息，该信息中包含向它所选定的 DHCP 服务器请求 IP 地址的内容。之所以要以广播方式回答，是为了通知所有的 DHCP 服务器，它将选择某台 DHCP 服务器所提供的 IP 地址。

(4) 确认阶段，即 DHCP 服务器确认所提供的 IP 地址的阶段。当 DHCP 服务器收到 DHCP 客户机回答的 DHCP request 请求信息之后，它便向 DHCP 客户机发送一个包含它所提供的 IP 地址和其他设置的 DHCP ACK 确认信息，告诉 DHCP 客户机可以使用它所提供的 IP 地址。然后 DHCP 客户机便将其 TCP/IP 协议与网卡绑定，另外，除 DHCP 客户机选中的服务器外，其他的 DHCP 服务器都将收回曾经提供的 IP 地址。

(5) 重新登录，以后 DHCP 客户机每次重新登录网络时，就不需要再发送 DHCP discover 发现信息了，而是直接发送包含前一次所分配的 IP 地址的 DHCP request 请求信息。当 DHCP 服务器收到这一信息后，它会尝试让 DHCP 客户机继续使用原来的 IP 地址，并回答一个 DHCP ACK 确认信息。如果此 IP 地址已无法再分配给原来的 DHCP 客户机使用时，例如此 IP 地址已分配给其他 DHCP 客户机使用了，则 DHCP 服务器给 DHCP 客户机回答一个 DHCP NACK 否认信息。当原来的 DHCP 客户机收到此 DHCP NACK 否认信息后，它就必须重新发送 DHCP discover 发现信息来请求新的 IP 地址。

(6) 更新租约，DHCP 服务器向 DHCP 客户机出租的 IP 地址一般都有一个租借期限，期满后 DHCP 服务器便会收回出租的 IP 地址。如果 DHCP 客户机要延长其 IP 租约，则必须更新其 IP 租约。DHCP 客户机启动时和 IP 租约期限过一半时,DHCP 客户机都会自动向 DHCP 服务器发送更新其 IP 租约的信息。

DHCP 的报文格式如表 10-1 所示。

表 10-1　DHCP 报文格式

OP(1)	Htype(1)	Hlen(1)	Hops(1)
Transaction ID(4)			
Seconds(2)		Flags(2)	
Ciaddr(4)			
Yiaddr(4)			
Siaddr(4)			
Giaddr(4)			
Chaddr(16)			
Sname(64)			
File(128)			
Options(variable)			

报文各个字段的含义如下。

- OP:若是 client 送给 server 的封包,设为 1,反向则设为 2。
- Htype:硬件类别,ethernet 为 1。
- Hlen:硬件长度,ethernet 为 6。
- Hops:若数据包需经过 router 传送则每站加 1,若在同一网内则为 0。
- Transaction ID:事务 ID,是个随机数,用于客户和服务器之间匹配请求和相应消息。
- Seconds:由用户指定的时间,指开始地址获取和更新进行后的时间。
- Flags:从 0～15 位。最左边 1 位为 1 时,表示 server 将以广播方式传送封包给 client,其余尚未使用。
- Ciaddr:用户 IP 地址。
- Yiaddr:客户 IP 地址。
- Siaddr:用于 bootstrap 过程中的 IP 地址。
- Giaddr:转发代理(网关)IP 地址。
- Chaddr:client 的硬件地址。
- Sname:可选 server 的名称,以 0x00 结尾。
- File:启动文件名。
- Options:厂商标识,可选的参数字段。

10.3.2　Ubuntu 中安装 DHCP 服务

在 Ubuntu Linux 中,要安装 DHCP 服务,需要运行

```
sudo apt-get install dhcp3-server
```

命令,具体如下:

```
user@user-desktop:~$ sudo apt-get install dhcp3-server
[sudo] password for user:
正在读取软件包列表...完成
正在分析软件包的依赖关系树
正在读取状态信息...完成
将会安装下列额外的软件包:
dhcp3-client dhcp3-common
建议安装的软件包:
resolvconf dhcp3-server-ldap
下列【新】 软件包将被安装:
dhcp3-server
下列软件包将被升级:
dhcp3-client dhcp3-common
升级了 2 个软件包,新安装了 1 个软件包,要卸载 0 个软件包,有 482 个软件包未被升级。
需要下载 953kB 的软件包。
解压缩后会消耗掉 885kB 的额外空间。
您希望继续执行吗? [Y/n]y
获取:1 http://cn.archive.ubuntu.com/ubuntu/ lucid-updates/main dhcp3-client 3.1.
3-2ubuntu3.3 [257kB]
获取:2 http://cn.archive.ubuntu.com/ubuntu/ lucid-updates/main dhcp3-common 3.1.
3-2ubuntu3.3 [319kB]
获取:3 http://cn.archive.ubuntu.com/ubuntu/ lucid-updates/main dhcp3-server 3.1.
3-2ubuntu3.3 [377kB]
下载 953kB,耗时 4 秒 (198kB/s)
正在预设定软件包 ...
(正在读取数据库 ...系统当前总共安装有 126133 个文件和目录。)
正预备替换 dhcp3-client 3.1.3-2ubuntu3 (使用 .../dhcp3-client_3.1.3-2ubuntu3.3_
i386.deb) ...
正在解压缩将用于更替的包文件 dhcp3-client ...
正预备替换 dhcp3-common 3.1.3-2ubuntu3 (使用 .../dhcp3-common_3.1.3-2ubuntu3.3_
i386.deb) ...
正在解压缩将用于更替的包文件 dhcp3-common ...
选中了曾被取消选择的软件包 dhcp3-server。
正在解压缩 dhcp3-server (从 .../dhcp3-server_3.1.3-2ubuntu3.3_i386.deb) ...
正在处理用于 man-db 的触发器...
正在处理用于 ureadahead 的触发器...
ureadahead will be reprofiled on next reboot
正在设置 dhcp3-common (3.1.3-2ubuntu3.3) ...
正在设置 dhcp3-client (3.1.3-2ubuntu3.3) ...
正在设置 dhcp3-server (3.1.3-2ubuntu3.3) ...
Generating /etc/default/dhcp3-server...
 * Starting DHCP server dhcpd3           * check syslog for diagnostics. [fail]
```

```
invoke-rc.d: initscript dhcp3-server,action "start" failed.
user@user-desktop:~$
```

DHCP 服务器的配置文件为 /etc/dhcp3/dhcpd.conf，常见的配置文件示例如下：

```
ddns-update-style none;
#deny unknown-clients;
#only listen on eth1
local-address 192.168.168.30;
#option definitions common to all supported networks...
option domain-name "china.nsn-net.net";
option domain-name-servers 10.159.195.10,10.159.208.5,10.159.192.10;
default-lease-time 6000;
max-lease-time 72000;
#Use this to send dhcp log messages to a different log file (you also
#have to hack syslog.conf to complete the redirection).
log-facility local7;
subnet 192.168.168.0 netmask 255.255.255.0 {
allow booting;
allow bootp;
interface br0;
default-lease-time 72000;
max-lease-time 144000;
option domain-name "china.nsn-net.net";
option domain-name-servers 10.159.195.10,10.159.208.5,10.159.192.10;
option routers 192.168.168.30;
range dynamic-bootp 192.168.168.200 192.168.168.250;
#range 192.168.168.200 192.168.168.250;
#WINS server
option netbios-name-servers 10.160.244.90,10.160.244.89;
#bootp: used for network install
filename "linux-install/pxelinux.0";
}

host 3CNL00274 {
hardware ethernet 0:15:58:30:28:f4;
fixed-address 192.168.168.66;
option host-name "3CNL00274.china.nsn-net.net";
#filename " vmunix.passacaglia";
#server-name "toccata.fugue.com";
}

host bar {
hardware ethernet 0:1e:c9:6a:e3:b2;
fixed-address 192.168.168.210;
option host-name "secret.garden.com";
```

```
    }

host mockey {
hardware ethernet 0:10:18:19:92:39;
fixed-address 192.168.168.10;
option host-name "flower.garden.com";
    }
```

DHCP 服务器的启动和停止命令如下：

```
#/etc/init.d/dhcp3-server start
#/etc/init.d/dhcp3-server stop
```

对于 DHCP 服务器的更多详细配置，请参考系统帮助说明。

本 章 小 结

本章介绍了几个常用的服务器搭建和使用的方法。包括 FTP 服务器的搭建，以及上传下载文件的方法；安装 Samba 服务、配置和管理 Samba 服务器、使用 Samba 服务器进行资源共享；DHCP 服务器的架设。

实　验　10

题目：安装配置 Samba 服务器。
要求：
(1) 在 Linux 系统下利用命令方式安装 Samba 服务器。
(2) 配置 Samba 服务。
(3) 启动 Samba 服务。

习　题　10

1. 简述 FTP 的作用。
2. 简述如何搭建 FTP 服务器。
3. 简述 Samba 和 SMB 的区别和联系。
4. 简述如何对 Samba 服务器进行设置。
5. 简述 DHCP 的作用。
6. 简述如何配置 DHCP 服务器。

第 11 章　Shell 基础

Linux 系统下,Shell 提供了用户和系统内核进行交互的环境。用户的命令通过 Shell 传递给内核,再由内核控制计算机硬件来完成相应的任务。Shell 俗称外壳,它既可以作为 Linux 系统的命令解释器,提供给使用者一个交互环境的使用界面,使用户和内核得以沟通;也可以作为程序设计语言,用户通过编写 Shell 脚本程序,扩充系统功能,完善对系统资源的操作。

11.1　Shell 基础知识

Shell 是所有 Linux 系统所共有的一个工具,它提供了用户和系统内核进行交互的环境。也就是说,用户的命令通过 Shell 传递给内核,再由内核控制计算机硬件来完成相应的任务,而用户是无法直接操控内核和硬件的。通常,Shell 是系统登录后始终运行的程序,它的任务就是随时接收用户输入的命令,并把这些命令翻译成内核能够识别的形式,传递给内核,来完成用户和内核之间的交互。

11.1.1　什么是 Shell

1. Shell 作为命令解释器

在 Linux 操作系统中,Shell 通常用来区别于操作系统的内核,它是操作系统的命令解释器,它提供给使用者一个交互环境的使用界面,使用户和内核得以沟通。这个解释器能够接收用户的 Shell 命令,然后调用相应的应用程序执行用户的命令。Shell 是用户登录后开始运行的程序,通过解释用户输入的命令来完成用户和内核的交互。这部分功能与 MS-DOS 系统下的 command.com 的作用十分相似,在用户面前的显示方式也十分相似,都是采用"命令行"的方式展示的。

从操作系统的角度考虑,Shell 是操作系统的最外层。它负责管理用户和操作系统之间的交互。它等待用户的输入,并负责向操作系统解释用户的输入。当操作系统进行结果输出时,它再负责处理输出结果。

2. Shell 作为程序设计语言

Shell 是 Linux 操作系统的最外层。用户通过 Shell 实现和操作系统的交互。操作系统负责管理系统的全部软硬件资源,因此,用户对系统资源的操作命令(例如,列磁盘目录的 ls 命令等)最终都要通过 Shell 传递给操作系统,再由操作系统实现对系统资源的操作。从这个角度考虑,Shell 也是用户与操作系统之间的一种通信方式。

这种通信方式的实现,采用交互的方式或者非交互的方式解释和执行用户命令。交互方式是指用户直接从键盘输入命令(如 ls 命令),系统立刻响应,返回结果给用户。如果用户对系统资源的操作要由多条命令的执行才能完成,则更佳的方法是采用非交互的方式实现。非交互方式是指采用 Shell 脚本语言(即 Shell Script)进行程序的开发。Shell Script 是放在文件中的一系列 Shell 命令和预先设定好的操作系统命令的组合，可以被重复使用。只要赋予 Shell 脚本文件可执行的权限，则运行此文件时，文件中的命令会一次性自动地解释和执行。因此，Shell 脚本语言作为程序设计语言，和其他的高级程序设计语言相似，也定义了各种变量和参数，并提供了包括循环结构和分支结构等的控制结构。因此，学习 Shell 的一个重点，就是开发 Shell script 程序，帮助用户扩充系统的功能，完善对系统资源的操作。

11.1.2　Shell 的种类

Shell 作为命令解释器既可以在 UNIX 系统上使用也可以在 Linux 系统上使用，主要用来解释各种 Shell 命令，以实现和操作系统的交互。最初，Shell 主要是用在 UNIX 系统上的，因此，早期 UNIX 系统上常用的三大 Shell 类型有 bsh、csh、ksh。后来形成的众多 Shell 版本都是这 3 种类型的 Shell 的扩展和结合。Ubuntu 默认的 Shell 是 bash，它由 bsh 发展而来。

以下为几种主要操作系统下默认的 Shell。

（1）AIX 下是 Korn Shell，即 ksh。

（2）Solaris 默认的是 Bourne Shell，即 bsh。

（3）FreeBSD 默认的是 C Shell，即 csh。

（4）HP-UX 默认的是 POSIX Shell。

（5）Linux 是 Bourne Again Shell，即 bash。

各个 Shell 的功能基本相同，只是语法略有所区别。

如果想查看 Ubuntu 中支持哪些 Shell 类型，可以按 Crtl＋Alt＋T 键打开终端，在 Shell 中输入查看文件内容的 Shell 命令：

```
cat /etc/shells
```

结果如图 11-1 所示。

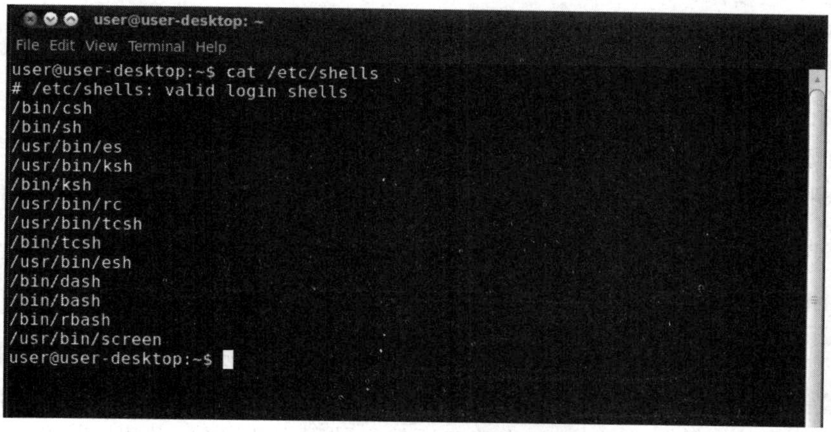

图 11-1　Ubuntu 中支持的 Shell 类型

Ubuntu 可以支持 Shell 类型大致有十几种，不同的 Shell 都有自己的特点，下面介绍几种常用的 Shell。

（1）bsh：最经典的 Shell，通用于 UNIX 或 Linux 平台，适宜于编程。

（2）csh：支持 C 语言，编程时，语法与 C 语言相似。

（3）ksh：bsh 的高级扩展，执行命令高效迅速，也融入了很多 csh 的特性，它集合了 bsh 和 csh 的优点。

（4）bash：基于 bsh 开发的 GNU 自由软件，符合 POSIX 标准，与 bsh 完全兼容，同时也具有 csh 和 ksh 的很多优点。支持输入输出重定向、命令历史、命令补齐、别名等操作，方便易用。同时，还支持强大的脚本功能，Shell 编程也十分优秀。

Ubuntu Linux 默认的 Shell 是 bash，它由 bsh 发展而来，结合了 csh 和 ksh 的优点，提供了比 bsh 更丰富的功能，更加便于操作使用。因此，在目前流行的 Linux 系统中，bash 已经成为默认的 Shell。bash 也是在不断地更新的，它的版本也不断地升级，如果想查看当前系统中 Shell 的版本，可以在 Shell（即终端）中输入下面的命令：

```
echo $ BASH_VERSION
```

11.1.3 Shell 的便捷操作

bash 是 Ubuntu Linux 默认的 Shell，它所提供的便捷操作有以下几个方面。

1. 自动补齐功能

Shell 主要是基于命令行操作的，因此 Linux 命令一般都是由键盘输入的，如果在输入的过程中要输入一个比较长的命令，输入操作就不太方便，也有可能对命令的记忆不太准确。这时，用户可以利用 Shell 提供的"自动补齐"功能。具体来说，用户输入命令或文件名的前一部分，按 Tab 键，系统会把命令的后半部分自动显示出来。

（1）对于文件名的自动补齐功能。例如，用户要执行/home/user/mydocument 文件，可在终端下输入命令：

```
./home/user/my
```

此时按 Tab 键，就可以实现文件名的自动补齐，把文件名的后半部分显示出来。如果当前路径下有多个以 my 开头的文件，则用户可以多次按 Tab 键，系统会把所有以 my 开头的文件显示出来。供用户选择匹配，直至找到想要的文件为止。如果系统一直无法找到，说明此路径/home/user 下没有 mydocument 文件。

（2）对于命令的自动补齐功能。输入命令的第一个字母后，按 Tab 键，将会为命令自动补齐。如果用户想要输入不是这个命令，可以连续两次按 Tab 键，让系统把所有以该字母开头的命令都列出来，供用户选择匹配。

11.1.4 Shell 中的特殊字符

Shell 中定义了一些特殊的字符，包括文件通配符、输入输出重定向符、管道符、注释符、命令执行控制符、命令组合与替换符、转义符等。Shell 在执行的过程中，读入命令行后，要先对这些特殊字符进行相应的处理，以确定要执行的程序和参数，以及执行方式。

1. 文件通配符

文件通配符主要用于描述文件名参数。Shell 在执行时，遇到带有通配符的文件名时，将目录下所有文件与其匹配，并用匹配的文件名替换带通配符的文件名。通常，利用通配符对多个文件进行处理操作,简化操作步骤。

常用的文件名通配符有以下几种。

(1) ＊:用来匹配任何字符串,包括空串。

(2) ?:用来匹配单个字符。

(3) [ ]:用来匹配方括号内里列出的某个单个字符。

(4) [字符1,字符2,…]:用来匹配方括号内里列出的多个字符,字符间用逗号分隔。

(5) [开始字符-结束字符]:用来匹配方括号内里列出的多个字符,方括号内的字符表示匹配的字符范围。

(6) [! 字符]:用来指定不匹配的字符。

例如:

file＊ 表示匹配以 file 字符开头的所有文件名字符串。

fil?.exe 表示匹配以 fil 字符开头的,且以.exe 结尾的,中间为任何字符的文件名字符串。

＊[! e] 表示匹配不以 e 结尾的文件名字符串。

[a-c]＊ 表示匹配开头字符范围从 a～c 的所有文件名字符串,例如包括 a.exe,abc.c, b.dat,cat.o 等。

2. 输入输出重定向符与管道符

常用的输入输出重定向符与管道符如表 11-1 所示。

表 11-1　常用的输入输出重定向与管道符

符　　号	格　　式	含　　义
＜	命令 ＜ 文件	标准输入重定向
＞	命令 ＞ 文件	标准输出重定向
2＞	命令 2＞ 文件	标准错误输出重定向
&＞	命令 &＞ 文件	标准输出合并重定向
＞＞	命令 ＞＞ 文件	标准输出追加重定向
|	命令 | 命令	管道
| tee	命令 | tee 文件 | 命令	T 形管道

① 标准输入重定向。符号"＜"是标准的输入重定向符。将标准输入重定向到文件中。即此命令的执行将从某文件中读取输入数据。

② 标准输出重定向。符号"＞"是标准的输出重定向符。将标准输出重定向到文件中。即此命令执行时将把由键盘(标准输入设备)的输入的内容存储到某文件中。

例如在 cat 命令的用法中,可以利用 cat 命令生成一个文件。

【格式】　at 命令的格式如下:

```
cat >temp1
```

此后的键盘输入都被输出到 temp1 文件中,作为文件的内容。文件编写完成后按 Ctrl＋D 键结束。

③ 标准输出合并重定向。符号"&>"是标准输出合并重定向符。它将标准输出与标准错误输出合并在一起重定向到一个文件中。

④ 标准输出追加重定向。符号">>"是标准输出追加重定向符。它将标准输出或者标准错误输出用追加的方式重定向到一个文件中。

例如在 cat 命令的用法中，可以利用 cat 命令把文件 2 的内容追加到文件 1 的后面。

已知当前路径下已经存在两个文本文件 temp1、temp2，使用 cat 命令将 temp2 的内容追加到 temp1 后面。方法：

```
cat temp2 >>temp1
```

⑤ 管道。符号"|"是管道符。它的作用是将前一个命令的标准输出作为后一个命令的标准输入。"| tee"是 T 形管道符，将前一个命令的标准输出存入一个文件中，并传递给下一个命令作为标准输入。

例如，将一个文件 temp1 的内容排序后保存，并显示文件内容。

```
sort temp1 | tee sort-temp1 | cat
```

在这个例子中采用 T 形管道符，将 temp1 文件排序后保存为文件名 sort-temp1，再用 cat 命令显示排序后的文件内容。

例如，将 /home/user 目录下的文件列表，并按名称逆序排序后显示。

```
ls /home/user | sort -r | more
```

3. 命令执行控制符号

命令执行控制符号是在命令的执行时，指示命令的执行时机和执行处。常用的命令执行控制符号有";"、"&&"、"||"、"&"等。

(1) 符号";"是命令的顺序执行符号，在一个命令行中可以利用";"将多个命令连写在一起。

例如，显示系统的日历、日期时间，结果如图 11-2 所示。

图 11-2　显示系统日历和日期

(2) 符号"&&"代表"逻辑与"。它指示 Shell 依次执行一行中的多个命令，直到某个命令失败为止。"||"符号代表"逻辑或"。它指示 Shell 依次执行一行中的多个命令，直到某个命令成功为止。

例如，测试 /home/user 目录是否存在，如果成功则显示 ok；测试 /home/abd 目录是否存在，如果失败则显示 error。目录测试如图 11-3 所示。

(3) 符号"&"是后台执行符。指示 Shell 将该命令放在后台执行。

```
user@user-desktop:~$ test -d /home/user && echo "ok"
ok
user@user-desktop:~$ test -d /home/abc || echo "error"
error
```

图 11-3　目录测试

4. 命令替换符

常用的命令替换符有双引号("")、单引号(' ')、单撇反引号(')。

(1) 双引号：在字符串中含有空格时，应使用双引号("")括起来，作为整体解析字符串。

双引号的使用举例如下。

① 在 Shell 下给变量赋值为带空格的字符串时，应用双引号把字符串括起来，再进行赋值。简单变量赋值如图 11-4 所示。

```
user@user-desktop:~$ name="ubuntu user"
user@user-desktop:~$ echo $name
ubuntu user
```

图 11-4　简单变量赋值

② 字符串中含有字符串变量。含有字符串变量的赋值如图 11-5 所示。

```
user@user-desktop:~$ name="ubuntu user"
user@user-desktop:~$ echo $name
ubuntu user
user@user-desktop:~$ new="the user is $name"
user@user-desktop:~$ echo $new
the user is ubuntu user
```

图 11-5　含有字符串变量的赋值

(2) 单引号：单引号把字符括起来，阻止 Shell 解析变量。

单引号的使用举例如下。阻止对字符串内 name 变量的解析。单引号的使用如图 11-6 所示。

```
user@user-desktop:~$ name='ubuntu user'
user@user-desktop:~$ new='the user is $name'
user@user-desktop:~$ echo $new
the user is $name
```

图 11-6　单引号的使用

(3) 单撇反引号：把执行命令的结果存放在变量中。

单撇反引号的使用举例如下。要统计文件 test.txt 中有几行，并把结果存放在 var 变量中。单撇反引号的使用如图 11-7 所示。

```
user@user-desktop:~$ cat >text.txt
1
2
3
4
5
user@user-desktop:~$ var=`wc -l text.txt`
user@user-desktop:~$ echo $var
5 text.txt
```

图 11-7　单撇反引号的使用

先由 cat 命令生成一个文件 text.txt，并存储 5 行内容。然后利用 wc 命令统计该文件的行数,并利用单撇反引号把执行命令的结果保存在变量 var 中。

5. 元字符

系统中常用的元字符有♯、$、空格符。

(1)♯是注释符,代表后面的内容不被 Shell 执行,需要被忽略。

(2)$是变量的引用符。要访问变量的值,需要在变量前加"$"符号。

(3)空格是分隔符,用来分隔命令名、参数、选项等。

6. 转义符

转义符用反斜杠(\)来表示,它的作用是消除后面的单个元字符的特殊含义。阻止 Shell 把反斜杠(\)后面的字符解释为特殊字符。

例如,要把 abc 变量的值赋给变量 var。比较两种赋值的结果。如图 11-8 所示。

```
user@user-desktop:~$ var=$abc
user@user-desktop:~$ echo "var is $var"
var is
user@user-desktop:~$ echo "abc is $abc"
abc is
```

图 11-8   变量赋值的比较

由上例可以看出,$abc 的值为空,所以 var 变量的值也是空的。

转义符"\"的使用,如图 11-9 所示。

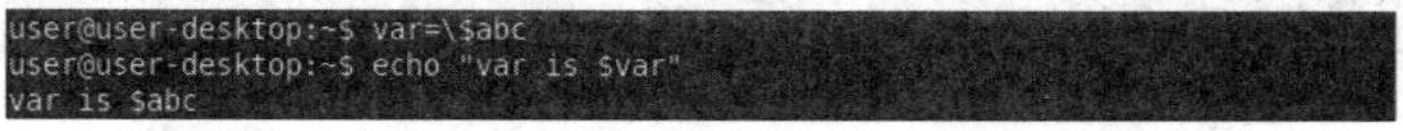

```
user@user-desktop:~$ var=\$abc
user@user-desktop:~$ echo "var is $var"
var is $abc
```

图 11-9   转义符"\"的使用

通过转义符"\"的使用,现在 var 变量的值为 $abc,不再为空了。即转义符阻止了 Shell 对"$"元字符的解释工作,仅把"$"当作一个普通字符看待。

11.2   Shell 变量

正如其他程序设计语言一样,Shell 也提供了说明和使用变量的功能。Shell 变量可以保存用户的常用数据,也可以在命令行中使用变量,方便用户编程。

11.2.1   变量的种类

1. 什么是变量

通过变量的定义和使用,可以方便用户进行 Shell 脚本程序的开发。Shell 变量的定义是编写高效的系统管理脚本的基础,是脚本程序开发不可或缺的组成部分。

对于程序员来说,变量是程序设计的基础,即利用一些简单的字符来定义程序中经常变化的内容。例如,在设计程序的循环时,为了控制循环的执行次数,可以定义一个变量 i,来代表循环的执行次数,这就是自定义的用户变量。又如,系统中存在的系统变量 PATH,它记录了一系列的路径,这些路径是执行一个命令时命令所要依次搜索的路径。由此可以看出,系统变量和自定义的变量是不同的。

2. 变量的种类

在 Shell 中，根据用途和定义方式的不同，变量的种类可以分为 3 类：环境变量、内部变量、用户变量。

（1）环境变量。环境变量是系统预定义的一组变量，不必用户定义，它用于为 Shell 提供有关运行环境的信息。环境变量定义在 Shell 的启动文件中，当 Shell 启动后这些变量就存在并可以使用。用户可以在 Shell 程序中直接使用，也可以对这些环境变量进行修改或者重新赋值，以改变设置。环境变量的作用域是整个系统环境，不但在定义这个变量的 Shell 中有效，而且在所有由此 Shell 衍生出的子 Shell 中都有效。常用的环境变量如 PATH。

（2）内部变量。内部变量是由 Shell 自定义的一组变量，是系统提供的，用户只能使用但不能对其进行修改。内部变量是用于记录当前 Shell 的运行状态等的一些信息，例如进程号等。

（3）用户变量。用户变量是用户在编写 Shell 程序过程中定义的，是为实现用户的编程目的而自定义的变量，允许用户对其修改。例如，用户可以将某文件所在的绝对路径定义为一个变量，在此后的编程中可以直接使用该变量来代替冗长的路径信息。用户变量设置的数量由用户的需求来决定。

使用不带参数和选项的 set 命令可以显示 Shell 的所有变量，但不包括内部变量。

3. 变量的作用域

变量的作用域就是变量可以被使用的范围。根据变量的作用域的不同，Shell 变量可分为两类。

（1）本地变量。本地变量也称为局部变量。如果在某 Shell 中定义的变量，它们的作用域是局部的，即仅限于此 Shell，而在子 Shell 中是不存在和不能使用的，则称该变量是本地变量。例如，用户变量、环境变量和内部变量都属于本地变量。

（2）导出变量。如果想使本地变量的作用域扩大，在它的子进程中也可以使用该变量，则需要把该变量进行"导出"操作，使之成为导出变量。当 Shell 执行一个命令或脚本时，会派生出一个子进程，由这个子进程来执行命令。本地变量的作用域仅限于定义它的进程环境，而导出变量可以被任何子进程使用。被导出的变量在子进程中可以被修改，但这只是对继承来的副本进行的修改，对父进程中的变量值并没有影响。用户变量、环境变量都可以进行导出操作，成为导出变量。

【格式】 export 导出变量的格式如下：

```
export 变量名 [变量名…]
```

【功能】 使 Shell 的一个子进程开始运行时，能够继承并使用该 Shell 的全部导出变量。

环境变量、用户变量、内部变量与本地变量、导出变量的关系，如图 11-10 所示。

图 11-10　各种变量间的关系

本地变量与导出变量的使用如图 11-11 所示。

user@user-desktop:~$ alias "my=cal"
user@user-desktop:~$ my
五月 2012
一 二 三 四 五 六 日
1 2 3 4 5 6
7 8 9 10 11 12 13
14 15 16 17 18 19 20
21 22 23 24 25 26 27
28 29 30 31
user@user-desktop:~$ bash
user@user-desktop:~$ my
my: command not found
user@user-desktop:~$
在本Shell中定义别名my，并使用
进入子Shell，并使用别名my

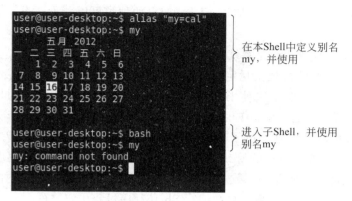

图 11-11 本地变量与导出变量的使用

11.2.2 变量的定义及使用

与其他高级程序设计语言一样，Shell 中的变量也可以定义和使用。不同的是，Shell 中的变量不像 C 语言一样，要先定义类型后使用并赋值。默认下，Shell 变量的取值都是一个字符串。下面详细介绍 Shell 中的用户变量、系统变量、环境变量的定义和使用方法。

1. 用户变量

用户变量是 Shell 编程中最常用的变量，也是和用户最为密切的变量。它的定义和使用十分简单方便。变量名是以字母、数字及下划线序列组成，但特别要注意不能用数字开头，必须以字母和下划线开头。而且变量名是严格区分大小写的。在一般情况下，用户定义的变量小写，系统变量大写。

(1) 变量的定义。

【格式】 变量定义的格式如下：

```
变量名=字符串
```

需要强调的是，等号的左右两边不能留空格，否则 Shell 不会认为此变量被定义。

例如，定义一个 name 变量并给它赋值为 myubuntu。再定义一个变量 count 并给它赋值为“1”。变量的定义如图 11-12 所示。

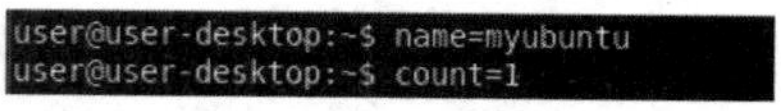

user@user-desktop:~$ name=myubuntu
user@user-desktop:~$ count=1

图 11-12 变量的定义

(2) 访问变量。定义过变量之后，用户可以进行变量值的访问，即在 Shell 中显示变量的值。

【格式】 访问变量的格式如下：

```
$name
```

其中，name 为刚刚定义的变量，如图 11-13 所示。

(3) 取消变量。对于不使用的变量，应将它取消。取消变量可以使用 unset 命令。

【格式】 unset 命令的格式如下：

```
unset 变量名
```

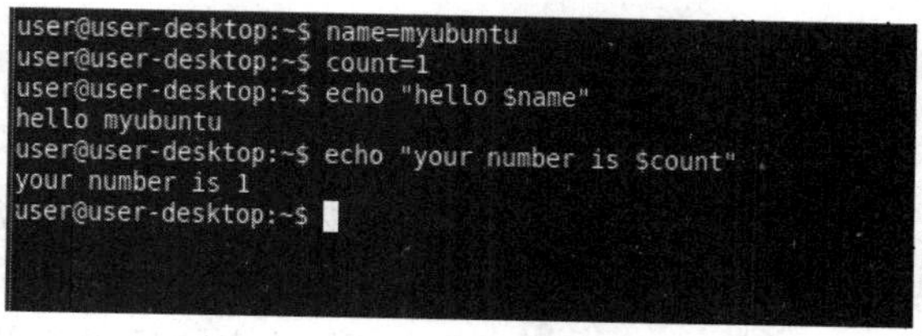

图 11-13　变量值的访问

对于上面定义的 name 变量和 count 变量，使用 unset 命令撤销的方法和结果如图 11-14 所示。

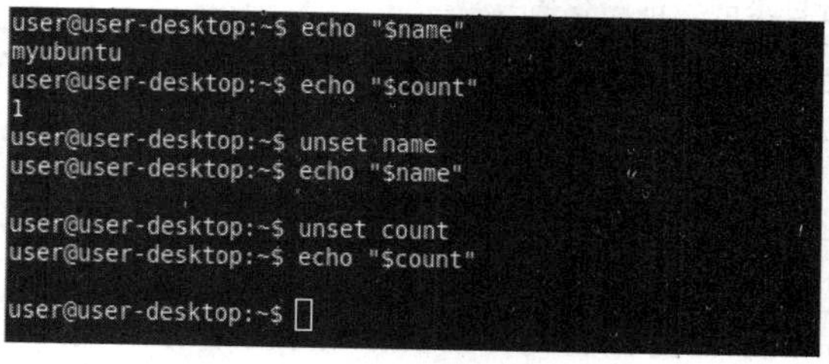

图 11-14　变量的撤销

当使用 unset 命令撤销掉 name 变量和 count 变量后，再次使用 echo 命令查看时就显示为空了。

2. 系统变量

系统变量是 Linux 提供的一种特殊类型的变量，Shell 中常用的系统变量并不多，但十分重要，用处很大。特别是用在检测参数时，将会发挥很重要的功能。表 11-2 给出了常用的 Shell 中的系统变量。

表 11-2　Shell 系统变量

变　　量	含　　义
\$ 0	当前 Shell 程序的名称
\$ ♯	传送给 Shell 程序的位置参数的数量
\$ *	调用 Shell 程序时所传送的全部参数组成的单字符串
\$?	前一个命令或函数的返回值
\$ \$	本程序的 PID(进程的 ID 号)
\$!	上一个命令的 PID

例如，在 Shell 中显示某几个系统变量的值如图 11-15 所示。

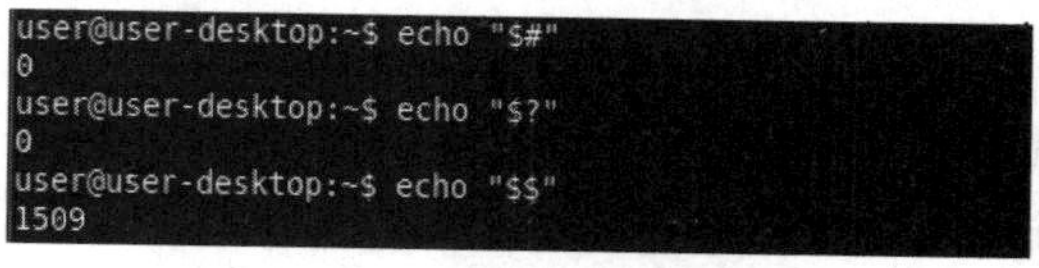

图 11-15　显示系统变量的值

3. 环境变量

Shell 的环境变量是所有 Shell 程序都会接受的参数。Shell 程序运行时,都会接受一组变量,这些变量就是环境变量。Shell 程序在开始执行时就已经定义了一些和系统的工作环境有关的环境变量。其中的一些环境变量用户还可以重新定义。系统环境的环境变量一般也用大写字母来表示。

(1) 常用的环境变量。表 11-3 给出了常用的 Shell 中的环境变量。

表 11-3　Shell 环境变量

变 量	含 义
HOME	用于保存注册目录的全部路径名
PATH	规定了一个命令执行时所搜寻的路径。Shell 将按 PATH 变量中给出的路径进行搜索,找到的第一个与目录名称一致的可执行文件将被执行
UID	当前用户的标识号(即 ID 号),值为数字构成的字符串
PWD	当前工作目录的绝对路径名
PS1	主提示符,root 用户的提示符为 #,普通用户的提示符为 $
TERM	用户终端的类型

常用环境变量的值如图 11-16 所示。

图 11-16　常用环境变量的值

其中,PATH 变量是一个很重要的变量。它保存了用冒号分隔的目录路径名。它规定了可执行文件的执行路径。例如,在/home/user 目录下有可执行文件 myfile.exe,当前的目录位置也是/home/user。直接执行 myfile.exe 文件却会出错。过程如图 11-17 所示。

图 11-17　myfile.exe 文件执行出错

从这个例子可以看出,用户所处的位置就是可执行文件所在的目录,执行该文件时却提示"找不到"的出错信息。这就和 PATH 变量有关。因为 myfile.exe 可执行文件不在 PATH 变量所搜索的路径中。因此,会有这样的出错信息。要解决这个问题,可以在提示符后输入"./myfile.exe",就可以显示该文件的执行结果了。执行过程如图 11-18 所示。

```
user@user-desktop:~$ ./myfile.exe
hello world!
user@user-desktop:~$
```

图 11-18 myfile. exe 文件的正确执行

“. ”的作用是表示当前目录。也就是说“. /myfile. exe”的意思是执行当前目录下的 myfile. exe 文件。因此，文件就可以正确执行了。

(2) 查看系统中所有的环境变量。如果想查看系统中所有的环境变量，可以利用 env 命令进行环境变量的显示。env 命令的执行如图 11-19 所示。

```
user@user-desktop:~$ env
ORBIT_SOCKETDIR=/tmp/orbit-user
SSH_AGENT_PID=1306
TERM=xterm
SHELL=/bin/bash
XDG_SESSION_COOKIE=762793f45976e2f821bd35474f9ab577-1337759033.511444-853914787
WINDOWID=20971523
GNOME_KEYRING_CONTROL=/tmp/keyring-ebGrcm
GTK_MODULES=canberra-gtk-module
USER=user
LS_COLORS=rs=0:di=01;34:ln=01;36:hl=44;37:pi=40;33:so=01;35:do=01;35:bd=40;33;01
:cd=40;33;01:or=40;31;01:su=37;41:sg=30;43:ca=30;41:tw=30;42:ow=34;42:st=37;44:e
x=01;32:*.tar=01;31:*.tgz=01;31:*.arj=01;31:*.taz=01;31:*.lzh=01;31:*.lzma=01;31
:*.zip=01;31:*.z=01;31:*.Z=01;31:*.dz=01;31:*.gz=01;31:*.bz2=01;31:*.bz=01;31:*.
tbz2=01;31:*.tz=01;31:*.deb=01;31:*.rpm=01;31:*.jar=01;31:*.rar=01;31:*.ace=01;3
1:*.zoo=01;31:*.cpio=01;31:*.7z=01;31:*.rz=01;31:*.jpg=01;35:*.jpeg=01;35:*.gif=
01;35:*.bmp=01;35:*.pbm=01;35:*.pgm=01;35:*.ppm=01;35:*.tga=01;35:*.xbm=01;35:*.
xpm=01;35:*.tif=01;35:*.tiff=01;35:*.png=01;35:*.svg=01;35:*.svgz=01;35:*.mng=01
;35:*.pcx=01;35:*.mov=01;35:*.mpg=01;35:*.mpeg=01;35:*.m2v=01;35:*.mkv=01;35:*.o
gm=01;35:*.mp4=01;35:*.m4v=01;35:*.mp4v=01;35:*.vob=01;35:*.qt=01;35:*.nuv=01;35
:*.wmv=01;35:*.asf=01;35:*.rm=01;35:*.rmvb=01;35:*.flc=01;35:*.avi=01;35:*.fli=0
1;35:*.flv=01;35:*.gl=01;35:*.dl=01;35:*.xcf=01;35:*.xwd=01;35:*.yuv=01;35:*.axv
=01;35:*.anx=01;35:*.ogv=01;35:*.ogx=01;35:*.aac=00;36:*.au=00;36:*.flac=00;36:*
.mid=00;36:*.midi=00;36:*.mka=00;36:*.mp3=00;36:*.mpc=00;36:*.ogg=00;36:*.ra=00;
```

图 11-19 env 命令的执行效果

11.2.3 变量的数值运算

Shell 中可以使用算术运算符。但在默认情况下，Shell 定义的变量是字符串类型的。能够存储的也只能是整数类型的数字字符串，如“2012”、“27”等。Shell 本身也没有数字运算的能力。在 Shell 下编写、执行如下代码并查看结果，如图 11-20 所示。

```
ubuntu@user-desktop:~$ num1=20
ubuntu@user-desktop:~$ num2=10
ubuntu@user-desktop:~$ num3=$num1+$num2
ubuntu@user-desktop:~$ echo "num3="$num3
num3=20+10
ubuntu@user-desktop:~$
```

图 11-20 算术运算程序

上述代码的目的是在 Shell 中建立两个变量 num1 和 num2，并给这两个变量分别赋值 20 和 10，再建立一个变量 num3，使它记录 num1 和 num2 的和，最后用 echo 命令输出 num3 的值。

从图 11-20 可以看出，执行的结果却没有显示 num1、num2 的和 30，因为 Shell 默认变量的类型是字符型的，所以对 num1 的赋值 20，对 num2 的赋值 10，都被 Shell 认作字符进行处理，所以 num3 的赋值也就变成了字符串"10＋20"，而没有进行加法的计算。由此可见,要想实现数值的运算,必须要进行变量的字符型和数值型之间的转换。

1. declare 命令的使用

在 Shell 中,使用 declare 命令声明变量为整数类型。方法:在变量赋值前,使用 declare -i 进行变量类型的声明。i 代表 integer,即整数类型。

把上述的脚本程序用 declare 命令声明后,如图 11-21 所示。

```
ubuntu@user-desktop:~$ declare -i num1=20
ubuntu@user-desktop:~$ declare -i num2=10
ubuntu@user-desktop:~$ declare -i num3=$num1+$num2
ubuntu@user-desktop:~$ echo "num3=" $num3
num3= 30
ubuntu@user-desktop:~$
```

图 11-21　declare 命令的使用

可以看到,此次代码的执行达到了用户进行变量和的计算的目的,输出的结果是两个整型变量的和 30。

【格式】　declare 命令的格式如下:

```
declare [+/-] [afrix]
```

【说明】　declare 为 Shell 指令,在第一种语法中可用来声明变量并设置变量的属性([afrix]即为变量的属性),在第二种语法中可用来显示 Shell 函数。若不加任何参数,则会显示全部的 Shell 变量与函数,与执行 set 命令的效果相同。

参数及作用表,如表 11-4 所示。

表 11-4　declare 命令的参数和作用

参　　数	作　　用
+/-	"-"可用来指定变量的属性,"+"则是取消变量所设的属性
-a	定义为数组 array
-f	定义为函数 function
-i	定义为整数 integer
-r	定义为只读
-x	定义为通过环境输出变量

【举例】　声明数组变量,如图 11-22 所示。

```
user@user-desktop:~$ declare -a A='([0]="a" [1]="b" [2]="c")'
```

图 11-22　声明数组变量

显示数组的第一个分量、显示整个数组变量内容,结果如图 11-23 所示。

2. expr 命令的使用

如果不使用 declare 命令进行整型变量的声明,则可以使用 expr 命令进行表达式的算术运算。Shell 变量保存的是整数数字字符串。expr 命令将数字字符串解释为整数,然后进行运算符的运算,得出结果。

图 11-23　显示数组第一个分量、整个数组变量

【格式】　expr 命令的格式如下：

expr 数值 1 运算符 数值 2

expr 命令支持的运算符类型、含义和结果如表 11-5 所示。

表 11-5　expr 命令支持的运算符类型、含义和结果

运　算　符	含　　义	输　出　结　果
＋、－、＊、／、％	加、减、乘、除、取余（求模）	数值
＆、|	逻辑与、逻辑或	"＆"运算：两个数值都非 0 输出第一个数值，否则输出 0；"|"运算：当第一个数值非 0 时，输出第一个数，否则输出第二个数
＝、＝＝、!＝	等于、恒等于、不等于	结果为真时，输出 1，否则输出 0
＞、＜、＞＝、＜＝	大于、小于、大于等于、小于等于	结果为真时，输出 1，否则输出 0

expr 命令的退出状态：算术运算的退出状态为 0；逻辑和比较运算结果为真（即非 0 时），退出状态为 0，为假时，退出状态为 1，出错状态为 2。

（1）使用 expr 命令时应注意的问题。

① 运算符两侧应保留空格。即运算符要与运算数之间用空格隔开。如用 expr 命令进行"4-2"的计算，应输入

expr 4 -2

其中，r、4、-、2 之间都用空格隔开。

② 算术运算的数值必须为整数。数字字符串常量或者数字字符串变量均可。

③ 如果运算符是 Shell 的元字符，如 ＊、＆、\|、＜、＞等，必须用转义符"\"使其失去特殊含义，不被 Shell 解释执行。

（2）expr 命令的用法。

① expr 命令的运算符两侧应保留空格。无空格时表达式的值不被计算，如图 11-24 所示。

图 11-24　expr 命令的用法

② 转义字符"\"的使用方法。转义字符"\"和元字符之间不加空格，如图 11-25 所示。

```
user@user-desktop:~$ expr 4 \ * 5
expr: 语法错误
user@user-desktop:~$ expr 4 \* 5
20
```

图 11-25　转义字符"\"的用法

③ 计算 4+5/2 的结果，先计算除法后计算加法，结果向上取整，如图 11-26 所示。

```
user@user-desktop:~$ expr 4 + 5 / 2
6
```

图 11-26　计算 4+5/2 的结果

④ 利用整数变量计算表达式的结果，如图 11-27 所示。

```
user@user-desktop:~$ a=8
user@user-desktop:~$ expr $a + 7 - 2
13
```

图 11-27　利用整数变量计算表达式

⑤ 比较 $a 的值是否<=8，且 $a 的初值为 8。比较结果为真，即"1"（非零），返回的状态为 0，用"?"变量记住该返回状态的值，如图 11-28 所示。

```
user@user-desktop:~$ expr $a \<= 8
1
user@user-desktop:~$ echo $?
0
```

图 11-28　"?"变量的使用

⑥ $a 和 5 进行逻辑与的操作。结果为 $a 的值 8（非零），返回状态为 0，如图 11-29 所示。

```
user@user-desktop:~$ expr $a \& 5
8
user@user-desktop:~$ echo $?
0
user@user-desktop:~$
```

图 11-29　$a 和 5 进行逻辑与操作

⑦ $a 和 0 进行逻辑与的操作。结果为零，返回状态为 1，如图 10-30 所示。

```
user@user-desktop:~$ expr $a \& 0
0
user@user-desktop:~$ echo $?
1
```

图 11-30　$a 和 0 进行逻辑与操作

⑧ $a 和 0 进行逻辑或的操作。结果为 $a 的值 8（非零），返回状态为 0，如图 11-31 所示。

```
user@user-desktop:~$ expr $a \| 0
8
user@user-desktop:~$ echo $?
0
```

图 11-31　$a 和 0 进行逻辑或操作

⑨ 算术运算的返回状态为 0，如图 11-32 所示。

图 11-32　算术运算的返回状态

⑩ 出错的返回状态为 2,如图 11-33 所示。

图 11-33　出错的返回状态

11.3　命令别名和历史命令

命令别名和命令历史可以为用户提供十分快捷和方便的 Linux 命令操作。当用户常常使用特别长的命令进行某些操作时,用一个简单的命令别名来替代长命令,这会使命令操作变得简单且容易记忆。bash 有提供命令历史的服务的功能。使用命令历史功能可以方便地查询用户曾经下达过哪些命令。

11.3.1　命令别名

如果某个长命令名被经常使用,使用频率非常高,则频繁地输入就显得不够高效。在 Shell 中,提供了"命令别名"功能,即给某个命令另起一个名字。例如,可以给使用频率非常高而且名字很冗长的这个命令,起一个简单易于记忆的别名,之后就可以输入这个别名来代替并执行它了。具体方法:

(1) 使用 alias 命令为某命令定义别名。

【格式】　alias 命令的格式如下:

```
alias 别名="原命令"
```

注意:等号两端无空格。

例如,用 vi 启动/home/user/mydir/hello.c 文件,可以在 Shell 中为这个操作定义一个别名 ok。具体方法:

```
alias ok='vi /home/user/mydir/hello.c'
```

(2) 查看命令别名。如果别名设置成功,就可以用 alias 命令来查看已经设置的命令别名了,具体方法,在 Shell 中输入命令:

```
alias
```

如果设置成功,就会发现该命令别名 ok 出现在 Shell 中。

(3) 执行命令别名。执行命令别名的效果和执行命令本身的效果是一致的。例如,在本例中,执行命令

```
vi /home/user/mydir/hello.c
```

和

```
ok
```

都会用运行 vi 编辑器并打开 hello.c 这个文件。

（4）使用 unalias 命令取消命令别名。当命令别名不再使用的时候，可以取消命令别名。

【格式】 unalias 命令的格式如下：

```
unalias 别名
```

执行这个操作后，再次使用 alias 命令查看的话就不会看到用户自定义的命令别名了。

（5）命令别名的生命期。用户采用上述方法定义的命令别名，只是在本次登录期间有效，退出系统后别名就自动失效了。如果想让自定义的别名永久有效，可以把别名定义写进管理员宿主目录（即/etc/passwd 文件第 5 列规定的目录）。

ls 实质上是在 Ubuntu 中已经默认的别名。通过 alias 命令可以看到它。

命令别名的定义、查看、取消等功能，如图 11-34 所示。

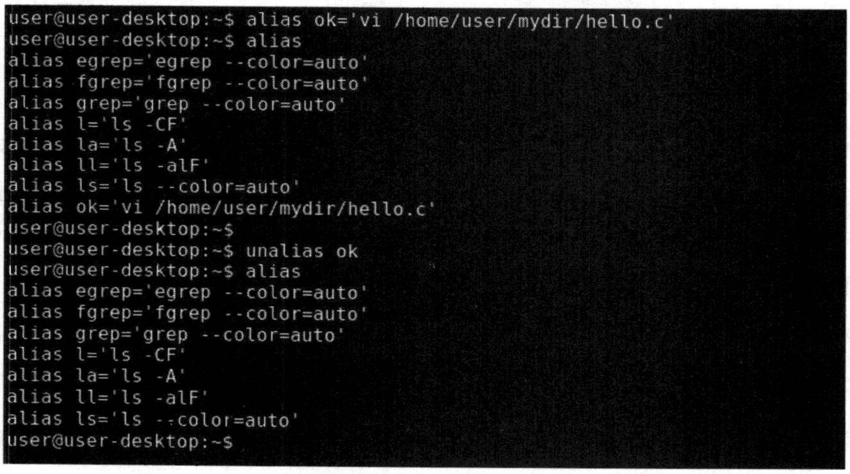

图 11-34　命令别名功能

11.3.2　历史命令

在 Shell 的使用过程中，全程都是通过命令和键盘操作进行的。有时某个命令名比较长且刚刚输入过不久的命令，又需要重复输入。此时利用"命令历史"功能比利用"命令自动补齐"功能可以得到更加快速、便捷的执行效果。命令历史，顾名思义，就是显示最近一段时间内已经输入过的命令。具体的方法是，输入 history 命令，并使用上下箭头，显示最近输入过的命令。

【格式】 history 命令的格式如下：

```
history [-c][n]
```

各个参数的含义如表 11-6 所示。

表 11-6　history 命令的参数含义

参数	含　义	参数	含　义
-c	清除当前 Shell 中的全部 history 内容	n	列出前 n 条命令。注：n 为数字

【举例】　列出最近使用的 5 条命令。输入命令：

history 5

效果如图 11-35 所示。

图 11-35　history 命令的用法

本 章 小 结

本章介绍了 Shell 的基础知识，Shell 中的变量设置，包括定义变量、给变量赋值以及读取变量的值，也介绍了命令别名和命令历史的用法。通过这些内容的掌握，可以为 Shell 编程提供必要的和基础的技术储备。

实　验　11

题目：Shell 中变量的定义和使用。

要求：在 Shell 中定义两个数值型的变量，分别赋值，最终显示出两个变量相加的结果。

习　题　11

1. 什么是 Shell？Shell 有哪些功能？
2. Linux 中常用的 Shell 有哪些？
3. 如何定义变量、给变量赋值，以及读取变量的值？
4. 如何定义整型变量，并实现整型变量的运算？
5. 如何为命令定义别名，以及使用命令别名？
6. 命令历史的作用是什么？

第 12 章　Shell 编程

Shell 程序是通过文本编辑程序把一系列 Linux 命令放在一个文件中进行执行的实用程序。执行 Shell 程序时，文件中的 Linux 命令会被一条接一条地解释和执行。因此，当用户需要通过多个 Linux 命令的操作才能完成最后的操作任务时，可以利用 Shell 程序把这些 Linux 命令集中化放在一个文件中，通过文件的执行快速地得到最后的结果。Shell 程序和其他的高级语言一样，也可以利用自己的语法定义变量并赋值，使用各种控制结构，设计出完美的和符合用户需要的程序。

12.1　Shell 脚本简介

计算机语言从执行过程的角度可分为编译性语言和脚本语言等。编译性语言是指源程序通过编译器转换成计算机代码生成可执行文件，直接执行可执行文件，C、C++ 语言等都是编译性语言，它们都需要经过编译、链接等过程形成可执行文件，才能进行运行。脚本语言是指源程序不需在执行前先转换成计算机代码，只需要在每次执行时进行代码转换，即一边转换代码一边执行程序。

脚本语言的好处在于能够直接对源文件进行修改，并且使用文本编辑器就可打开。但它的执行效率没有编译性语言高。

Shell 脚本(Shell Script)，是使用 Shell 编程语言编写的脚本文件，主要用于实现系统管理的功能。Shell 脚本与 DOS 系统下的批处理相似，把多个命令预先放入到一个文件中，方便一次性执行这个程序文件。主要是方便管理员进行设置或者系统管理。但是它比 Windows 的批处理更强大，比用其他编程语言编辑的程序效率更高，因为它使用的是 Linux 或 UNIX 下的命令。

换言之，Shell Script 是利用 Shell 的功能所写的一个程序，这个程序是使用纯文本文件进行编写的。它将一些 Shell 的语法与命令写在里面，然后用正则表达式、管道命令以及输入输出重导向等功能进行组织，以达到用户管理系统或进行系统设置的目的。Shell Script 就像 DOS 系统下的批处理文件(.bat)，最简单的功能就是将许多命令组合写在一个文件中，通过一次性的执行该文件就能执行多个 Shell 命令。而 Shell Script 中也提供了丰富的数据结构形式和控制结构，如数组、循环、条件以及逻辑判断等重要功能，以方便用户程序的编写，丰富程序的功能。

12.2　编写 Shell 脚本

Shell 脚本也称为 Shell 程序，它是由一系列 Shell 命令构成的文本文件。Shell 程序可以是一系列简单 Shell 命令的组合，另外也可以利用各种程序设计的控制结构(条件结构、分支结构、循环结构等)进行高级的复杂的脚本程序的编写。包括含有复杂命令组合、定义各种变量等。总之，Shell 脚本是根据用户的需要，由用户定制的，解决一系列问题的程序。

12.2.1 建立 Shell 脚本

建立 Shell 脚本的方法有很多。由于 Shell 脚本是文本文件，所以可以使用文本编辑器建立脚本和编辑脚本。常用的文本编辑器如 vi、emacs、Gedit 等。

首先，通过文本编辑器完成一个简单的 Shell 脚本的编写。打开某个文本编辑器，完成下列程序：

```
#! /bin/bash
#this is my first shell script.
echo "hello world!"
date
```

保存该文件，给文件命名为"helloworld"。这样就建立好了一个名为 helloworld 的脚本文件。纵览该文件可以发现，这个 Shell 脚本的编写方法十分简单。该脚本文件的含义如下。

（1）第 1 行指明了 Shell 脚本使用哪个 Shell 进行解释执行，在 Ubuntu 中默认的 Shell 是 bash。所以在以后的所有 Shell 脚本的编写中，第 1 行都要按照此格式进行编写，以指明 Shell 使用的版本。

（2）第 2 行是一行程序的注释。添加注释的方法是在行首加"♯"符号。代表"♯"后面的字符都是注释。

（3）第 3 行的任务是利用 echo 命令，输出一行字符"hello world"。

（4）第 4 行是利用 date 命令，显示系统当前的日期、时间。

12.2.2 执行 Shell 脚本

在 Ubuntu 中建立了 Shell 脚本后，就需要执行该脚本，输出程序的结果。Shell 脚本文件的名称没有限定的扩展名，通常不带扩展名。利用文本编辑器写成的脚本文件是一种纯文本的文件，因此，它不具备执行的权限。要执行一个 Shell 脚本，有如下 3 种方法。

（1）赋予脚本文件可行性的权限。在 Shell 下执行 chmod 命令，进行文件属性的改变。

【格式】 chmod 命令的格式如下：

chmod 755 文件名

或者

chmod a+x 文件名

文件具有可执行权限后，就具有执行的能力了。如果文件不在系统存放命令的标准目录下，即 PATH 系统变量所表示的路径，在执行时就需要指定文件的路径。执行文件的方法是在提示符后输入

./文件名

（2）使用特定的 Shell 解释执行脚本文件，在 Shell 下使用 bash 命令。

【格式】 bash 命令的格式如下：

bash 文件名

执行此命令时,Shell 进程先启动一个 bash 子进程,该子进程执行脚本文件的内容,执行完毕后,该子进程也终止,退出系统。这种方法更加有意义的用法是,通常用于处理在当前 Shell 中运行其他版本 Shell 编写的脚本程序。例如,当前的 Shell 是 bash,而某文件 cfile 是用 C Shell 语言编写而生成的一个脚本文件,那么要想在 bash 下执行此文件,则可以输入 csh cfile 命令启动一个 csh 进程来执行它。

(3) 使用“.”命令或 source 命令执行脚本文件。

【格式】 “.”命令的格式如下:

.文件名

注意:“.”和“文件名”之间有一个空格。

【格式】 source 命令的格式如下:

source 文件名

“.”命令和 source 命令是 Shell 的内部命令,文件名是这些命令的一个参数。“.”命令和 source 命令的功能是读取参数指定的文件,执行它的内容。

12.3　交互式 Shell 脚本

在高级语言程序设计中,编写交互式的程序是提高程序可读性、实用性的一个十分常用的手段。交互式的程序允许用户在程序的执行过程中输入数据,程序会根据输入的数据进行相应操作。

交互式的脚本程序的执行也与上述情况类似,因此,学习交互式脚本程序的编写是进行脚本程序设计必不可少的一环。脚本程序中需要使用 read 命令读取用户输入的变量值,记录在变量名中。

【格式】 read 命令的格式如下:

read [-p "字符串"] 变量名

例如,编写一个脚本程序,要求用户输入一行字符串,然后将此字符串显示出来。程序如图 12-1 所示。

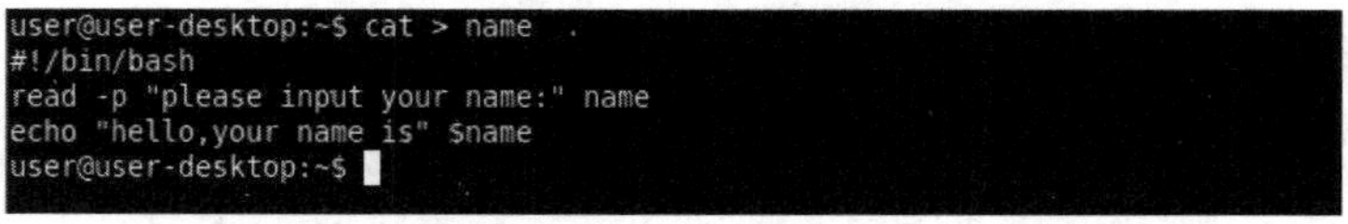

```
user@user-desktop:~$ cat > name
#!/bin/bash
read -p "please input your name:" name
echo "hello,your name is" $name
user@user-desktop:~$
```

图 12-1　交互式脚本程序

该脚本程序是利用 name 作为变量记住用户交互式输入的用户名。再利用 echo 显示输出 name 变量的值。

在图 12-2 这个脚本程序中,是在 Shell 下利用 cat 命令生成的一个文件名为 name 的脚本文件,该脚本文件的执行结果如图 12-2 所示。

图 12-2　脚本的执行结果

该脚本文件的执行过程中,需要用户输入用户的名字,然后显示出来。

12.4　逻辑判断表达式

test 命令可以对表达式的执行结果进行判断。表达式包括文件、整数、字符串。但是 test 命令在执行时并不显示任何判断结果,而是用返回值来表示判断的结果。返回值为 0 时,表示判断结果为真;返回值为 1 时,表示判断结果为假。test 命令的判断结果主要用于在程序设计的控制结构(如 if 语句)中进行条件判断。

【格式】　test 命令的格式如下:

test 表达式 或者 ［ 表达式 ］

【说明】　使用 test 命令时应注意下面问题。

(1) 在"［ 表达式 ］"中,要注意"［"和"］"两侧都要有空格。

(2) 表达式中的运算符两侧也应保留空格。

(3) 如果运算符是 Shell 的元字符,如 * 、& 、| 、< 、>等,必须用转义符"\"使其失去特殊含义,不被 Shell 解释执行。

(4) 返回值为 0 时,表示判断结果为真;返回值为 1 时,表示判断结果为假。

test 命令的常用表达式有文件判断、整数判断、字符串判断、逻辑判断。下面分类进行说明。

1. 文件判断

test 命令主要用于检验一个文件的类型、属性、比较两个值。

下列文件操作符可以用来做文件的比较,如表 12-1 所示。

表 12-1　文件操作符的含义

操作符	含　义	操作符	含　义
-d	确定文件是否为目录	-e	确定文件是否存在
-f	确定文件是否为普通文件	-w	确定是否对文件设置了写许可
-r	确定是否对文件设置了读许可	-x	确定是否对文件设置了执行许可
-s	确定文件名是否具有大于零的长度		

【举例】　文件操作符举例如下。

(1) 分析下面的 test 命令结果,如图 12-3 所示。

图 12-3　test 命令的结果

test 命令判断/tec/passwd 文件是否是一个文件。如果是,test 命令返回结果 0,否则返回非 0。"?"变量接收最后一个命令执行结果的返回值。用 echo 命令显示。所示最后显示结果为 0。

(2)已知/etc/passwd 文件是可读、不可写、不可执行的属性。用 test 命令来检验,如图 12-4 所示。

```
user@user-desktop:~$ test -r /etc/passwd
user@user-desktop:~$ echo $?
0
user@user-desktop:~$ test -w /etc/passwd
user@user-desktop:~$ echo $?
1
user@user-desktop:~$ test -x /etc/passwd
user@user-desktop:~$ echo $?
1
```

图 12-4 test 命令检验文件属性

通过 test 命令对读(r)、写(w)、执行(x)的检验可知,只有读权限的返回值为 0,说明/etc/passwd文件是只读的,不具备写和执行的权限。

(3)对目录进行判断测试,如图 12-5 所示。

```
user@user-desktop:~$ test -d /etc
user@user-desktop:~$ echo $?
0
user@user-desktop:~$ test -d /home/abc
user@user-desktop:~$ echo $?
1
```

图 12-5 test 命令对目录进行判断测试

通过 test 命令判断/etc 是不是一个目录(参数-d),结果为真,返回值为 0。再测试/home/abc是不是一个目录,结果为假,返回值为 1。

2. 整数判断

表 12-2 所示的操作符可以用来比较两个整数,如表 12-2 所示。

表 12-2 操作符的整数判断

操作符	含　义	操作符	含　义
-eq	比较两个整数是否相等	-ne	比较两个整数是否不等
-ge	比较一个整数是否大于等于另一个整数	-gt	比较一个整数是否大于另一个整数
-le	比较一个整数是否小于等于另一个整数	-lt	比较一个整数是否小于另一个整数

【举例】 操作符对整数进行的判断比较如图 12-6 所示。

```
user@user-desktop:~$ test 30 -eq 90
user@user-desktop:~$ echo $?
1
user@user-desktop:~$ test 30 -ne 90
user@user-desktop:~$ echo $?
0
```

图 12-6 test 命令对整数进行判断比较

通过 test 命令判断两个整数 30 和 90 是否相等,结果为假,返回值为 1。再判断两个整数 30 和 90 是否不等,结果为真,返回值为 0。

3. 字符串判断

表 12-3 所示的操作符可以用来比较两个字符串表达式。

表 12-3　操作符的字符串判断

操作符	含　义	操作符	含　义
=	比较两个字符串是否相等	-n	判断字符串长度是否大于零
!=	比较两个字符串是否不相等	-z	判断字符串长度是否等于零

【举例】　操作符对字符串进行判断比较。

（1）判断两个字符串是否相等。如图 12-7 所示，定义一个 name 变量，并赋值 user。用 test 命令判断 name 变量的值是不是等于 user，结果为真，返回值为 0。

注意：test 命令使用时，等号两端都要保留空格。

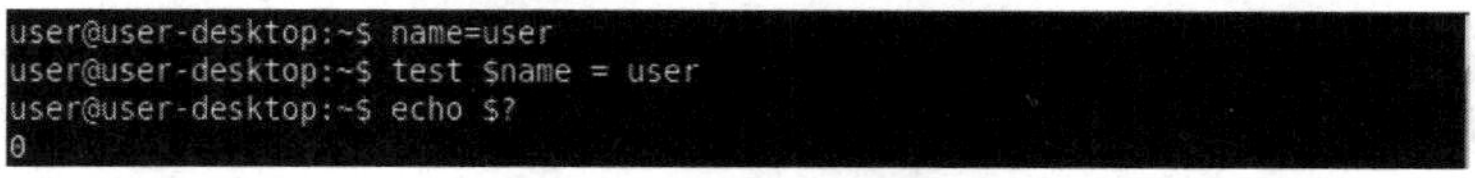

```
user@user-desktop:~$ name=user
user@user-desktop:~$ test $name = user
user@user-desktop:~$ echo $?
0
```

图 12-7　test 命令判断两个字符串是否相等

（2）判断字符串是不是空串。如图 12-8 所示，用 test 命令判断 name 变量的值是不是一个空串。结果为假，返回值为 1。

```
user@user-desktop:~$ name=user
user@user-desktop:~$ test -z $name
user@user-desktop:~$ echo $?
1
```

图 12-8　test 命令判断字符串为空串

（3）含有空格的字符串的测试。如图 12-9 所示，给 name 变量赋值一个带空格的字符串"user zhang"，赋值的时候也应该把这个字符串整体用双引号括起来，即引号内的所有字符都作为一个整体来处理。用 test 命令进行判断的时候也应该注意这个问题，对 name 变量的取值也要加双引号，即" $ name"，然后再进行判断比较。同样的道理，对 user zhang 字符串也必须用双引号括起来，作为一个整体"user zhang"，传送给 test 命令。如果不对 $ name 变量或者 user zhang 加双引号，test 命令的执行就会报错。

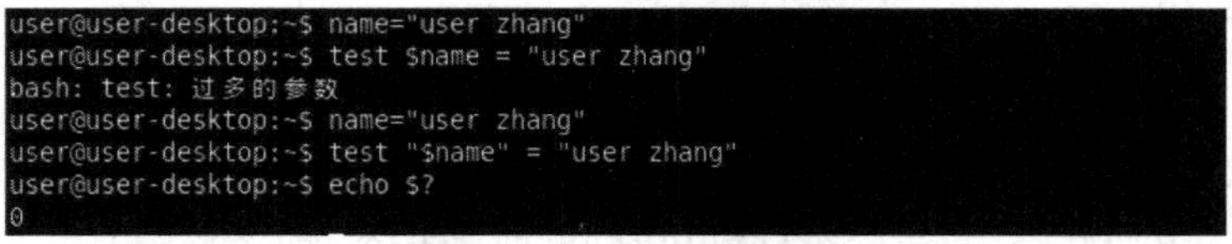

```
user@user-desktop:~$ name="user zhang"
user@user-desktop:~$ test $name = "user zhang"
bash: test: 过多的参数
user@user-desktop:~$ name="user zhang"
user@user-desktop:~$ test "$name" = "user zhang"
user@user-desktop:~$ echo $?
0
```

图 12-9　test 命令对含有空格的字符串的测试

4. 逻辑判断

test 可以进行带有逻辑运算符的表达式的判断。

逻辑判断就是要测试表达式的结果是不是为真或者为假。常用的逻辑符号有与、或、非。在表达式中的与判断(-a)、或判断(-o)、取反判断(!)等。

逻辑判断一般和文件判断、字符串判断、整数判断放在一起结合使用。

【举例】 test 命令的使用举例如下。

（1）判断/etc/passwd 文件是否为具有读属性的普通文件。如图 12-10 所示，这个 test 命令的表达式可以分 3 个部分来理解。

图 12-10　判断/etc/passwd 文件的属性

① - f /etc/passwd 是判断文件是不是一个普通文件。

② - r /etc/passwd 是判断该文件是不是具有只读的属性。

③ - a 是这两部分的结合，是"与"判断，"并且"的意思。即上面两个判断是不是同时成立。

最后，通过"?"变量返回 test 命令的判断结果。结果为真，返回值为 0。说明/etc/passwd 文件是一个具有读属性的普通文件。

（2）判断输入的整数表达式的逻辑结果。如图 12-11 所示，输入 3 个整数 4、25、90，让 3 个变量分别记住这些整数。a=4，b=25，c=90。test 命令表达式的含义即求解($a=4$ or $b>20$)and($c<=100$)是否为真。用"?"变量带回 test 命令的返回值，判断结果为真，返回值为 0。

图 12-11　test 命令判断输入的整数表达式的逻辑结果

12.5　分 支 结 构

Shell 脚本提供的控制结构语句与 C 语言类似，包括分支结构和循环结构两大类。利用这两大类控制结构可以构造出适合用户需求的脚本程序，增强脚本程序的功能。

分支结构包括 if 语句和 case 语句。

12.5.1　if 语句

在 C 语言中，if 结构是要根据表达式的取值进行语句的控制转向。表达式结果有两种：真（非零）和假（零）。根据结果的不同进行语句体执行的选择。在 Shell 语言中，控制程序转向的是命令的返回状态，当命令执行成功时，返回 0 状态，即条件为真。如果命令执行失败，返回一个非零状态（通常为 1 或者 2），即条件为假。这些返回状态的值由"?"变量保存，对"?"变量的取值，用 $? 来表示。

在 Shell 中任何命令都具有返回状态，因此，都可以作为条件语句的判断条件使用。此外，在 Shell 中还提供了 true 命令和 false 命令，以及"："命令。它们只返回一个特定的返回状态，即一个值。"："和 true 命令返回值为 0，false 命令返回值为非 0。

1. if 语句结构

if 命令一般用于在两路分支的程序中进行控制选择。

【格式】 常用的语句语法格式如下：

```
if [ 条件命令 ]
then
    命令 1
    命令 2
    …
fi
```

或者

```
if [ 条件命令 ]; then
    命令 1
    命令 2
    …
fi
```

说明：

① 首先执行条件命令，如果条件命令的返回值为 0，执行命令的语句体。若返回值为非 0，则不执行命令的语句体。

② 条件命令通常是一个 test 表达式命令，也可以使其他命令或命令列表。如果为命令列表，则 Shell 将依次执行各个命令，并把最后一个命令的返回值作为条件结果。

③ 条件命令的两端有空格，即使用空格把条件命令和"["、"]"分隔开。if 语句的结束用 fi 表示。

【举例】 以交互的方式输入用户名，并显示结果，如图 12-12 所示。

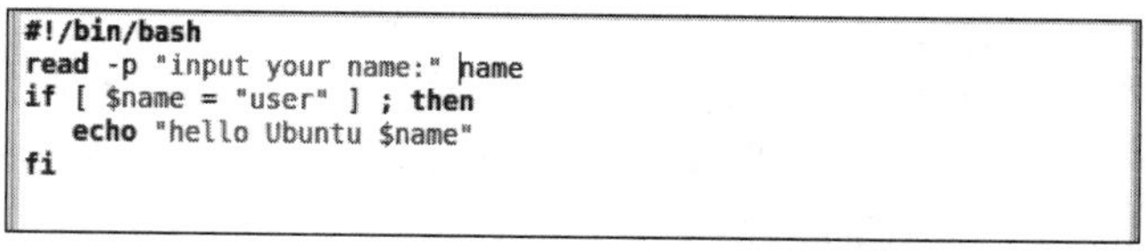

```
#!/bin/bash
read -p "input your name:" name
if [ $name = "user" ] ; then
    echo "hello Ubuntu $name"
fi
```

图 12-12　if 语句的 Shell 编程

在 Shell 中运行结果，如图 12-13 所示。

```
input your name:user
hello Ubuntu user
user@user-desktop:~$
```

图 12-13　程序运行结果

2．if…else…fi 结构

单纯的 if 结构在很多情况下无法完全地体现用户的编程需求，因此，可以使用 if…else…fi 结构。

【格式】 常用的语句语法格式如下：

```
if [ 条件命令 ]; then
    命令列表 1
else
    命令列表 2
```

```
fi
```

说明：if…else…fi 结构是一种分支选择，如果条件命令的返回值为 0（即为真），执行命令列表 1。若返回值为非 0，则执行命令列表 2。

【举例】 以交互的方式输入用户名，利用 if…else 结构进行判断，如图 12-14 所示。

```
#!/bin/bash
read -p "input your name:" name
if [ $name = "user" ] ; then
    echo "hello Ubuntu $name"
else
    echo "sorry,your name is not right."
fi
```

图 12-14　if…else 结构的 Shell 编程

结果如图 12-15 所示。

```
user@user-desktop:~$ bash name
input your name:user
hello Ubuntu user
user@user-desktop:~$ bash name
input your name:dfsdf
sorry,your name is not right.
user@user-desktop:~$
```

图 12-15　程序运行结果

3. if…elif…fi 结构

利用分支结构可进行多分支判断，即 if…elif…fi 结构。

【格式】 常用的语法格式如下：

```
if [ 条件命令 1];then
    命令列表 1
elif [ 条件命令 2];then
    命令列表 2
else
    命令列表 3
fi
```

【举例】 输入学生分数，判断分数等级，如图 12-16 所示。

```
#!/bin/bash
read -p "input your score:" score
if [ $score -lt 60 ] ; then
    echo "not pass"
elif [ $score -ge 60 -a $score -le 70 ]; then
    echo "pass-D"
elif [ $score -ge 70 -a $score -le 80 ]; then
    echo "pass-C"
elif [ $score -ge 80 -a $score -le 90 ]; then
    echo "pass-B"
elif [ $score -ge 90 -a $score -le 100 ]; then
    echo "pass-A"
fi
```

图 12-16　if…elif…fi 结构的 Shell 编程

结果如图 12-17 所示。

图 12-17　程序运行结果

4. 嵌套的 if 语句

if 分支结构支持嵌套结构。

【格式】　嵌套的 if 语句语法格式如下：

```
if [ 条件命令 1 ];then
    if [ 条件命令 2 ];then
        命令列表 1
    else
        命令列表 2
    fi
else
    命令列表 3
fi
```

【举例】　编写一个判断用户名和密码是否正确的脚本程序，如图 12-18 所示。

```
#!/bin/bash
read -p "input your name:" name
if [ $name = "user" ] ; then
    read -p "input your password:" password
    if [ $password = "123456" ]; then
        echo "hello Ubuntu $name"
    else
        echo "your password is not right."
    fi
else
    echo "sorry,your name is not right."
fi
```

图 12-18　嵌套的 if 语句编程

执行结果如图 12-19 所示。

图 12-19　程序执行结果

12.5.2 case 命令

case 命令是一个多分支的语句,进行多路条件测试,可用来替换 if…elif…fi 语句,但它的结构更加清晰。

【格式】 case 命令的格式如下:

```
case 变量值 in
   模式 1)
   命令列表 1;;
   模式 2)
   命令列表 2;;
 …
   *)
   命令列表 n;;
esac
```

【说明】 case 命令执行时,先将变量值与各个模式字符串进行逐个的比较,如果有一个相匹配,则执行该模式下的命令列表。

注意:如果有多个匹配的模式时,只执行第一个模式下的命令列表,如果没有模式相匹配,则执行“ * ”下的命令列表。

【举例】

(1) 按时间显示问候语,如图 12-20 所示。

```
hour=`date +%H`
case $hour in
  08|09|10|11|12) echo "Good Morning!";;
  13|14|15|16|17) echo "Good Afternoon!";;
  18|19|20|21|22) echo "Good Evening!";;
  *)  echo "Hello!"
esac
```

图 12-20　利用 case 语句显示问候语

注意:该程序的第一行是利用 date 命令把系统时间(小时)取出来,并利用单撇反引号记录 date 命令的执行结果,并赋值给 hour 变量。date 和“＋”之间要保留空格。

另外,模式中的“|”是“或”的意思,用于将多个模式合并到一个分支中。

(2) 下面程序以交换的方式判断当前输入的月份,如图 12-21 所示。

```
#!/bin/bash
read -p "input month:" month
case $month in
  1|01) echo "Month is January";;
  2|02) echo "Month is February";;
  …
  12) echo "Month is December";;
  *)  echo "Error";;
esac
```

图 12-21　利用 case 判断输入的月份

注意:该程序不完善,用户需完善后再运行程序。即把程序中省略的部分补充完整。

12.6　循 环 结 构

循环结构用来控制重复执行某个处理过程。Shell 提供了 3 种循环结构：for 循环、while 循环和 until 循环。

12.6.1　for 循环

for 循环常用来处理简单的、确定次数的循环过程。

【格式】　for 循环的格式如下：

```
for 变量 [ in 字符串列表 ]
do
    命令列表
done
```

【说明】　for 循环要先定义一个变量，它依次取 in 后面字符串列表中各个字符串的值。对每次取值都执行 for 循环内部的命令列表。因此，字符串列表中的值的个数，就代表了 for 循环的执行次数。

【举例】　要求用户输入一个目录，然后进行判断此目录下的文件有哪些是具有读权限的？ 如果是，用命令

```
ls -l
```

显示出来，如图 12-22 所示。

```
#!/bin/bash
read -p "please input a directory:" dire
if [ -e $dire -a -d Sdire ]; then
    file=`ls $dire`
    for filename in $file
    do
        if [ -r $dire/$filename ]; then
            echo "$filename can be read!"
            ls -l $dire/$filename
        fi
    done
else
    echo "sorry,$dire can not exists!"
fi
```

图 12-22　for 语句的编程

在此例中，先判断用户输入的是不是一个目录，并且是否存在。如果条件为真，则执行 ls 命令，并将其结果赋给变量 file，然后使用 for…in 循环依次对 file 变量里的文件名进行读取，在 for 语句的循环体中判断文件是否可读，并显示结果。直到 file 变量中的所有文件均被检测一遍后，for 循环结束。

12.6.2　while 循环

while 循环是当条件为真时进入循环体，执行命令列表，直到条件为假时退出循环。

【格式】　while 循环的格式如下：

```
while [ 条件 ]
do
    命令列表
done
```

【举例】 利用 while 循环判断用户登录的用户名是否正确,直至正确为止。程序如图 12-23所示。

```
#!/bin/bash
while [ 1 ]
do
  read -p "input login name:" username
  if [ $username = "ubuntu" ]; then
    echo "hello $usernamne"
    break
  fi
  echo "sorry,name failed !"
done
```

图 12-23　while 语句的编程

在本例中,while 语句的进入条件“1”代表始终为真。因此,在循环体内,当用户名是 ubuntu 时,要使用 break 语句执行强制退出循环。

程序执行结果如图 12-24 所示。

```
user@user-desktop:~$ bash whileexam
input login name:ghj
sorry,name failed !
input login name:ubuntu
hello
user@user-desktop:~$
```

图 12-24　程序执行结果

【举例】 利用 while 循环输入 5 个数,累加求和。while 的循环条件是当 loopcount 变量控制的循环次数小于 5 时进入循环体进行累加计算。程序如下所示:

```
#!/bin/bash
loopcount=0
result=0
while [ $loopcount -lt 5 ]
do
    read -p "input a number:" num
    declare -i loopcount=$loopcount+1
    declare -i result=$result+$num
done
echo "result is $result"
```

12.6.3　until 循环

until 循环在条件为假时进入循环体,执行命令列表,直至条件为真时才退出循环。

【格式】 until 循环的格式如下：

```
until [ 条件 ]
do
    命令列表
done
```

【举例】

（1）利用 until 循环判断用户登录的用户名是否正确，直至正确为止。程序如下所示：

```
#!/bin/bash
read -p "login name:" username
until [ $username="ubuntu" ]
do
    echo "sorry,name failed!"
    read -p "login name:" username
done
echo "hello $username"
```

（2）利用 until 循环输入 5 个数，累加求和。until 的循环条件是当 loopcount 变量控制的循环次数大于等于 5 时退出循环体，显示累加的结果。程序如下所示：

```
#!/bin/bash
loopcount=0
result=0
until [ $loopcount -ge 5 ]
do
    read -p "input a number:" num
    declare -i loopcount=$loopcount+1
    declare -i result=$result+$num
done
echo "result is $result"
```

12.6.4 退出循环命令

在 C 语言中，可以利用 break 和 continue 语句控制循环程序的转向。在 Linux 下也同样有 break 命令和 continue 命令进行循环程序的控制转向。break 命令和 continue 命令只能应用在 for 循环、while 循环、until 循环结构中。

break 命令和 continue 命令的区别是，break 命令的执行，使程序的执行退出整个循环结构，而 continue 命令是控制程序跳出本次循环，进入下一次循环中，并不退出循环结构。

【举例】

（1）用 break 退出循环结构。统计累加和。当累加和 sum＝10 时，退出循环。程序如下所示：

```
#!/bin/bash
declare sum=0;
```

```
while [ 1 ]
do
    if [ $ sum -ge 10 ]; then
        break
    fi
sum=sum+1
done
echo "s=" $ sum
```

（2）用 continue 命令跳出本次循环。如果输入的分数在[0,100]的范围内,则显示输入的分数,否则显示错误信息,并提示重新输入。程序如下所示:

```
#!/bin/bash
while [ 1 ]
do
    read -p "input a score:" score
    if[$ score -lt 0 -o $ core -gt 100 ] then
        echo "the score is error. please input again."
        contiunue
    else
        echo "your score is $ score"
    fi
done
```

12.7　函　　数

在 Shell 编程中用户可以编制自己的函数。函数可以简化程序,使程序的结构更加清晰,而且可以避免程序中重复编写某些代码的工作。因此,当某一段代码会在程序中被经常使用或重复执行时,可以把这些代码以函数的形式来表示,并给函数起一个名字。以后再用到这些代码时就可以直接使用函数的名字来调用这些代码了。

【格式】　函数的使用语法格式如下:

```
function 函数名()
{
    命令列表
}
```

函数名的命名规则与变量名的命令规则相关。调用函数的时候可以直接使用函数名,就可以实现函数的调用。

【举例】　编写函数并调用。

```
#!/bin/bash
#make a function
function func()
{
```

```
    cal
    date
    pwd
    echo "this is function!"
}

#调用函数
func
```

这个程序中定义了一个函数 func(),函数体的任务是显示当前的日历、日期和工作路径,并显示一行字符串。要执行这个函数体,只需要调用函数名 func 即可,即程序的最后一行。

12.8 脚 本 调 试

编写完 Shell 脚本后,可以在 Shell 下进行脚本的调试。调试程序对于程序员来说是一项必不可少的工作。因此,掌握 Shell 脚本的常用调试方法,可以为用户对程序中错误的地方进行判断和修改提供方便的手段。

调试脚本的命令是 bash。该命令也提供了一些参数选项为不同需要的程序调试提供了选择。

【格式】 bash 命令的格式如下:

```
bash [xvn] 脚本名
```

常用的参数如下。

- -x:将脚本的内容在执行时显示出来,方便用户追踪调试程序。
- -n:只检查脚本的语法错误,不执行脚本。

注意:如果是程序代码的话,如 C 语言编写的程序代码,把参数前面的"-"改为"+"表示。

【举例】 在 Shell 下输入

```
bash -x whileexam
```

进行脚本的调试,显示命令的功能。whileexam 是一个脚本程序,利用 while 循环进行用户登录名的判断,如图 12-25 所示。

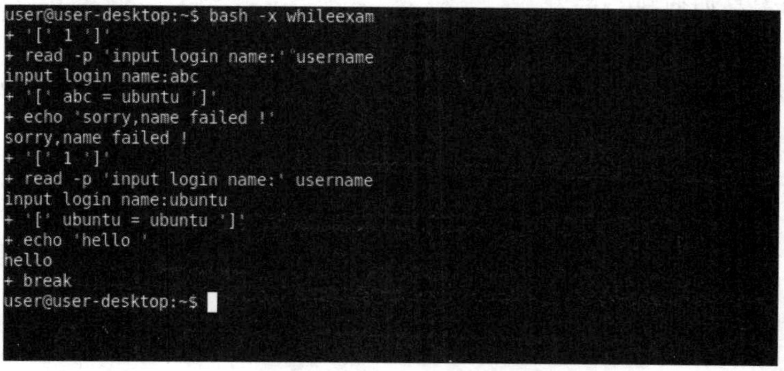

图 12-25 利用-x 参数进行脚本的调试

本 章 小 结

本章介绍了 Shell 脚本的语法,以及如何进行 Shell 脚本的设计开发方法。使用户能够利用 Shell 脚本语言的语法进行 Shell 脚本程序的开发,以扩充 Ubuntu Linux 系统的管理功能。

实 验 12

实验 12-1

题目:Shell 中的控制结构的使用(一)。

要求:编写一个 Shell 脚本,判断用户登录的用户名和密码是否正确。用户名不正确允许重复输入,密码三次不正确则退出程序,并显示相应的提示信息。

实验 12-2

题目:Shell 中的控制结构的使用(二)。

要求:编写一个脚本,判断一个文件是否具有可读、可写、可执行的权限。

实验 12-3

题目:Shell 中的控制结构的使用(三)。

要求:编写一个脚本,统计某当前路径下所有 C 语言的源文件的总行数共有多少行?

实验 12-4

题目:Shell 中的控制结构的使用(四)。

要求:编写一个脚本,以英文月份名为参数,显示当年该月的日历。

习 题 12

1. Shell 脚本是如何执行的?
2. 编写的 Shell 脚本是否需要编译?与 C 语言编写的程序有什么区别?
3. 进行脚本表达式的逻辑判断命令是什么?它可以进行哪些逻辑判断?
4. 分析下面的脚本的作用,写出脚本执行结果。

```
#!/bin/bash
echo
echo "today is:"
date
echo
echo "the working directory is:"
pwd
```

```
echo
echo "the files are:"
ls
```

5. 编写一个 Shell 脚本，能够比较两个交互式输入的整数的大小。

6. 编写一个 Shell 脚本，删除当前路径下所有长度为 0 的文件。

7. 编写一个 Shell 脚本，统计当前路径下所有以 f 开头的文件的个数。

第 13 章　常用开发环境的搭建

Linux 下的软件开发环境也十分广泛。目前,在常用的开发环境 Eclipse 下可以实现 Java 语言、C 语言以及插件等的开发。对于习惯了 Windows 平台下 Visual C++ 之类的 IDE 的初学者,在 Linux 平台下可以安装和使用 C/C++ IDE 开发工具,进行 C 程序或 C++ 程序的开发。另外,也可以通过命令行的方式,使用 GCC 编译器进行 C 程序或 C++ 程序的开发、调试。

13.1　Java 开发环境 Eclipse 的搭建

13.1.1　Java 简介

Java 是由 Sun Microsystems 公司于 1995 年 5 月推出的 Java 程序设计语言和 Java 平台(即 JavaSE、JavaEE、、JavaME)的总称。Java 技术具有卓越的通用性、高效性、平台移植性和安全性,广泛应用于 PC、数据中心、游戏控制台、科学超级计算机、移动电话和互联网,同时拥有全球最大的开发者专业社群。目前它已经成为软件开发领域的主流技术,尤其是在全球云计算和移动互联网的产业环境下,Java 更具备了显著优势和广阔前景。

13.1.2　Java 特点

Java 具有以下特点。

(1) 面向对象。Java 语言是一种面向对象的程序设计语言。面向对象的好处之一就是使用户能够设计出可以重用的组件,并使开发出的软件更具弹性且容易维护。

(2) 平台无关性。Java 的平台无关性是指用 Java 编写的应用程序不需要修改,就可以在不同的软、硬件平台上运行。它首先将源代码编译成二进制字节码,然后依赖各种不同平台上的虚拟机来解释执行字节码,从而实现了"一次编译、到处执行"的跨平台特性。

(3) 分布式。Java 语言支持 Internet 应用的开发,在基本的 Java 应用编程接口上,提供了一个网络应用编程口,该接口提供了用于网络应用编程的类库。同样,Java 的 RMI(远程方法激活)机制也是开发分布式应用的重要手段。

(4) 动态特性。Java 语言的设计目标之一是适应于动态变化的环境。Java 程序需要的类,能够动态地被载入到运行环境,也可以通过网络载入所需要的类,这些均有利于软件的升级。另外,Java 中的类有一个运行时刻的表示,能进行运行时刻的类型检查。

(5) 多线程。Java 语言支持多个线程的同时执行,并提供多线程之间的同步机制,带来更好的交互响应和实时行为。多线程是 Java 成为颇具魅力的服务器端开发语言的主要原因之一。

(6) 高性能。Java 的运行速度随着 JIT(Just-In-Time,即时)编译技术的发展越来越接近于 C++,从而具有较高的性能。

Java 语言的优良特性,使得 Java 应用具有无比的健壮性和可靠性,这也减少了应用系统的维护费用。Java 对面向对象技术的全面支持和 Java 平台内嵌的 API 能缩短应用系统的开发时间并降低成本。Java 具有的"编译一次,到处运行"的特性使得它能够提供一个随处可用的开放结构,和在多平台之间传递信息的低成本方式。特别是 Java 企业应用编程接口为企业计算及电子商务应用系统提供了有关技术和丰富的类库。

13.1.3　Eclipse 介绍

目前,Eclipse 是著名的跨平台自由集成开发环境(IDE)。Eclipse 最初是一个开放源代码的软件开发项目,专注于为高度集成的工具开发提供一个全功能的、具有商业品质的工业平台。它主要由 Eclipse 项目、Eclipse 工具项目和 Eclipse 技术项目组成,具体包括 4 个部分组成:Eclipse Platform、JDT、CDT 和 PDE。JDT 支持 Java 开发、CDT 支持 C 开发、PDE 用来支持插件开发,Eclipse Platform 则是一个开放的可扩展 IDE,提供了一个通用的开发平台。它不仅提供了建造块的基础平台,而且提供了构造及运行集成软件开发工具的基础。Eclipse Platform 允许工具建造者独立开发与他人工具无缝集成的工具,从而无须分辨一个工具功能在哪里结束,而另一个工具功能在哪里开始。

Eclipse 最初由 OTI 和 IBM 两家公司的 IDE 产品开发组创建,起始于 1999 年 4 月。IBM 提供了最初的 Eclipse 代码基础,包括 Platform、JDT 和 PDE。目前由 IBM 牵头,围绕着 Eclipse 项目已经发展成为了一个庞大的 Eclipse 联盟,有 150 多家软件公司参与到 Eclipse 项目中,其中包括 Borland、Rational Software、Red Hat 及 Sybase 等。Eclipse 是一个开放源码项目,它其实是 Visual Age for Java 的替代品,其界面跟先前的 Visual Age for Java 差不多,但由于开放源码的特性,使得任何人都可以免费得到,并可以在此基础上开发各自的插件,因此越来越受人们关注。近期还有包括 Oracle 在内的许多大公司也纷纷加入了该项目,并宣称 Eclipse 将来能成为可进行任何语言开发的 IDE 集大成者,使用者只需下载各种语言的插件即可。

从 2006 年起,Eclipse 基金会每年都会安排同步发布(Simultaneous Release)。至今,同步发布主要在 6 月进行,并且会在接下来的 9 月及 2 月释放出 SR1 及 SR2 版本。各发行版本如表 13-1 所示。

表 13-1　Eclipse 的各发行版

版本代号	平台版本	主要版本发行日期	SR1 发行日期	SR2 发行日期
Callisto	3.2	2006 年 6 月 26 日	N/A	N/A
Europa	3.3	2007 年 6 月 27 日	2007 年 9 月 28 日	2008 年 2 月 29 日
Ganymede	3.4	2008 年 6 月 25 日	2008 年 9 月 24 日	2009 年 2 月 25 日
Galileo	3.5	2009 年 6 月 24 日	2009 年 9 月 25 日	2010 年 2 月 26 日
Helios	3.6	2010 年 6 月 23 日	2010 年 9 月 24 日	2011 年 2 月 25 日
Indigo	3.7	2011 年 6 月 22 日	2011 年 9 月 23 日	2012 年 2 月 24 日
Juno	3.8 及 4.2	2012 年 6 月 27 日	2012 年 9 月 28 日	2013 年 3 月 1 日

13.1.4 Eclipse 环境的搭建

登录 Eclipse 的官方网站 http://Eclipse.org，单击 Download 按钮，进入下载页面，如图 13-1 所示。该页面显示了最新版本的各种 Eclipse IDE。作为 Java 学习，建议下载最新版本的 Eclipse IDE for Java Developers，下载之前，注意确认所在的 Linux 系统是 32 位还是 64 位的，推荐使用 University of Science and Technology of China 下载。

图 13-1　Eclipse 的官方网站下载页面

例如，下载的压缩包默认名字为 Eclipse-Java-indigo-SR2-Linux-gtk-x86_64.tar.gz(for 64bit)或类似，需要先对该压缩包进行解压操作。在 Ubuntu 下，解压的方法有两种。

(1) 打开终端，进入到下载的压缩包所在的目录，运行下面命令进行解压操作：

```
tar -zxvf FILENAME.tar.gz
```

即可在该目录下看到已经解压好的 Eclipse 文件夹。其中，FILENAME 替换为下载的压缩包的名字。

(2) 解压过程类似于 Windows 平台，双击压缩包图标，将 Eclpise 文件夹解压至某一个目录下，打开 Eclipse 文件夹，即可看到 Eclipse 文件。

可以运行该文件，若不能运行，说明系统中没有安装 Java 运行环境。由于 Eclipse 是基于 Java 技术开发的，因此，要直接运行 Eclipse，需要在系统上安装有 Java 运行库。

注意：安装 JDK 或者 JRE 可以到 www.sun.com 网站下载。通常情况下，JDK 安装后，就可以直接运行 Eclipse。Eclipse 会自动寻找 JDK 运行。

13.2　Java 开发环境 Eclipse 的使用

Eclipse 可通过安装不同的插件，用来开发不同的项目（如 EJB、C/C++、Python 等）。本节将围绕如何创建一个 Java 项目进行 Eclipse 使用的介绍。

启动 Eclipse 时，可以设置工作空间（即项目的所在目录），此后创建的所有工程均存在该目录中，也方便以后的工作目录备份。

13.2.1 创建 Java 项目

选择 File|New|Project 菜单命令,启动 Java 项目的创建,如图 13-2 所示。

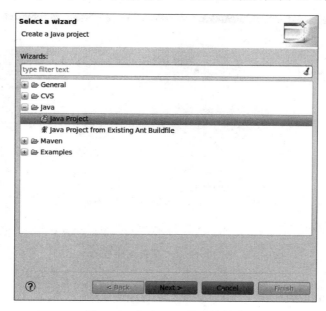

图 13-2 启动 Java 项目的创建

单击 Next 按钮,进入图 13-3 所示的输入项目名称界面。

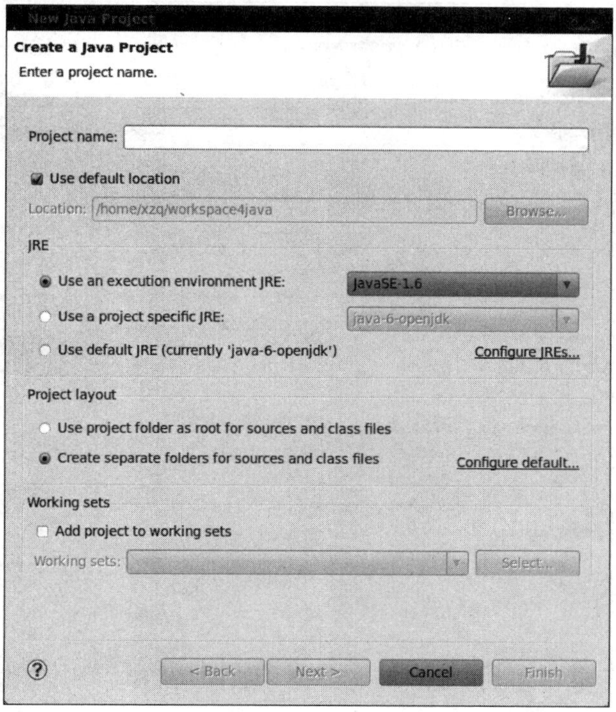

图 13-3 输入项目名称

在图 13-3 所示的输入项目名称界面中，在 Project name 文本框中，输入 Project 的名称，例如命名为"test"；其他的选项采用默认值即可，单击 Finish 按钮才会变为可用。单击 Finish 按钮，名称为 test 的空白项目创建起来，如图 13-4 所示。

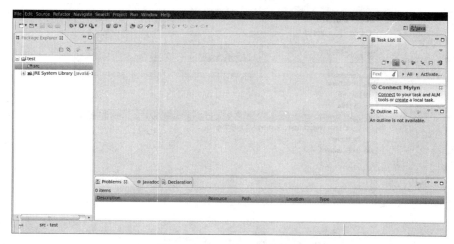

图 13-4　test 项目创建成功

13.2.2　创建 Java 类

test 项目创建成功后，选择 File|New|Class 菜单命令，或者右击"test 项目"，从弹出的快捷菜单中选择 New|Class 命令，都可以进行 Java 类的创建。启动创建 Java 类界面，如图 13-5 所示。

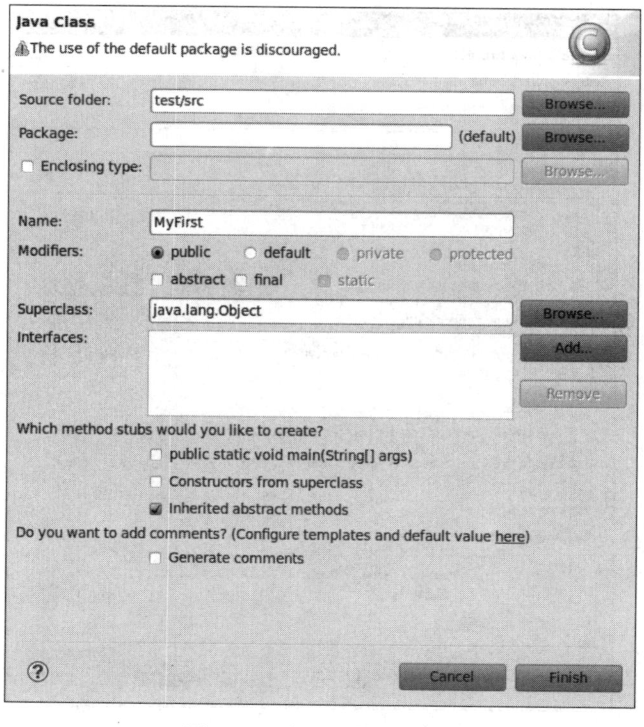

图 13-5　启动创建 Java 类

在图 13-5 的启动创建 Java 类界面中，完成以下设置。

（1）SourceFolder 字段默认值是项目的数据夹，不需要更改。

（2）Package 字段输入程序包的名称（该 test 项目采用默认值）。

（3）Name 字段输入 ClassName，该例采用 MyFirst，其他选项采用默认值。

设置完成后，单击 Finish 按钮，完成初始 Java 类的创建。并将在 Eclipse 中看到程序结构的变化。"MyFirst"类创建成功后 Eclipse 中的显示界面，如图 13-6 所示。

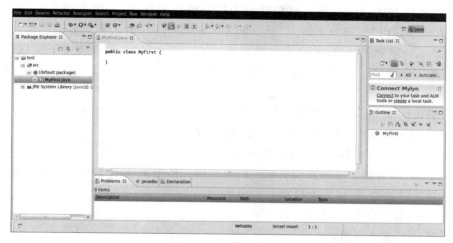

图 13-6　"MyFirst"类创建成功后，Eclipse 中的显示界面

在如图 13-6 所示的窗口中，在 Package Explorer 视图中可以看到程序的结构。并在 Navigator 视图中可以看到项目的目录。

13.2.3　编辑 Java 程序代码

Java 类创建成功后，在 Eclipse 中的代码编辑区，可以进行 Java 代码的编写工作，如图 13-7 所示。编写完成后，保存即可。

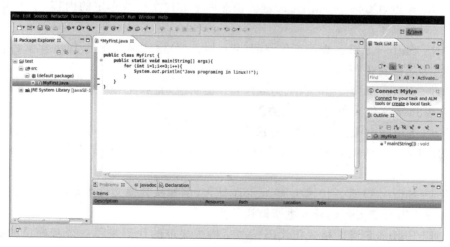

图 13-7　Eclipse 下编写 Java 代码

提示：在 Eclipse 中编辑 Java 代码时，Eclipse 提供了一些常用的编辑技巧和快捷键。在这里简单介绍一部分常用功能。

查看快捷键列表可以按 Ctrl+Shift+L 键。

(1) 常用功能如下。

① 代码自动补充功能。在 Eclipse 中当输入左括号时，系统会自动补上右括号；输入双引号或者单引号时，Eclipse 也会立刻加上右侧的双引号或单引号。

② 代码提示功能 Alt+/键。此快捷键为用户编辑的好帮手，能为用户提供内容的辅助。在输入程序代码时，例如要输入 System. out. println 时，输入类别名称后暂停一会儿，Eclipse 会显示一串建议清单，并列出此类别可用的方法和属性；可以按上下键选出想要的内容，然后按 Enter 键。也可以只输入类别开头的字母，然后按 Alt+/键，同样会显示一串建议清单。

注意：Alt+/键不仅可以显示类别的清单，还可以一并显示已建立的模板程序代码，例如要显示数组的信息，只要先输入 for，再按 Alt+/键，就会显示模板的清单。

③ 选中某一名字时，按 Ctrl+F1 键，可以查看 JavaApi 的文档。

(2) Eclipse 中有如下一些和编辑相关的快捷键。Eclipse 的编辑功能也非常强大，掌握了 Eclipse 快捷键功能，能够大大提高开发效率。

① Ctrl+O 键。该组合键可以显示类中方法和属性的大纲，能快速定位类的方法和属性，在查找 Bug 时非常有用。

② Ctrl+/键。该组合键可以快速添加注释，能为光标所在行或所选定行快速添加注释或取消注释。

③ Ctrl+D 键。该组合键可以删除当前行，不需要通过多次按删除键来删除一行。

④ Ctrl+M 键。该组合键可以进行窗口最大化和还原操作，以调整用户对窗口大小的要求。

(3) 在程序中，迅速定位代码的位置，快速找到要调试的程序 Bug 的所在，是非常不容易的事，Eclipse 提供了强大的查找功能，可以利用如下的快捷键帮助完成查找定位的工作。

① Ctrl+K 键、Ctrl++Shift+K 键。快速向下和向上查找选定的内容，不再需要用鼠标单击查找对话框了。

② Ctrl+Shift+T 键。查找工作空间(Workspace)构建路径中的 Java 类文件，可以使用"＊"、"?"等通配符进行查找。

③ Ctrl+Shift+R 键。和 Ctrl+Shift+T 键对应，查找工作空间(Workspace)中的所有文件(包括 Java 文件)，也可以使用通配符。

④ Ctrl+Shift+G 键。查找类、方法和属性的引用。这是一个非常实用的快捷键，例如要修改引用某个方法的代码，可以通过 Ctrl+Shift+G 键迅速定位所有引用此方法的位置。

⑤ Ctrl+Shift+O 键。快速生成 import 导入，例如从其他文件中复制了一段程序代码后，可以利用该组合键把代码导入进所调用的类。

⑥ Ctrl+Shift+F 键。格式化代码。书写格式规范的代码是每一个程序员的必修课，选定某段代码后，按 Ctrl+Shift+F 键可以格式化这段代码，如果不选定代码，则该组合键默认格式化当前整个文件(Java 文件)。

⑦ Alt+Shift+W 键。查找当前文件所在项目中的路径,可以快速定位浏览器视图的位置,如果想查找某个文件所在的包时,此快捷键非常有用,特别在比较庞大的项目中。

⑧ Ctrl+L 键。定位到当前编辑器的某一行,对非 Java 文件也有效。

⑨ Alt+←键、Alt+→键。后退历史记录和前进历史记录,在跟踪代码时非常有用,用户可能查找了几个有关联的地方,但可能记不清楚了,可以通过这两个快捷键定位查找的顺序。

⑩ F3 键。快速定位光标位置的某个类、方法和属性。

⑪ F4 键。显示类的继承关系,并打开类继承视图。

另外,在 Eclipse 中还有一些关于运行调试的快捷键和进行文本编辑的快捷键等,在此不再赘述。具体功能,请参考相关 Eclipse 使用手册。

13.2.4 执行程序

选中要执行的 Java 程序,执行下列步骤:选择 Run|Run as|Java Application 菜单命令,如果程序有改动,Eclipse 会询问在执行前是否要保存,若程序没有错误,程序的执行结果将会在工作区下面的 Console 窗口显示。显示程序执行结果如图 13-8 所示。

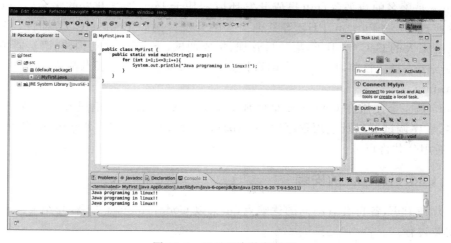

图 13-8 显示程序执行结果

注意:若程序需要传递参数,则需要通过下面步骤:选择 Run|Run configuraton 菜单命令,在弹出对话框中的 Arguments 的选项卡中输入要传递的参数,如果是多个参数的话,用空格键隔开。

13.3 安装 C/C++ IDE 开发工具

13.3.1 Linux 下的 C/C++ 开发工具介绍

Linux 下默认安装了 GCC、g++ 和文本编辑器,没有提供像 Windows 平台下的类似的集成开发环境,对于习惯了 Windows 平台下 Visual C++ 之类的 IDE 的初学者,在 Linux 下仅仅使用命令行的方式对程序进行断点等调试工作无疑是难度很大的。实际上,在 Linux

平台下,也有很多优秀的集成开发工具,本节中将进行简单的介绍。

1. Code∷Blocks

Code∷Blocks 是一个免费、开源、跨平台的 IDE 软件,其本身是使用 C++所开发的。它采用插件架构,通过使用不同的插件可以自由地扩充功能。目前 Code∷Blocks 可以支持 Windows、Linux 及 Mac OS X 平台,同样也可以在 FreeBSD 环境中使用 Code∷Blocks,使用它开发的应用程序也很容易迁移到别的操作系统上。

2. Kdevelop

Kdevelop 是一个支持多种程序设计语言的集成开发环境,它运行于 Linux 和其他类 UNIX 环境,是 UNIX 环境下具有代表性的图形化开发环境,Kdevelop 本身不包含编译器,而是调用其他编译器来编译程序。

3. NetBeans

NetBeans IDE 也是一个支持 Java、C/C++、Ruby 等语言的开源的集成开发环境。可以用来创建专业的桌面应用程序、企业应用程序、Web 和移动应用程序。同样,此 IDE 可以在 Windows、Linux、Mac OS X 以及 Solaris 等多种平台下运行。

4. Eclipse

Eclipse 是著名的跨平台自由集成开发环境。基于 Java 语言开发的平台,可以通过不同的插件实现 C++、Python、PHP 等其他语言的开发。例如 Eclipse CDT 插件,将 Eclipse 转换为功能强大的 C/C++ IDE,集项目管理、集成调试、类向导、自动构建、语法着色和代码完成等特点于一身。目前,Eclipse 官网直接提供 Eclipse for C++ 版本供下载。

5. Anjuta

Anjuta 是一个使用在 GNOME 桌面环境上的 C/C++ 程序的集成开发环境,集成了代码编辑器、程序调试器以及应用程序向导(Application wizards)等。Anjuta 是自由软件,使用 GNU 通用公共许可证。

13.3.2 Code∷blocks 的安装

以上几种 IDE,各自有着不同的优缺点,本书以 Code∷blocks 为例,介绍 Code∷blocks 环境的安装过程。

1. 安装前的准备

安装 Code∷blocks 之前,可以通过在终端的命令行下执行命令:

```
sudo apt-get install codeblocks
```

如果系统中安装有 Code∷blocks 的相关版本,则会出现相应的安装提示;若系统中没有安装 Code∷blocks 的相关版本,则按照以下步骤进行安装。

在正式安装 Code∷blocks 前,需要安装一些必要的软件,如编译器、调试器、wxWidgets 等,具体方法如下。

(1)安装编译器。在终端的命令行下,执行命令:

```
sudo apt-get install build-essential
```

完成编译器的安装。

(2)安装调试器。在终端的命令行下,执行命令:

```
sudo apt-get install gdb
```

完成调试器的安装。

（3）安装最新的 wxWidgets 库、相关开发包和文档。

在终端的命令行下，执行以下相关命令：

```
sudo apt-get update
sudo apt-get install libwxgtk2.8-0 libwxgtk2.8-dev wx2.8-headers wx-common
sudo apt-get install wx2.6-doc
```

上述的命令也可以通过 Ubuntu 下的新立得软件包管理器安装 wxWidgets 库。具体方法是：在新立得软件包管理器的搜索框中输入：

```
wxWidgets
```

然后标记出 libwxgtk 的相关包，并安装即可。

2．安装 Code∷blocks

以上步骤完成后，就可以安装 Code∷blocks 了。安装 Code∷blocks 常用方法有 3 种：第 1 种是利用 Ubuntu 软件中心进行安装；第 2 种方法是利用新立得软件包管理器进行安装；第 3 种方法是在 http://wiki.codeblocks.org 查找最新版本的 Code∷blocks，根据自己的系统平台下载对应的版本，进行安装。此处以第 1 种方法安装举例。具体步骤如下：

在 Ubuntu 软件中心搜索框中输入 codeblocks，并根据自己开发的需求，选中 codeblocks 关联的所有软件包，即可安装。完成安装之后，在 Dash 主页中输入 codeblocks，找到对应软件，单击即可运行它。在 Ubuntu 软件中心下 code∷blocks 的安装，如图 13-9 所示。

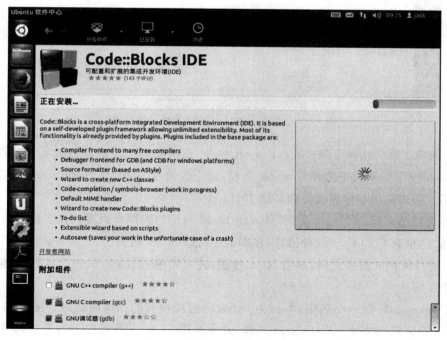

图 13-9　Ubuntu 软件中心下 code∷blocks 的安装

其他开发工具的安装(如 Kdevelop),也类似于 Code::blocks 的安装过程。同样,也可以采用 Ubuntu 下的新立得软件包管理器进行安装,或者在其官网 http://www.kdevelop.orgop上下载并进行安装。

13.4 C/C++ IDE 开发工具的使用

在第 11.3.2 小节中介绍了如何在 Ubuntu 环境下安装 Code::blocks,在本小节中,将通过一个例子进一步介绍如何使用 Code::blocks 进行 C/C++ 程序设计。

(1) 启动 Code::blocks。在 Dash 主页中输入 Codeblocks,找到对应软件,单击即可进入 Code::blocks 集成开发环境,如图 13-10 所示。

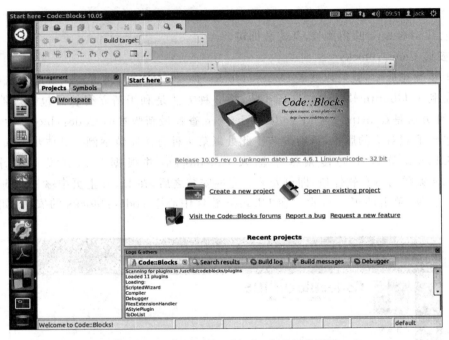

图 13-10 进入 Code::blocks 集成开发环境

(2) 新建工程。选择 File|New|Project 命令,出现新建应用程序模板界面。在该界面下的 Category 下拉列表中选择 Console 类型,进一步选择 Console Appication,创建控制台应用程序。新建应用程序模板界面如图 13-11 所示。

各项选择结束后,单击 Go 按钮,进入图 13-12 所示的控制台语言选择界面,进行编程语言的选择,这里有 C 和 C++ 两种语言,在本例中,选择 C++ 语言。

(3) 选择所用的语言之后,单击 Next 按钮,进入如图 13-13 所示的信息界面,输入相关信息建立工程。

给 Project title 起一个名字,本例为 test4cb,选择项目的保存路径,Project filename 根据 Project title 自动生成。单击 Next 按钮,进入如图 13-14 的配置编译器界面,进行编译器的配置工作。编译器的配置均采用默认值即可。

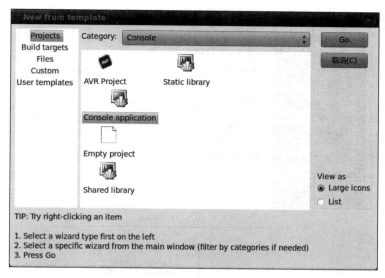

图 13-11　新建应用程序模板界面

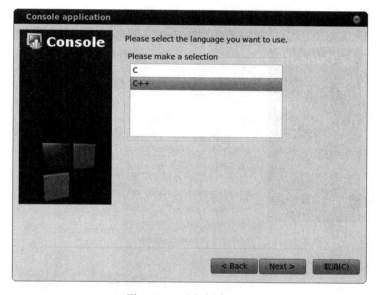

图 13-12　选择语言界面

单击 Finish 按钮之后，系统生成一个名为 test4cb 的项目，项目直接包含了一个 main. cpp 的文件，如图 13-15 所示。

（4）编辑和保存。在图 13-15 所示的项目界面中，在编辑区内输入源程序，选择 File|save 菜单命令，保存源文件。

（5）编译。选择 Build|Compile current file 菜单命令，对编辑的源程序进行编译。若程序有错误，则编译器会提示错误。在本例中，如果故意将第 7 行行尾的分号去掉，则编译器在 IDE 的下方给出错误提示，可根据错误提示进行修改程序，保存后再次执行编译命令，直至没有提示错误为止，表明编译通过。编译器错误提示，如图 13-16 所示。

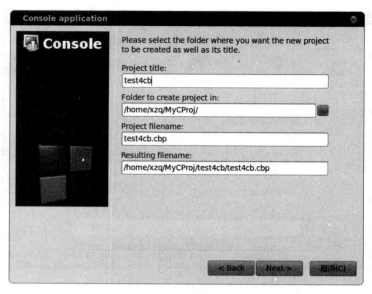

图 13-13   输入相关信息，建立工程

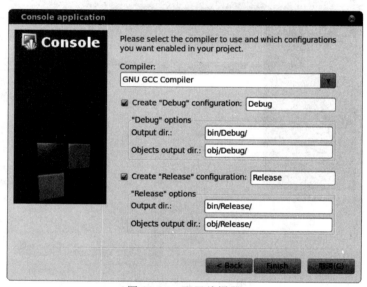

图 13-14   配置编译器

（6）构建生成可执行文件。选择 Build|Build 菜单命令，或按 Ctrl＋F9 键，在界面下方的信息窗口将显示具体执行信息。若没有错误信息提示，表示已经生成了可执行文件。

（7）运行程序。选择 Build|Run 菜单命令，或者按 Ctrl＋F10 键，运行可执行程序，并自动弹出运行窗口，如图 13-17 所示。其中，提示信息"Press ENTER to continue"（按任意键继续），返回 Code::blocks 的代码编辑界面。

（8）关闭工作区。选择 File|Close Workspace 菜单命令，关闭工作区。

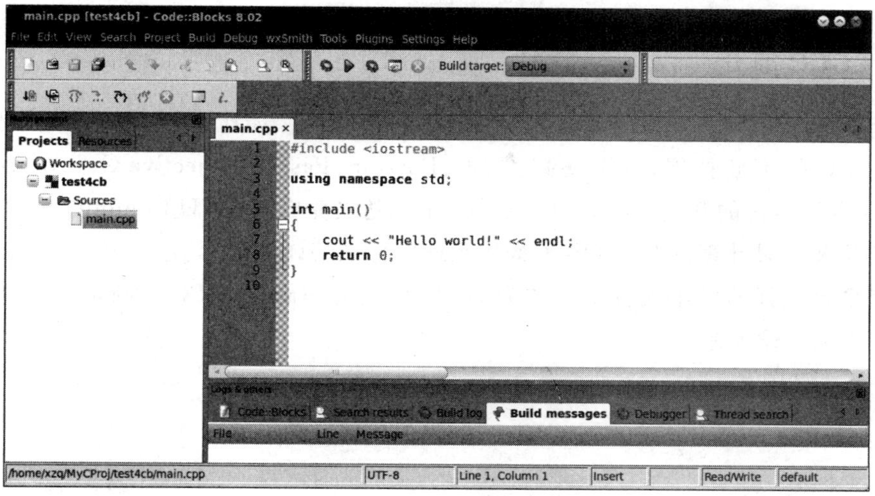

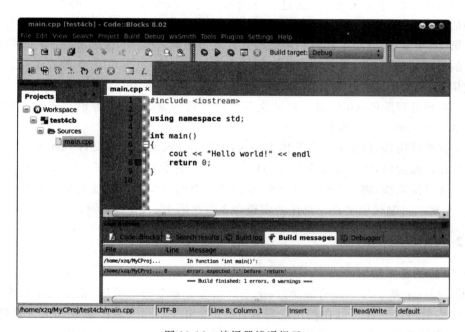

图 13-15　生成的项目界面

图 13-16　编译器错误提示

图 13-17　运行窗口

13.5 用 GCC 编译执行 C 程序

13.5.1 GCC 简介

GCC 原名为 GNU C 语言编译器(GNU C Compiler)。最初的 GCC 只能用于处理 C 语言,随着 GCC 的不断扩展,逐渐支持 C++ 、Fortran、Pascal、Objective-C、Java、Ada,以及 Go 等程序设计语言的开发。GNU C Compiler 也随之变成了 GNU Compiler Collection,成为类 UNIX 及苹果计算机 Mac OS X 操作系统的标准编译器,尤其是 C/C++ 语言编译器被认为是跨平台编译器的事实标准。作为 GNU 计划的一部分,GCC 不断地完善和更新,可以利用在终端下输入命令

```
gcc -version
```

或者

```
gcc -v
```

查询当前系统安装的 GCC 版本,通过官方网站 http://gcc.gnu.org/ 可以了解 GCC 的最新发展情况。

在第 13.4 节中,介绍了如何利用集成开发环境进行 C/C++ 程序设计。IDE 隐藏了程序设计的具体步骤,因此,在本节中将详细地介绍利用 GCC 进行 C/C++ 程序设计。

使用 GCC 对源文件进行处理的具体过程如下(以源文件 test.c 为例)。

(1) 在预处理阶段,GCC 对 test.c 文件中的文件包含、预处理等语句进行处理。该阶段会生成一个名叫 test.i 的中间文件。

(2) 在编译阶段,以 test.i 文件作为输入,编译后生成汇编语言文件 test.s。

(3) 在汇编阶段,以 test.s 文件作为输入,生成目标文件 test.o。

(4) 在链接阶段,将所有的目标文件和程序中用到的库函数链接到可执行程序中正确的位置,形成二进制代码文件。具体的实现命令将在第 13.5.2 节介绍。

13.5.2 GCC 的使用

1. GCC 的基本知识

GCC 是一个基于命令行的编译器,正是因为基于命令行的原因,很多复杂的操作经过若干条命令就可以完成。但在使用的时候,必须给出一系列的调用参数和文件名称,GCC 编译器的参数多达上百个,本节将介绍 GCC 编译器最基本、最常用的参数。

在 Windows 系统中,可执行文件是以 .exe 作为文件名的后缀的。但是,在 Linux 系统中,可执行文件没有统一的后缀,这与 Windows 系统截然不同。Linux 系统是从文件的属性来区分可执行文件与不可执行文件。但是,GCC 却是通过文件的后缀来区分文件的类别,表 13-2 列出 GCC 所遵循的文件扩展名约定规则。因此,用户在使用 GCC 进行编译时,应特别注意扩展名的问题。

表 13-2　GCC 文件后缀规范

扩　展　名	类　　　型	可以进行的后续操作
.c	C 语言源程序文件	预处理;编译;汇编
.C .cc .cxx	C++ 源程序	预处理;编译;汇编
.m	Objective-C 程序	预处理;编译;汇编
.i	预处理后的 C 文件	编译;汇编
.ii	预处理后的 C++ 文件	编译;汇编
.s	预处理后的汇编语言源程序	汇编;连接
.S	未预处理的汇编语言源程序	预处理;汇编
.h	预处理器文件	程序包含的头文件
.o	编译后的目标文件	传递给连接器 linker
.a	已编译的库文件	传递给连接器 linker

2. GCC 的基本用法

【格式】　使用 GCC 编译器时,最基本的使用格式如下:

gcc [选项] [文件名]

注意:在 GCC 的使用中,各部分之间一定要保留空格,并且严格区分大小写。

【举例】　要编译 C 语言的源程序 test.c,则可以执行命令

gcc test.c

GCC 可以通过设置参数一次性地完成程序代码生成过程,也可以通过设置不同的命令参数,对程序的预处理、编译、汇编和链接过程进行精确控制,这就必须使用大量的命令选项来实现。GCC 常用选项如表 13-3 所示。

表 13-3　GCC 的常用选项

常用选项	含　　义	示　　例
-c	对源文件进行编译,但不链接成为可执行文件,仅生成扩展名为.o 的目标文件	gcc -c test.c
-o 文件名	将处理的结果存至指定文件名,该文件可能是.i 或是.s,或者是.o、.out 文件,若省略该选项,则生成系统默认文件名的文件 a.out	gcc -o test test.c 注:使用-o 选项时,必须跟一个文件名
-E	对源文件只做预处理,不编译	gcc -E test.c -o test.i
-O[2]	对源代码进行基本的优化,-O2 比-O 更优化编译和链接过程,编译和链接的过程相对较慢	gcc -o -O test test.c
-g	编译时加入调试信息,使得后期方便对程序进行调试	gcc -g -c test test.c

此外,还有"-I 目录"、"-L 目录"、"-w"、"-W warning"等参数,可以输入命令

man gcc

参考 GCC 手册进行查看。下面举例说明上述参数选项的使用。

【举例】

以给定一个源代码文件 test.c 为例,使用 gcc 从源文件生成一个 test 程序。程序源代码如下:

```
#include<stdio.h>
int main(int argc,char **argv)
{
    printf("Hello World!\n");
    return 0;
}
```

这段 C 程序的源码可以通过多种方式完成编辑任务。例如,在 Gedit 下进行编辑,或者在 vim 编辑器中进行编辑,或者在终端下,通过 cat 命令进行编辑均可完成。用户在完成代码的编辑后,给文件命名 test.c 即可。

在预处理阶段,输入的是 C 语言的源文件,通常为 *.c。它们通常是带有.h 之类头文件的包含文件。这个阶段主要处理源文件中的 ♯ ifdef、♯ include 和 ♯ define 命令。该阶段会生成一个中间文件 *.i,但实际工作中通常不用专门生成这种文件。若必须要生成这种文件,可以利用在终端下输入示例命令:

```
gcc -E test.c -o test.i
```

在编译阶段,输入的是中间文件 *.i,编译后生成汇编语言文件 *.s。这个阶段对应的 GCC 命令如下所示:

```
gcc -S test.i -o test.s
```

在汇编阶段,将输入的汇编文件 *.s 转换成机器语言 *.o。这个阶段对应的 GCC 命令如下所示:

```
gcc -c test.s -o test.o
```

最后,在连接阶段将输入的机器代码文件 *.s(即,与其他的机器代码文件和库文件)汇集成一个可执行的二进制代码文件。这一步骤,可以利用下面的示例命令完成:

```
gcc test.o -o test
```

如果 GCC 不使用-E、-S、-c 等选项,仅使用-o 选项,则 GCC 直接从源代码文件直接生成可执行文件,那么产生的中间文件被 GCC 删除。示例命令为:

```
gcc test.c -o test
```

这样生成的可执行文件 test,可以在终端,通过./test 命令运行该程序,若省略了-o test 选项,GCC 将生成默认命名为 a.out 的可执行程序。

3. GNU 的调试程序——gdb

gdb 是一个 GNU 开源组织发布的、用来调试 C 和 C++ 程序的调试工具。与之前所介绍的集成开发工具下,集成的调试方式不同的是,gdb 通过命令行的方式显示在程序运行时,程序的内部结构和内存的使用情况。对于 UNIX 平台而言,gdb 调试工具提供调试功能比可视化工具更强大。

（1）gdb 的功能。一般来说，用户利用 gdb 命令行方式可以完成的一些功能如下：

① 设置断点，调试程序，可以查看此时的程序中变量的值。

② 逐行执行程序代码，并支持动态改变程序的执行环境。

（2）运行 gdb 以及常用的 gdb 基本命令。为了使 gdb 正常工作，程序在编译时必须包含有调试信息，因此在编译时用-g 选项打开调试选项。启动 Linux 下的"终端"，在命令行上输入命令

```
gdb
```

如果出现"（gdb）"提示符，表明 gdb 启动成功。也可以通过输入命令

```
gdb -h
```

得到一个有关这些选项的说明的简单列表。

【举例】 用 gdb 调试程序 mytest.c，程序如下（代码前面的数字代表行号）：

```
1 #include <stdio.h>
2 #include <stdlib.h>
3 int sum(int n)
4 {
5     int s=0,i;
6     for (i=1;i<=n;i++)
7     {
8         s+=i;
9     }
10     return s;
11 }
12 int main()
13 {
14     int m=5,s;
15     s=sum(m);
16     printf("the sum is %d\n",s);
17     return 0;
18 }
```

通过以下命令对 mytest.c 进行编译，生成执行文件 mytest：

```
gcc -g mytest.c -o mytest
```

注意：参数-g 不能省略，其目的是程序在编译时包含有调试信息。若无错误提示，则证明程序编译成功。

下面介绍一下 gdb 的调试过程。

在命令行输入：

```
gdb mytest
```

回车执行后，出现下面的信息：

GNU gdb (GDB) 7.1-ubuntu

Copyright (C) 2010 Free Software Foundation, Inc.

License GPLv3+: GNU GPL version 3 or later <http://gnu.org/licenses/gpl.html>

This is free software: you are free to change and redistribute it.

There is NO WARRANTY, to the extent permitted by law. Type "show copying"

and "show warranty" for details.

This GDB was configured as "x86_64-Linux-gnu".

For bug reporting instructions, please see:

<http://www.gnu.org/software/gdb/bugs/>...

Reading symbols from /home/xzq/test...done.

(gdb)

注意：最后一行的"(gdb)"为提示符，可以直接在后面输入 gdb 调试命令。

```
(gdb) list 1                              //此处 1 表示从第 1 行开始显示
1       #include <stdio.h>
2       #include <stdlib.h>
3       int sum(int n)
4       {
5           int s=0,i;
6           for (i=1;i<=n;i++)
7           {
8               s+=i;
9           }
10          return s;
(gdb) list      //继续显示下面 10 行,也可通过 set listsize <count>设置一次显示源代码的
                行数
11      }
12      int main()
13      {
14          int m=5,s;
15          s=sum(m);
16          printf("the sum is %d\n",s);
17          return 0;
18      }
(gdb) break 14                            //在源程序的第 14 行设置断点
Breakpoint 1 at 0x40055a: file test.c,line 14.
(gdb) break sum                           //在源程序中函数 sum()的入口处设置断点
Breakpoint 2 at 0x40052b: file test.c,line 5.
(gdb) info break                          //查看全部断点信息
Num     Type            Disp Enb Address            What
1       breakpoint      keep y 0x000000000040055a in main at test.c:14
2       breakpoint      keep y 0x000000000040052b in sum at test.c:5
(gdb) run                                 //开始运行程序
Starting program: /home/xzq/test
Breakpoint 1,main () at test.c:14         //程序在第一个断点(第 14 行)停止
```

```
14          int m=5,s;
(gdb) next                              //next 表示执行下一条语句
15          s=sum(m);
(gdb) n                                 //n 是 next 的缩写
Breakpoint 2,sum (n=5) at test.c:5
5           int s=0,i;
(gdb) print n                           //print n 输出当前变量 n 的值
$1=5
(gdb) print s
$2=0
(gdb) bt                                //查看函数堆栈
#0 sum (n=5) at test.c:5
#1 0x000000000040056b in main () at test.c:15
(gdb) next
6           for (i=1;i<=n;i++)
(gdb) n
8               s+=i;
(gdb) n
6           for (i=1;i<=n;i++)
(gdb) print s
$3=1
(gdb) finish                            //完成 sun 函数的执行
Run till exit from #0 sum (n=5) at test.c:6
0x000000000040056b in main () at test.c:15
15              s=sum(m);
Value returned is $4=15
(gdb) continue                          //程序继续往下执行
Continuing.
the sum is 15
Program exited normally.
(gdb) quit                              //退出 gdb
```

相比可视化的调试工具,gdb 调试工具使编程人员更加具体地感受到程序的执行,除了上述的命令之外,还有一些常用的命令以及参数的使用,请参考 gdb 手册或通过 help 命令进行查询。

4. Make file 概述

Make 命令是 UNIX 下重要的编译命令。在前面的章节提到,源程序经过编译之后生成目标文件,之后通过链接过程将目标文件合并生成执行文件。一个工程有若干个源程序,那么就需要将每一个源程序进行编译,之后,再执行链接操作。这样一来,程序员在编译时用 gcc 命令对每一个源文件进行编译将非常困难。因此,利用 make 命令可以解决这个问题。在 make 命令执行之前,需要一个 makefile 文件,用它来告诉 make 命令如何对每一个源程序进行编译和链接。有了 makefile 文件,make 命令按照 makefile 中的要求对整个工程进行完全自动的编译。下面举例说明 make 的使用。

【举例】 一个工程 f 由 5 个文件构成,f 分别是 main.c、max.h、min.h、max.c、min.c,

源代码如下：

```
/* main.c */
#include "max.h"
#include "min.h"
int main(int argc,char **argv)
{
int a=10,b=20;
printf("the max value is %d\n",max(a,b));
printf("the min value is %d\n",min(a,b));
}

/* max.h */
#ifndef _MAX_H
#define _MAX_H
void max(int x,int y);
#endif

/* max.c */
#include "max.h"
void max(int x,int y)
{
return x>y? x:y;
}

/* min.h */
#ifndef _MIN_H
#define _MIN_H
void min(int x,int y);
#endif

/* min.c */
#include "min.h"
void min(int x,int y)
{
return x<y? x:y;
}
```

按前面所述，可以用逐个源文件的方式进行编译，使用以下命令：

```
gcc -c main.c
gcc -c max.c
gcc -c min.c
gcc -o main main.o max.o min.o
```

但是如果有了 makefile，问题将会简化很多，makefile 的具体内容如下：

```
#这是上面程序的 Makefile 文件
main : main.o max.o min.o
gcc -o main main.o max.o min.o
main.o: main.c max.h min.h
gcc -c main.c
max.o : max.c max.h
gcc -c max.c
min.o : min.c min.h
gcc -c min.c
```

makefile 文件的编写规则如下:

- ♯开始的行都是注释行。
- 描述文件的依赖关系的说明。其格式为:

```
target: components        第 1 行表示的是依赖关系;
rule                      第 2 行是规则。
```

例如,上例的 Makefile 文件,除去注释行外,第 1 行命令

```
main : main.o max.o min.o
```

就表示的是依赖关系。具体含义:表示目标 main 的依赖对象是

```
main.o max.o min.o
```

当倚赖的对象在目标修改后修改的话,就要去执行规则行中所指定的命令。例如 Makefile 文件的第 2 行内容就是规则。即需要执行命令

```
gcc -o main main.o max.o min.o
```

make 命令的执行过程如下:

- make 在当前目录查找名叫 makefile 的文件;
- 若找到,则找到第一个目标文件"main",并将这个文件作为最终的目标文件。

以上是 makefile 的基本知识,更多的关于 makefile 的编写可以查看相应的帮助文档。

本 章 小 结

本章介绍了 Linux 下的常用开发环境搭建。介绍了 Java 开发环境 Eclipse 的搭建、Eclipse 的使用,以及在 Eclipse 下的 Java 程序编写、编译、调试和执行方法。介绍了安装和使用 C/C++ IDE 开发工具的方法,并以 Code:blocks 开发工具为例,演示了 C++ 语言程序的开发过程。介绍了 GCC 编译器的使用,并以编译 C 语言源程序为例,演示了在命令行方式下,利用 GCC 进行编译、调试和执行的过程。

实 验 13

实验 13-1

题目:利用 Java 语言编程实现。

要求：声明一个类，在其中声明方法，接受一个 double 型的参数。能够根据成绩，使用 if…else 语句，输出该成绩相应的级别。在 main 方法中传递不同的参数以测试方法正确与否。成绩和级别之间的对应关系为（用 score 表示分数）：

输出"优秀"：$score \geqslant 90$

输出"良好"：$80 \leqslant score < 90$

输出"中等"：$70 \leqslant score < 80$

输出"及格"：$60 \leqslant score < 70$

输出"不及格"：$score < 60$

实验 13-2

题目：利用 C 语言编程实现。

要求：求出一维数组中的最大值及平均值，通过单步调试的方式观察程序的执行过程。

习　题　13

1. 使用 C 语言编程实现实验 13-1。
2. 使用 Java 语言编程实现实验 13-2。

参 考 文 献

[1] 马宏琳,阎磊.Linux 系统管理概论[M].北京:清华大学出版社,2013.

[2] 陈明.Linux 基础与应用[M].北京:清华大学出版社,2005.

[3] 汤小丹,梁红兵,哲凤屏,等.计算机操作系统[M].3 版.西安:西安电子科技大学出版社,2007.

[4] 李文采,邵良杉,李乃文.Linux 系统管理、应用与开发实践教程[M].北京:清华大学出版社,2007.

[5] 吴添发,吴智发,刘晓辉.Linux 操作系统实训教程[M].北京:电子工业出版社,2007.

[6] Ubuntu Linux入门到精通[M].李蔚,译.北京:机械工业出版社,2007.

[7] Ubuntu China.完美应用 Ubuntu[M].北京:电子工业出版社,2008.

[8] 刘循,朱敏,文艺.计算机操作系统[M].北京:人民邮电出版社,2009.

[9] 陈明.Ubuntu Linux 应用技术教程[M].北京:清华大学出版社,2009.

[10] 张玲.Linux 操作系统原理与应用[M].西安:西安电子科技大学出版社,2009.

[11] 力行工作室.Ubuntu Linux 完全自学教程[M].北京:中国水利水电出版社,2009.

[12] 马广飞.Linux 管理与开发实用指南——基于 Ubuntu[M].北京:电子工业出版社,2009.

[13] 邢国庆,张广利,邹浪.Ubuntu 权威指南[M].北京:人民邮电出版社,2010.

[14] 何晓龙,李明.完美应用 Ubuntu[M].2 版.北京:电子工业出版社,2010.

[15] SOBELL M G.Linux命令、编辑器与 Shell 编程[M].2 版.包战,孔向华,胡昃胜,译.北京:清华大学出版社,2010.

[16] 邢国庆,仇鹏涛,陈极珺.Ubuntu Linux 从入门到精通[M].9 版.北京:电子工业出版社,2010.

[17] MATTHEW N,STONES R.Linux 程序设计[M].4 版.陈健,宋健建,译.北京:人民邮电出版社,2010.

[18] LOVE R.Linux内核设计与实现[M].3 版.陈莉君,康华,译.北京:机械工业出版社,2011.

[19] 王刚.Linux 命令、编辑器与 Shell 编程[M].北京:电子工业出版社,2012.

[20] 董良,宁方明.Linux 系统管理[M].北京:人民邮电出版社,2012.